高等学校土建类专业“十三五”规划教材

工程监理概论

（第2版）

周国恩　主编　　郑小纯　蒙晓红　副主编

化学工业出版社

·北京·

内容提要

《工程监理概论》为高等教育学校土建类专业“十三五”规划教材，以最新国家标准《建设工程监理规范》《建设工程监理合同（示范文本）》《建设工程施工合同》及工程项目监理的“四控制、两管理、一协调”任务为主线，结合工程实践实际需要，全面系统地介绍了工程监理的基本概念、原理、依据、内容和施工阶段的监理方法。书中共分 8 章，内容包括：工程监理基本知识；监理工程师和工程监理企业；工程监理组织协调；工程监理规划性文件；工程监理目标控制；工程监理的合同管理；工程监理信息与文档资料管理；工程监理的风险管理等方面的内容。书末附录有工程监理规划实例，以及每一章的“训练与思考题”部分参考答案，便于学生学以致用。

本书既可用于土木工程、工程管理、工商管理、工程监理、工程造价专业本专科的教材，也是土建类专业自学考试参考用书，也可作为注册监理工程师、造价工程师、建造师、监理员及相关技术管理人员的继续教育培训用书。

图书在版编目（CIP）数据

工程监理概论/周国恩主编．—2 版．—北京：化学工业出版社，2018.8（2024.1重印）

高等学校土建类专业“十三五”规划教材

ISBN 978-7-122-32506-8

Ⅰ.①工…　Ⅱ.①周…　Ⅲ.①建筑工程-施工监理-高等学校-教材　Ⅳ.①TU712.2

中国版本图书馆 CIP 数据核字（2018）第 138368 号

责任编辑：陶艳玲　　　　装帧设计：韩　飞

责任校对：王素芹

出版发行：化学工业出版社（北京市东城区青年湖南街 13 号　邮政编码 100011）

印　　装：三河市延风印装有限公司

787mm×1092mm　1/16　印张 17¾　字数 384 千字　　2024 年 1 月北京第 2 版第 7 次印刷

购书咨询：010-64518888　　　　售后服务：010-64518899

网　　址：http://www.cip.com.cn

凡购买本书，如有缺损质量问题，本社销售中心负责调换。

定　　价：49.00 元

前言

Foreword

自2010年2月《工程监理概论》第1版出版以来，得到广大读者的支持和厚爱，已经重印11次，约发行50000册。近年来我国工程建设监理相关法律法规及标准更新、颁布、修订，从国家实行强制监理制度到自主决定监理发包方式的转变，鼓励建设单位选择全过程工程咨询服务等创新管理模式，工程监理的定位和职责得到进一步明确。为了适应工程监理企业及监理工作发展和创新要求，依据最新颁布的《建设工程监理规范》（GB/T 50319—2013）及与监理制度有关的《建设工程监理合同（示范文本）》（GF-2012-0202）、《建设工程施工合同（示范文本）》（GF-2017-0201）等法律法规，对本书第1版已不能适应新时代需要的部分内容进行修订。

与第1版相比，主要对与《建设工程监理规范》、《建设工程监理合同（示范文本）》、《建设工程施工合同（示范文本）》不适应的部分内容进行修订，增加工程监理工作内容和主要方式、文件资料管理、监理实施细则等相关内容，突出了本书对工程监理实践的可操作性；每章末均增加了训练与思考题。

本书由周国恩任主编，郑小纯、蒙晓红任副主编。各章节编写分工如下：广西科技大学土木建筑工程学院周国恩编写第1章、第3章、第5章，郑小纯编写第4章，梁鑫编写第6章；广西建工集团第二安装建设有限公司周雨编写第7章；广西大学蒙晓红编写第2章；南宁学院肖湘、沈建增编写第8章。编写过程中，参阅了一些实际工程监理经验总结和参考资料，特此向提供这些素材的监理单位和作者致谢。

作为一个为工程监理事业不遗余力的首届国家注册监理工程师，我一直希望能将自己的经历和成果、经验与教训、见识和感悟，与那些已经或者即将跨入工程监理行列的同行分享，以共同探讨工程监理的科学发展创新之道。限于编者水平，书中难免有疏漏之处，恳切希望读者批评和指正。读者对本书提出的意见和建议，请E-mail到：17218308@qq.com，衷心地感谢。

编　者

2018年6月

第 1 版前言

Foreword

自 1988 年开始，在工程建设领域实行了一项重大的管理体制改革，即推行建设工程监理制度。它对于提高工程质量、加快工程进度、降低工程造价、提高经济效益发挥了重要作用。随着我国法律法规的完善、工程监理工作社会化、专业化以及规范化、正规化的不断深入，工程监理制度引起了全社会的广泛关注和重视，增强了各行业实行工程监理的积极性。为了满足社会对工程监理创新型人才的需求日趋增长，在土木工程类专业开设《工程监理概论》课程就显得十分必要，而本书正是为适应创新型人才培养需求而编写的。

本书主要讲述工程监理基本知识、监理工程师与工程监理企业、工程组织协调、工程监理规划性文件、工程投资控制、工程进度控制、工程质量控制、工程安全控制、工程风险管理、工程合同管理及工程信息文档管理等方面的内容，旨在使工程类学生在掌握一门专业技术的基础上，进一步了解我国的工程监理制度，掌握工程监理的基本理论与方法，进一步加强法律法规、合同、质量、安全意识，强化工程管理的技能，提高工程项目质量、投资、进度、安全控制能力，学会工程监理过程的动态管理方法，从而能运用所学知识解决工程实际问题。

本书以《建设工程监理规范》(GB 50319—2000)及工程项目的监理任务为主线，以施工阶段监理的四控制、两管理、一协调的手段为重点，增强可操作性的内容，从而体现创新型、应用型的特色。在编写中突出了可操作性，强化理论与实际的结合，突出规范性，涉及具体的建设工程监理方法措施则依据现行的建设工程监理规范、标准编写；内容具有一定的前瞻性，在紧紧围绕监理规范的基础上，充分考虑我国工程项目管理的发展，并结合国际惯例，提出了项目管理的发展方向。

本书由周国恩任主编，郑小纯、蒙晓红任副主编。各章节编写分工如下：广西工学院周国恩编写第 1 章、第 3 章、第 5 章，郑小纯编写第 4 章，梁鑫编写第 6 章；广西大学蒙晓红编写第 2 章；广西建柳工程咨询有限公司李敏、刘华、韦柳霞、杨德琴编写第 7 章；广西城市职业学院沈建增编写第 8 章；全书由周国恩统稿。

本书在编写过程中得到了广西建柳工程咨询有限公司的大力支持，也引用了许多同行专家珍贵的技术资料及教材，在此谨致谢意。

鉴于编者水平有限，时间仓促，不妥之处在所难免，衷心希望广大读者批评指正。

编　者

2009 年 10 月

目录

Contents

第1章 工程监理基本知识

1.1 建设工程监理概述

建设工程监理制度于1988年在我国建设工程领域开始试行，20多年的发展历程表明，这项制度在我国工程建设中发挥着重要作用，取得了丰硕成果，为国民经济发展做出了重要贡献。特别是在工程建设质量、安全等方面发挥着不可替代的作用。自1998年3月1日起，施行的《中华人民共和国建筑法》中第四章建设工程监理，第三十条至第三十五条规定，“国家推行建设工程监理制度”，国务院可以制定实行强制监理的建设工程的范围，建设工程监理制度从此在我国全面推行。

1.1.1 建设工程监理的概念

所谓建设工程监理（Construction project management），即是指工程监理单位受建设单位委托，根据法律法规、工程建设标准、勘察设计文件及合同，在施工阶段对建设工程质量、安全、造价、进度进行控制，对合同、信息进行管理，对工程建设相关方的关系进行协调，并履行建设工程安全生产管理法定职责的服务活动。即“四控两管一协调”。要正确理解建设工程监理的概念必须明确以下问题。

(1) 建设工程监理的行为主体是工程监理企业

建设工程监理的行为主体是明确的，即工程监理企业。只有工程监理企业才能按照独立、自主的原则，以“公正的第三方”的身份开展建设工程监理活动。非工程监理企业进行的监督活动不能称之为建设工程监理。即使是作为管理主体的建设单位，它所进行的对工程建设项目的监督管理，也非建设工程监理。同样，总承包单位对分包单位的监督管理也不能视为建设工程监理。

(2) 建设工程实施监理的前提是建设单位的委托

《建筑法》明确规定，实行监理的建设工程，由建设单位委托具有相应资质条件的工程监理企业实施监理。建设单位与其委托的工程监理企业应当订立书面建设委托监理合同。这样，建设单位与工程监理企业委托和被委托的关系就确立了，并且工程监理企业应根据委托监理合同和有关建设工程合同的规定实施监理。这种受建设单位委托而进行的监理活动，同政府对工程建设所进行的行政性监督管理是完全不同的；这种委托的方式说明，工程监理企业及监理人员的权力主要是由作为管理主体的建设单位委托而转移过来的，而工程建设项目建设的主要决策权和相应风险仍由建设单位承担。

（3）建设工程监理活动主要涉及建设单位、工程监理企业和承建单位三个主体

建设单位，也称为业主项目法人，或发包商，是委托监理一方。按照我国《建筑法》规定，建设单位在工程建设中拥有确定建设工程规模、标准、功能以及选择勘察、设计、施工、监理单位等工程中重大问题的决定权。

工程监理企业是指取得企业法人营业执照，具有监理资质证书的依法从事建设工程监理业务活动的经济组织。

承建单位又称承包单位或承包商，它是指通过投标或其他方式取得某项工程的施工权，材料、设备的制造与供应权，并和建设单位签订合同，承担工程费用、进度、质量、安全责任的单位和个人。

在工程建设中，必须明确上述三个主体之间的关系。第一，建设单位和承包单位通过合同确定经济法律关系，业主将工程发包给承包商，承包商按合同的约定完成工程，得到利润，违约者要赔偿对方损失。第二，建设单位和工程监理企业之间是委托合同关系，按监理合同的约定，监理代表业主利益工作，业主不得随意干涉监理工作，否则为侵权违约；同时，监理必须保持公正，不得和承包商有经济联系，更不能串通承包商侵犯业主利益。第三，建设监理企业和承包单位没有合同关系，而是监理、被监理的关系，这个关系在业主与承包商签订的合同中予以明确。在监理过程中，监理代表业主利益工作，但也要维护承包商的合法权益，正确而公正地处理好工程变更、索赔和款项支付。若监理的行为是不公正的，承包商可以向有关部门申诉。

需要指出的是，《建设工程质量管理条例》明确规定，国家实行建设工程质量监督管理制度，国务院建设行政主管部门对全国的建设工程质量实行统一监督管理。因此，作为行使政府监督职能的各级主管部门在整个建设活动中将对上述三者实行强有力的监督。

建设工程监理不同于建设行政主管部门的监督管理，也不同于总承包单位对分包单位的监督管理，其行为主体是具有相应资质的工程监理企业。《建筑法》第三十一条规定："实行监理的建筑工程，由建设单位委托具有相应资质条件的工程监理单位。建设单位与其委托的工程监理单位应当订立书面委托监理合同。"可见，工程监理企业是经建设单位（业主）的授权，代表其对承建单位的建设行为进行监控。当然，工程监理企业同时应依据国家有关的法律、法规和标准、规范以及有关的建设工程合同开展监理工作。

建设工程监理适用于工程建设投资决策阶段和实施阶段，其工作的主要内容包括：协助建设单位进行工程项目可行性研究，优选设计方案、设计单位和施工单位，审查设计文件，控制工程质量、投资和进度，监督、管理建设工程合同的履行，以及协助建设单位与

工程建设有关各方的工作关系等。

由于工程监理工作具有技术管理、经济管理、合同管理、组织管理和工作协调等多项业务职能，因此，对其工作内容、方式、方法、范围和深度均有特殊要求。鉴于目前监理工作在建设工程投资决策阶段和设计阶段尚未形成系统、成熟的经验，需要通过实践进一步研究探索，所以，我国的工程监理主要有建设工程监理和设备工程监理。实质上现阶段的工程监理主要发生在建设工程施工阶段。今后随着工程监理制度的完善，各行各业的工程监理也将推行，如信息化工程监理、公路工程监理、铁路工程监理、电力工程监理、水利工程监理等。

1.1.2 工程监理的性质

(1) 服务性

服务性是工程监理的重要特征之一。工程监理是一种高智能、有偿技术服务活动，它是监理人员利用自己的工程知识、技能和经验为建设单位（业主）提供的管理服务。它既不同于承建商的直接生产活动，也不同于建设单位的直接投资活动，它不向建设单位承包工程造价，不参与承包单位的利益分成，它获得的是技术服务性的报酬。

工程监理管理的服务客体是建设单位的工程项目，服务对象是建设单位（业主）。这种服务性的活动是严格按照监理合同和其他有关工程合同来实施的，是受法律约束和保护的。

(2) 科学性

工程监理应当遵循科学性准则。监理的科学性体现为其工作的内涵是为工程管理与工程技术提供知识的服务。监理的任务决定了它应当采用科学的思想、理论、方法和手段；监理的社会性、专业化特点要求监理单位按照高智能原则组建；监理的服务性质决定了它应当提供科技含量高的管理服务；工程监理维护社会公众利益和国家利益的使命决定了它必须提供科学性服务。

按照工程监理科学性要求，监理单位应当拥有足够数量的、业务素质合格的监理工程师，要有一套科学的管理制度，要掌握先进的监理理论、方法，要积累足够的技术、经济资料和数据，要拥有现代化的监理手段。

(3) 公正性

公正性是监理工程师应严格遵守的职业道德之一，是工程监理企业得以长期生存、发展的必然要求，也是监理活动正常和顺利开展的基本条件。工程监理单位和监理工程师在工程建设过程中，应作为能够严格履行监理合同各项义务，能够竭诚为客户服务的服务方，同时应当成为公正的第三方，也就是在提供监理服务的过程中，工程监理单位和监理工程师应当排除各种干扰，以公正的态度对待委托方和被监理方，特别是当工程业主方和被监理方双方发生利益冲突或矛盾时，应以事实为依据，以有关法律、法规和双方所签订的工程合同为准绳，站在第三方的立场上公正地解决和处理，做到“公正地证明、决定或行使自己的处理权”。

（4）独立性

独立性是工程监理的一项国际惯例。国际咨询工程师联合会（FIDIC）明确认为，工程监理企业是“一个独立的专业公司受聘于业主去履行服务的一方”，监理工程师应“作为一名独立的专业人员进行工作”。从事工程监理活动的监理单位是直接参与工程项目建设的“三方当事人”之一，它与建设单位、承建商之间的关系是一种平等主体关系。监理单位是作为独立的专业公司根据监理合同履行自己权利和义务的服务方，为维护监理的公正性，它应当按照独立自主的原则开展监理活动。在监理过程中，监理单位要建立自己的组织，要确定自己的工作准则，要运用自己的理论、方法、手段，根据监理合同和自己的判断，独立地开展工作。

1.1.3 工程监理的依据和范围

（1）工程监理的依据

① 工程建设文件。如已批准的可行性研究报告、建设项目选址意见书、建设用地规划许可证、批准的施工图设计文件、施工许可证等。

② 有关的法律、法规、规章和标准、规范。如《中华人民共和国建筑法》《中华人民共和国合同法》《中华人民共和国招标投标法》《中华人民共和国安全生产法》《建设工程质量管理条例》等法律法规，《工程建设监理规定》等部门规章，以及地方性法规等，也包括《工程建设标准强制性条文》《建设工程监理规范》以及有关的工程技术标准、规范、规程。

③ 工程委托监理合同和有关的工程合同。工程监理企业应当依据两类合同，即依法签订的建设工程委托监理合同和工程勘察、工程设计、工程施工、材料设备供应合同等进行监理。

（2）工程监理的范围

《建筑法》第三十条规定：国家推行建筑工程监理制度。国务院可以规定实行强制监理的建筑工程的范围。因此在国务院颁布的《建设工程质量管理条例》中对实行强制监理的建筑工程的范围做了原则性规定，而建设部颁布的《建设工程监理范围和规模标准规定》（86号令）根据《建设工程质量管理条例》对必须实行监理的建设工程项目的范围和规模标准作出了更具体的规定。下列建设工程必须实行监理。

1）国家重点建设工程　依据《国家重点建设项目管理办法》所确定的对国民经济和社会发展有重大影响的骨干项目。

2）大中型公用事业工程　项目总投资额在3000万元以上的供水、供电、供气、供热等市政工程项目；科技、教育、文化等项目；体育、旅游、商业等项目；卫生、社会福利等项目；其他公用事业项目。

3）成片开发建设的住宅小区工程　建筑面积在5万平方米以上的住宅建设工程。

4）利用外国政府或者国际组织贷款、援助资金的工程　包括使用世界银行、亚洲开发银行等国际组织贷款资金的项目；使用国外政府及其机构贷款资金的项目；使用国际组织或者国外政府援助资金的项目。

5）国家规定必须实行监理的其他工程

① 项目总投资额在3000万元以上关系社会公共利益、公众安全的新能源、交通运输、信息网络、水利建设、城市基础设施、生态环境保护、其他基础设施等项目。

② 学校、影剧院、体育场馆项目。

对于总投资3000万元以下的公用事业工程（不含学校、影剧院、体育场馆项目），建设规模5万平方米以下成片开发的住宅小区工程，无国有投资成分且不使用银行贷款的房地产开发项目，建设单位有类似项目管理经验和技术人员，能够保证独立承担工程安全质量责任的，可以不实行工程建设监理，实行自我管理模式。鼓励建设单位选择全过程工程咨询服务等创新管理模式。依法可以不实行工程建设监理，实行自我管理模式的工程建设项目，建设单位应承担工程监理的法定责任和义务。市区住房城乡建设主管部门应加强对该类工程施工过程安全质量的监督执法检查。

1.1.4 工程监理的目的

工程监理的中心任务就是控制工程项目目标。即控制经过科学地规划所确定的工程项目的投资、进度、质量和安全目标。这四大目标是相互关联、相互制约的目标系统。工程项目必须在一定的投资限额条件下，实现其功能、使用要求和其他有关的质量标准，这是投资建设一项工程最基本的要求。一般来说，实现工程项目并不十分困难，但要在计划的投资、进度和质量目标范围内实现，则需要采取强有力的综合措施，这也是社会需要工程监理的原因之一。因此，工程监理的基本内容是“四控制，两管理，一协调”，即投资控制、进度控制、质量控制、安全控制，合同管理、信息管理，组织协调。

由于工程监理具有委托性，所以工程监理企业可以根据建设单位的意愿，并结合自身的情况来协商确定监理范围和业务内容。既可承担全过程监理，也可承担阶段性监理，甚至还可以只承担某专项监理服务工作。因此，具体到某监理单位承担的工程监理活动要达到什么目的，由于它们服务范围和内容的差异，会有所不同。全过程监理要力求全面实现工程项目总目标，阶段性监理要力求实现本阶段工程项目的目标。

工程监理要达到的目的是力求实现工程项目目标。工程监理企业和监理工程师不是任何承建单位的保证人。谁设计谁负责，谁施工谁负责，谁供应材料和设备谁负责。在监理过程中，工程监理企业只承担服务相应责任，也就是在委托监理合同中明确的职权范围内的责任。监理方的责任就是力求通过目标规划、动态控制、组织协调、合同管理、风险管理、信息管理，与业主（建设单位）和承包商（承建单位）一起共同实现工程项目目标。

1.1.5 工程监理的作用

业主（建设单位）的工程项目实现专业化、社会化管理在国外已有一百多年的历史，现在工程监理越来越显现出其强大的生命力，在提高投资的经济效益方面也发挥了重要的作用。在我国，工程监理实施的时间虽然不长，但已经发挥着越来越重要、明显的作用，为政府和社会所承认。工程监理的作用主要表现在以下几个方面：

（1）有利于提高工程投资决策的科学化水平

在建设单位委托工程监理企业实施全过程监理的条件下，在建设单位有了初步的项目投资意向之后，工程监理企业可协助建设单位选择工程咨询单位，监督工程咨询合同的实施，并对咨询结果（如项目建议书、可行性研究报告）进行评估，提出有价值的修改意见和建议；或者直接从事工程咨询工作，为建设单位提供建设方案。这样，不仅可使项目投资符合国家经济发展规划、产业政策、投资方向，而且可使项目投资更加符合市场需求。

工程监理企业参与或承担项目决策阶段的监理工作，有利于提高项目投资决策的科学化水平，避免项目投资决策失误，也为实现建设工程投资综合效益最大化打下了良好的基础。

（2）有利于规范工程项目参与各方的建设行为

工程建设参与各方的建设行为都应当符合法律、法规、规章和市场准则。要做到这一点，仅仅依靠自律机制是远远不够的，还需要建立有效的监督约束机制。为此，首先需要政府对工程建设参与各方的建设行为进行全面的监督管理，这是最基本的约束，也是政府的主要职能之一。但是，由于客观条件所限，政府的监督管理不可能深入到每一项建设工程的实施过程中，因此还需要建立另外一种约束机制，能在工程建设实施过程中对工程建设参与各方的建设行为进行约束。建设监理制就是这样一种约束机制。

在工程建设实施过程中，工程监理企业可依据法律、法规、规章、委托监理合同和有关的工程建设合同等，对承建单位的建设行为进行监督管理。另外，监理单位也可以向建设单位提出合理化建议，避免决策失误或发生不当的建设行为，这对规范建设单位的建设行为也可起到一定的约束作用。

当然，要发挥上述约束作用，工程监理企业首先必须规范自身的行为，并接受政府的监督管理。

（3）有利于保证工程质量和使用安全

建设工程是一种特殊的产品，不仅价值大、使用寿命长，而且还关系到人民的生命财产安全。因此，保证建设工程质量和使用安全就显得尤为重要，在这方面不允许有丝毫的懈怠和疏忽。

工程监理企业对承建单位建设行为的监督管理，实际上是对工程建设生产过程的管理，它与产品生产者自身的管理有很大的不同。按照国际惯例，监理工程师是既懂工程技术又懂经济、法律和管理的专业人士，凭借丰富的工程建设经验，有能力及时发现建设工程实施过程中出现的问题，发现工程所用材料、设备以及阶段产品中存在的问题，从而最大限度地避免工程质量事故或留下工程质量隐患。因此，实行建设工程监理制之后，在加强承建单位自身对工程质量管理的基础上，由工程监理企业介入工程建设生产过程的监督管理，对保证建设工程质量和使用安全有着重要作用。

(4) 有利于提高工程的投资效益和社会效益

工程项目投资效益最大化有三种不同表现:

① 在满足建设工程预定功能和质量标准的前提下，建设投资额最少。

② 在满足建设工程预定功能和质量标准的前提下，工程建设寿命周期费用（或全寿命费用）最少。

③ 工程建设本身的投资效益与社会效益、环境效益的综合效益最大化。

实践证明，实行建设工程监理制之后，工程监理企业一般都能协助业主实现上述工程建设投资效益最大化的第一种表现，也能在一定程度上实现上述第二种和第三种表现。随着工程建设寿命周期费用观念和综合效益理念被越来越多的建设单位所接受，工程建设投资效益最大化的第二种和第三种表现的比例将越来越大，从而大大地提高我国全社会的投资效益，促进国民经济健康、可持续发展。

1.1.6 工程监理现阶段的特点

(1) 工程监理的服务对象具有单一性

工程监理企业只接受建设单位的委托，即只为建设单位服务。它不能接受承建单位的委托为其提供管理服务。从这个意义上看，可以认为我国的工程监理就是为建设单位服务的项目管理。

(2) 工程监理属于强制推行的制度

国家推行工程建设监理制度，国务院可以规定实行强制监理的建设工程的范围。实行监理的建设工程，由建设单位委托具有相应资质条件的工程监理企业监理。建设单位与其委托的工程监理企业应当订立书面委托监理合同。

(3) 工程监理具有监督职能

我国监理工程师在质量控制方面的工作所达到的深度和细度，应当说远远超过国际上项目管理人员的工作深度和细度，这对保证工程质量起了很好的作用。

(4) 工程监理市场准入的双重控制

我国对工程监理的市场准入采取了企业资质和从业人员资格的双重控制。要求专业监理工程师以上的监理人员要取得监理工程师资格证书，不同资质等级的工程监理企业至少要有一定数量的取得监理工程师资格证书并经注册的人员。工程监理企业应当在其资质等级许可的监理范围内承担工程监理业务。

1.2 工程监理实施的原则和程序

1.2.1 工程监理实施的原则

工程监理单位受业主委托对工程实施监理时，应遵守以下基本原则。

(1) 公平、独立、诚信、科学的原则

监理工程师在工程监理中必须尊重科学、尊重事实，组织各方协同配合，维护有关各方的合法权益。为此，工程监理单位应公平、独立、诚信、科学地开展建设工程监理与相关服务活动。建设工程监理与相关服务活动除遵循《建设工程监理规范》外，还应符合法律法规及有关建设工程标准的规定。

(2) 权责一致的原则

监理工程师承担的职责应与业主授予的权限相一致。监理工程师的监理职权，依赖于业主的授权。这种权力的授予，除体现在业主与监理单位之间签订的委托监理合同之中，而且还应作为业主与承建单位之间建设工程合同的合同条件。因此，监理工程师在明确业主提出的监理目标和监理工作内容要求后，应与业主协商，明确相应的授权，达成共识后明确反映在委托监理合同中及建设工程合同中。据此，监理工程师才能开展监理活动。

总监理工程师代表监理单位全面履行建设工程委托监理合同，承担合同中确定的监理方向业主方所承担的义务和责任。因此，在委托监理合同实施中，监理单位应给总监理工程师充分授权，体现权责一致的原则。

(3) 总监理工程师负责制的原则

总监理工程师负责制是指由总监理工程师全面负责建设工程项目监理实施工作。总监理工程师是由工程监理单位法定代表人书面任命的项目监理机构负责人，是工程监理单位履行建设工程监理合同的全权代表。总监理工程师负责制的内涵如下。

① 总监理工程师是工程监理的责任主体。责任是总监理工程师负责制的核心，它构成了对总监理工程师的工作压力与动力，也是确定总监理工程师权力和利益的依据。所以，总监理工程师应是向业主和监理单位所负责任的承担者。

② 总监理工程师是工程监理的权力主体。根据总监理工程师承担责任的要求，总监理工程师全面领导建设工程的监理工作，包括组建项目监理机构，主持编制建设工程监理规划，组织实施监理活动，对监理工作总结、监督、评价。

(4) 严格监理、热情服务的原则

严格监理，就是各级监理人员严格按照国家政策、法规、规范、标准和合同，控制建设工程的目标，依照既定的程序和制度，认真履行职责，对承建单位进行严格监理。

监理工程师还应为业主提供热情的服务，“应运用合理的技能，谨慎而勤奋地工作”。由于业主一般不熟悉建设工程管理与技术业务，监理工程师应按照委托监理合同的要求多方位、多层次地为业主提供良好的服务，维护业主的正当权益。但是，不能因此而一味向各承建单位转嫁风险，从而损害承建单位的正当经济利益。

(5) 综合效益的原则

建设工程监理活动既要考虑业主的经济效益，也必须考虑与社会效益和环境效益的有机统一。建设工程监理活动虽经业主的委托和授权才得以进行，但监理工程师应首先严格遵守国家的建设管理法律、法规、标准等，以高度负责的态度和责任感，既对业主负责，谋求最大的经济效益，又要对国家和社会负责，取得最佳的综合效益。只有在符合宏观经济效益、社会效益和环境效益的条件下，业主投资项目的微观经济效益才能得以实现。

1.2.2 工程监理实施的程序

（1）任命项目总监理工程师，成立项目监理机构

工程监理单位应根据建设工程的规模、性质、业主对监理的要求，任命称职的人员担任项目总监理工程师，代表监理单位全面负责该工程的监理工作。总监理工程师全面负责建设工程监理的实施工作，是实施监理工作的核心人员。总监理工程师往往由主持监理投标、拟订监理大纲、与建设单位商签委托监理合同等工作的人员担任。

总监理工程师在组建项目监理机构时，应符合监理大纲和委托监理合同中有关人员安排的内容，并在今后的实施监理过程中进行必要的调整。工程监理单位，应于委托监理合同签订10日内，将项目监理机构的组织形式、人员构成及对总监理工程师的任命书面通知业主（建设单位）。

（2）编制工程监理规划

工程监理规划是指导工程项目监理机构全面开展监理工作的指导性文件，其内容将在第4章详细介绍。

（3）编制各专业监理实施细则

工程监理实施细则是根据工程监理规划，针对工程项目中某一专业或某一方面监理工作编写的操作性文件，有关内容将在第4章详细介绍。

（4）规范化地开展监理工作

规范化是指在实施监理时，各项监理工作都应按一定的逻辑顺序先后开展。监理工作的规范化体现如下。

① 工作的时序性。每一项监理工作都有事先确定的具体目标和工作时限，从而使监理工作能有效地达到目标而不致造成工作状态的无序和混乱。

② 职责分工的严密性。建设工程监理工作是由不同专业、不同层次的专家群体共同来完成的，他们之间严密的职责分工是协调进行监理工作的前提和实现监理目标的重要保证。

③ 工作目标的确定性。在职责分工的基础上，每一项监理工作的具体目标都应是确定的，完成的时间也应有时限规定，从而能通过报表资料对监理工作及其效果进行检查和考核。

（5）参与验收，签署建设工程监理意见

建设工程完成施工后，由总监理工程师组织有关人员进行竣工预验收，发现问题及时与承包单位沟通，提出整改要求。整改完毕由总监理工程师签署工程竣工报验单，并提出工程质量评估报告。

项目监理机构，应参加由建设单位（业主）组织的工程竣工验收，并提供相关监理资料。对验收中提出的整改问题，项目监理机构应要求承包单位进行整改。工程质量符合要求，由总监理工程师会同参加验收的各方签署竣工验收报告。

(6) 向建设单位（业主）移交工程监理档案资料

项目监理机构应设专人负责监理资料的收集、整理和归档工作。工程监理工作完成后，项目监理机构向建设单位（业主）移交的监理档案资料应在委托监理合同文件中约定。不管在合同中是否作出明确规定，项目监理机构移交的资料应符合有关规范规定的要求，一般应包括：设计变更、工程变更资料，监理指令性文件，各种签证资料等档案资料。

(7) 监理工作总结

监理工作完成后，项目监理机构应及时从两方面进行监理工作总结。

其一，是向建设单位（业主）提交的监理工作总结。其主要内容包括：委托监理合同履行情况概述，监理组织机构、监理人员和投入的监理设施，监理任务或监理目标完成情况的评价，工程实施过程中存在的问题和处理情况，由业主提供的供监理活动使用的办公用房、车辆、试验设施等的清单，必要的工程图片，表明监理工作终结的说明等。

其二，是向监理单位提交的监理工作总结。其主要内容包括如下。

① 监理工作的经验，可以是采用某种监理技术、方法的经验，也可以是采用某种经济措施、组织措施的经验，以及委托监理合同执行方面的经验或如何处理好与业主、承包单位关系的经验等。

② 监理工作中存在的问题及改进的建议。

1.3 工程监理法律法规及工程项目管理制度

我国实施工程建设监理制的目的就是要改革传统的工程建设管理体制。这种新型工程建设管理体制就是在政府有关部门的监督管理之下，由项目业主（建设单位）、承包商(施工单位)、监理单位（工程师）直接参加的“三方”管理体制。这种管理体制的建立和实施使我国的工程项目建设管理体制与国际惯例的接轨创造了可靠条件，这种“三方”管理体制，适应了我国的建筑市场。

这种“三方”管理体制主要体现在两个“加强上”，一是加强了政府对工程建设的宏观监督管理，改变过去既要抓工程建设的宏观监督，又要抓工程建设的微观管理的不切实际的做法，而将微观管理的工作转移给社会化、专业化的监理单位，并形成专门行业。在工程建设中真正实现政企分开，使政府部门集中精力去做好立法和执法工作，归位于宏观调控，归位于“规划、监督、协调、服务”上来。这种政府职能的调整和转变，对项目建设无疑将产生良好的影响。二是加强了对工程项目的微观监督管理，使得工程项目建设的全过程在监理单位的参与下得以科学有效地监督管理，为提高工程建设水平和投资效益奠定基础，促使传统管理体制发生了重大变化。这种政府与民间相结合的、强制与委托相结合的、宏观与微观相结合的工程项目管理监督模式，是既努力与国际惯例接轨，又充分根据我国的国情。这样惯例与国情相结合，必然对我国的工程建设起到良好的作用，推动中国特色的社会主义建设事业向前发展。

工程监理的对象是工程项目建设。工程监理是指社会化、专业化的工程监理单位，接受业主的委托和授权后，根据国家批准的工程项目建设文件，有关工程建设的法律、法规和工程监理合同，以及其他工程合同所进行的旨在实现项目投资目的，将质量、安全、进度、投资四大控制贯穿于始终的微观监督管理活动。因此，监理工程师应当了解我国工程法律法规体系，并熟悉和掌握其中与监理工作关系比较密切法律、法规、规章，以便依法进行工程监理和规范自己的工程监理行为。

1.3.1 工程监理的法律法规

我国与建设工程监理有关的已颁发实施的法律、法规、规章如下。

(1) 法律

如《中华人民共和国建筑法》《中华人民共和国合同法》《中华人民共和国招标投标法》《环境保护法》《中华人民共和国安全生产法》等。

(2) 行政法规

如《建设工程质量管理条例》《建设工程安全生产管理条例》《建设工程勘察设计管理条例》《中华人民共和国土地管理法实施条例》《城市房地产开发经营管理法》《城市房屋拆迁管理条例》《民用建筑节能条例》等。

(3) 部门规章

如《工程监理企业资质管理规定》《监理工程师资格考试和注册试行办法》《建设工程监理范围和规模标准规定》《建设工程施工现场管理规定》《建筑安全生产监督管理规定》《工程建设重大事故报告和调查程序规定》《房屋建筑工程和市政基础设施工程竣工验收备案管理暂行办法》等。

(4) 标准规范

如《建设工程监理规范》等。

(5) 规范性文件

如《建设工程施工合同（示范文本）》《建设工程监理合同（示范文本）》《房屋建筑工程质量保修书（示范文本）》等。

1.3.2 工程项目管理制度

(1) 建筑工程施工许可制度

建设工程开工前，建设单位应当按照国家有关规定向工程所在地县级以上人民政府建设行政主管部门申请领取施工许可证；但是，国务院建设行政主管部门规定的限额以下的小型工程除外。建设行政主管部门应当自收到申请之日起 15 天内，对符合条件的申请颁发施工许可证。建设单位应当自领取施工许可证之日起 3 个月内开工。因故不能按期开工的，应当向发证机关申请延期；延期以 2 次为限，每次不超过 3 个月。既不开工又不申请延期或者超过延期时限的，施工许可证自行废止。在建的建设工程因故中止施工的，建设单位应当自中止施工之日起5个月内，向发证机关报告，并按照规定做好建设工程的维护管理工作。按照国务院有关规定批准开工的建设工程，因故不能按期开工或者中止施工的，应当及时向批准机关报告情况，因故不能按期开工超过6个月的，应当重新办理开工报告的批准手续。

（2）执业资格制度

从事建设活动的建筑施工企业、勘察单位、设计单位和工程监理单位，按照其拥有的注册资本、专业技术人员、技术装备和已完成的建设工程业绩等资质条件，划分为不同的资质等级，经资质审查合格，取得相应等级的资质证书后，方可在其资质等级许可的范围内从事建设活动。从事建设活动的专业技术人员，应当依法取得相应的执业资格证书，并在执业资格证书许可的范围内从事建设活动。

（3）建设工程招标投标制

以下项目的勘察、设计、施工、监理以及与工程建设有关的重要设备、材料等的采购，必须进行招标：①大型基础设施、公用事业等关系社会公共利益、公众安全的项目；②全部或者部分使用国有资金投资或者国家融资的项目；③使用国际组织或者外国政府贷款、援助资金的项目。

招标投标活动要严格按照国家有关规定进行，体现公开、公平、公正和择优、诚信的原则。招标分为公开招标和邀请招标。对未按规定进行公开招标、未经批准擅自采取邀请招标形式的，有关地方和部门不得批准开工。工程监理单位也应通过竞争择优确定。

招标单位要合理划分标段、合理确定工期、合理标价定标。中标单位签订承包合同后，严禁进行转包；总承包单位如进行分包，除总承包合同中有约定的外，必须经发包单位认可，但主体结构不得分包；禁止分包单位将其承包的工程再分包；严禁任何单位和个人以任何名义、任何形式干预正当的招标投标活动，严禁搞地方和部门保护主义，对违反规定干预招标投标活动的单位和个人，不论有无牟取私利，都要根据情节轻重做出处理。招标单位有权自行选择招标代理机构，委托其办理招标事宜。招标单位若具有编制招标文件和组织评标能力的，可以自行办理招标事宜。

（4）工程建设监理制

国家推行工程建设监理制度，国务院规定实行强制监理的建设工程应按规定实施监理工作。对其他实行监理的建设工程，由建设单位委托具有相应资质条件的工程监理单位监理。建设单位与其委托的工程监理单位应当订立书面委托监理合同。

建设工程监理应当依照法律、行政法规及有关的技术标准、设计文件和工程承包合同，对承包单位在施工质量、建设工期和建设资金使用等方面，代表建设单位实施监督。工程监理人员认为工程施工不符合工程设计要求、施工技术标准和合同约定的，有权要求建筑施工企业改正；工程监理人员认为工程设计不符合建筑工程质量标准或者合同约定的质量要求的，应当报告建设单位要求设计单位改正。

（5）合同管理制

建设工程的勘察、设计、施工、设备材料采购和工程监理都要依法订立合同。各类合同都要明确质量要求、履约担保和违约处罚条款，违约方要承担相应的法律责任。

(6) 安全生产责任制

工程安全生产管理必须坚持安全第一、预防为主的方针，建立健全安全生产的责任制度和群防群治制度。工程设计应当符合按照国家规定制定的建筑安全规程和技术规范，保证工程的安全性能。施工企业在编制施工组织设计时，应当根据工程的特点制定相应的安全技术措施；对专业性较强的工程项目，应当编制专项安全施工组织设计，并采取安全技术措施。施工企业应当在施工现场采取维护安全、防范危险、预防火灾等措施；有条件的，应当对施工现场实行封闭管理。施工企业必须依法加强对建筑安全生产的管理，执行安全生产责任制度，采取有效措施，防止伤亡和其他安全生产事故的发生。

(7) 工程质量责任制

国家对从事建筑活动的单位推行质量体系认证制度。从事建筑活动的单位根据自愿原则可以向国务院产品质量监督管理部门或者国务院产品质量监督管理部门授权的部门认可的认证机构，申请质量体系认证。经认证合格的，由认证机构颁发质量体系认证证书。

建设单位不得以任何理由要求设计单位或者施工企业在工程设计或者施工作业中，违反法律、行政法规和建筑工程质量、安全标准，降低工程质量。设计单位和施工企业对建设单位违反上述规定提出的降低工程质量的要求，应当予以拒绝。工程勘察设计单位须对其勘察、设计的质量负责。勘察、设计文件应当符合有关法律、行政法规的规定和工程质量、安全标准、工程勘察、设计技术规范以及合同的约定。设计文件选用的建筑材料、建筑构配件和设备，应当注明其规格、型号、性能等技术指标，其质量要求必须符合国家规定的标准。设计单位对设计文件选用的建筑材料、建筑构配件和设备，不得指定生产厂、供应商。

施工企业对工程的施工质量负责。施工企业必须按照工程设计图样和施工技术标准施工，不得偷工减料。工程设计的修改由原设计单位负责，施工企业不得擅自修改工程设计。施工企业必须按照工程设计要求、施工技术标准和合同的约定，对建筑材料、建筑构配件和设备进行检验，不合格的不得使用。建筑物在合理使用寿命内，必须确保地基基础工程和主体结构的质量。

工程实行总承包的，工程质量由工程总承包单位负责。总承包单位将工程分包给其他单位的，应当对分包工程的质量与分包单位承担连带责任。分包单位应当接受总承包单位的质量管理。

建筑工程竣工时，屋顶、墙面不得留有渗漏、开裂等质量缺陷；对已发现的质量缺陷，施工企业应当修复。交付竣工验收的建筑工程，必须符合规定的建筑工程质量标准，有完整的工程技术经济资料和经签署的工程保修书，并具备国家规定的其他竣工条件。建筑工程竣工经验收合格后，方可交付使用；未经验收或者验收不合格的，不得交付使用。

(8) 工程质量保修制

建设工程实行质量保修制度。建设工程承包单位在向建设单位提交工程竣工验收报告时，应当向建设单位出具质量保修书。质量保修书中应当明确建设工程的保修范围、保修期限和保修责任等。建设工程的保修期自竣工验收合格之日起计算。

（9）工程竣工验收制

项目建成后必须按国家有关规定进行严格的竣工验收，由验收人员签字负责。项目竣工验收合格后，方可交付使用。对未经验收或验收不合格就交付使用的，要追究项目法定代表人的责任，造成重大损失的，要追究其法律责任。

（10）建设工程质量备案制

建设单位应当自工程竣工验收合格起15天内，向工程所在地的县级以上地方人民政府建设行政主管部门备案。备案机关收到建设单位报送的竣工验收备案文件，验证文件齐全后，应当在工程竣工验收备案表上签署文件收讫。工程竣工验收备案表一式两份，一份由建设单位保存，一份留备案机关存档。

（11）建设工程质量终身责任制

国家机关工作人员在建设工程质量监督管理工作中玩忽职守、滥用职权、徇私舞弊，构成犯罪的，依法追究刑事责任；尚不构成犯罪的，依法给予行政处分。

建设、勘察、设计、施工、工程监理单位的工作人员因调动工作、退休等原因离开该单位后，被发现在该单位工作期间违反国家有关建设工程质量管理规定，造成重大工程质量事故的，仍应当依法追究法律责任。

项目工程质量的行政领导责任人、项目法定代表人，勘察、设计、施工、监理等单位的法定代表人，要按各自的职责对其经手的工程质量负终身责任。如发生重大工程质量事故，不管调到哪里工作，都要追究其相应的行政和法律责任。

（12）建设项目法人责任制

建设项目法人对项目的筹建、建设、运行与使用负全面的责任。建设项目除军事工程等特殊情况外，都要按政企分开的原则组成项目法人，实行建设项目法人责任制，由项目法定代表人对工程质量负总责任。项目法定代表人必须具备相应的政治、业务素质和组织能力，具备项目管理工作的实际经验。项目法人单位的人员素质、内部组织机构必须满足工程管理和技术上的要求。

（13）项目决策咨询评估制

国家大中型项目和基础设施项目，必须严格实行项目决策咨询评估制度。建设项目可行性研究报告未经有资质的咨询机构和专家的评估论证，有关审批部门不予审批；重大项目的项目建议书也要经过评估论证。咨询机构要对其出具的评估论证意见承担责任。

（14）工程设计审查制

工程项目设计在完成初步设计文件后，经政府建设主管部门组织工程项目内容所涉及的行业及主管部门依据有关法律法规进行初步设计的会审，会审后由建设主管部门下达设计批准文件，之后方可进行施工图设计。施工图设计文件完成后送具备资质的施工图设计审查机构，依据国家设计标准、规范的强制性条款进行审查签证后才能用于工程上。

1.4 工程监理的服务费用

1.4.1 工程监理服务收费的必要性

服务业是国民经济的重要组成部分，服务业的发展水平是衡量现代社会经济发达程度的重要标志。我国建设监理有关规定指出："工程建设监理是有偿的技术服务活动，酬金多少应根据监理深度确定。酬金及计费办法，由监理单位与建设单位协商，并在合同中明确。"执行监理合同，维护合同的权威性，这条规定与国际惯例是吻合的，不同的服务规模所要求的费用是不同的，这些都由建设单位和监理单位事先谈判确定，并在委托合同中预先说明。从建设单位的立场看，为了使监理单位能顺利地完成任务，达到自己所提出的要求，必须付给他们适当的报酬，用以补偿监理单位去完成任务时的支出（包括合理的劳务费用支出以及需要交纳的税金），这也是委托方的义务，支付这部分费用是必需的。

1.4.2 工程监理费的计算

(1) 工程监理费的构成

工程监理费是指建设单位（业主）依据委托监理合同支付给监理企业的监理酬金。它由监理直接成本、间接成本、税金和利润四部分构成。

1）直接成本

直接成本是指监理企业履行委托监理合同时所发生的成本。主要包括以下几方面。

① 监理人员和监理辅导人员的工资、奖金、津贴、补助、附加工资等。

② 用于监理工作的常规检测工器具、计算机等办公设施的购置费和其他仪器、设备的租赁费。

③ 用于监理人员和辅导人员的其他专项开支，包括办公费、通信费、差旅费、书报费、文印费、会议费、医疗费、劳保费、保险费、休假探亲费等。

④ 其他费用。

2）间接成本

间接成本是指全部业务经营开支及非工程监理的特定开支。具体内容如下。

① 管理人员、行政人员以及后勤人员的工资、奖金、补助和津贴。

② 经营性业务开支，包括为招揽监理业务而发生的广告费、宣传费、有关合同的公证费等。

③ 办公费，包括办公用品、报刊、会议、文印、上下班交通费等。

④ 公用设施使用费，包括办公使用的水、电、气、环卫、保安等费用。

⑤ 业务培训费、图书、资料购置费。

⑥ 附加费，包括劳动统筹、医保社保、福利基金、工会经费、人身保险、住房公积

金、特殊补助等。

⑦ 其他费用。

3）税金

税金是指按照国家规定，工程监理企业应交纳的各种税金总额，如营业税、所得税、印花税等。

4）利润

利润是指工程监理企业的监理活动收入扣除直接成本、间接成本和各种税金之后的余额。

(2) 监理费的计算方法

工程监理与相关服务收费根据建设项目性质不同情况，分别实行政府指导价或市场调节价。依法必须实行监理的建设工程施工阶段的监理收费实行政府指导价；其他建设工程施工阶段的监理收费和其他阶段的监理与相关服务收费实行市场调节价。

实行政府指导价的建设工程施工阶段监理收费，其基准价根据《建设工程监理与相关服务收费标准》(发改价格【2007】670号）计算，浮动幅度为上下20%。建设单位和监理单位应当根据建设工程的实际情况在规定的浮动幅度内协商确定收费额。自2015年3月1日起，实行市场调节价的建设工程监理与相关服务收费，按照国家发改委《关于进一步放开建设项目专业服务价格的通知》（发改价格【2015】299号)、中国建设监理协会《关于指导监理企业规范价格行为和自觉维护市场秩序的通知》(【2015】52号）等文件精神，结合本地实际，由建设单位和监理单位协商确定收费额。

工程监理与相关服务收费，应当体现优质优价的原则。在保证工程质量的前提下，由于监理单位提供的监理与相关服务节省投资，缩短工期，取得显著经济效益的，建设单位可根据合同约定奖励监理单位。

建设工程监理与相关服务收费包括建设工程施工阶段的工程监理（以下简称“施工监理”）服务收费和勘察、设计、保修等阶段的相关服务（以下简称“其他阶段的相关服务”）收费。

(3) 施工监理服务收费

铁路、水运、公路、水电、水库工程的施工监理服务收费按建筑安装工程费分档定额计费方式计算收费。其他工程的施工监理服务收费按照建设项目工程概算投资额分档定额计费方式计算收费。施工监理服务收费按照下列公式计算。

① 施工监理服务收费＝施工监理服务收费基准价×(1±浮动幅度值)。

② 施工监理服务收费基准价＝施工监理服务收费基价×专业调整系数×工程复杂程度调整系数×高程调整系数。

施工监理服务收费基价是完成国家法律法规、规范规定的施工阶段监理基本服务内容的价格。施工监理服务收费基价按《施工监理服务收费价表》（见表1.1）确定，计费额处于两个数值区间的，采用直线内插法确定施工监理服务收费基价。

施工监理服务收费调整系数包括：专业调整系数、工程复杂程度调整系数和高程调整系数。

① 专业调整系数。专业调整系数是对不同专业建设工程的施工监理工作复杂程度和工作量差异进行调整的系数。计算施工监理服务收费时，专业调整系数在《施工监理服务收费专业调整系数表》(见表1.2) 中查找确定。

表1.1 施工监理服务收费基价表 单位：万元

序号	计费额	收费基价	序号	计费额	收费基价
1	500	16.5	9	60000	991.4
2	1000	30.1	10	80000	1255.8
3	3000	78.1	11	100000	1507.0
4	5000	120.8	12	200000	2712.5
5	8000	181.0	13	400000	4882.6
6	10000	218.6	14	600000	6835.6
7	20000	393.4	15	800000	8658.4
8	40000	708.2	16	1000000	10390.1

表1.2 施工监理服务收费专业调整系数表

工程类型	专业调整系数
1. 矿山采选工程	
黑色、有色、黄金、化学、非金属及其他矿采选工程	0.9
选煤及其他煤炭工程	1.0
矿井工程、铀矿采选工程	1.1
2. 加工冶炼工程	
冶炼工程	0.9
船舶水工工程	1.0
各类加工工程	1.0
核加工工程	1.2
3. 石油化工工程	
石油工程	0.9
化工、石化、化纤、医药工程	1.0
核化工工程	1.2
4. 水利电力工程	
风力发电、其他水利工程	0.9
火电工程、送变电工程	1.0
核能、水电、水库工程	1.2
5. 交通运输工程	
机场场道、助航灯光工程	0.9
铁路、公路、城市道路、轻轨及机场空管工程	1.0
水运、地铁、桥梁、隧道、索道工程	1.1
6. 建筑市政工程	
园林绿化工程	0.8
建筑、人防、市政公用工程	1.0
邮政、电信、广播电视工程	1.0
7. 农业林业工程	
农业工程	0.9
林业工程	0.9

② 工程复杂程度调整系数。工程复杂程度调整系数是对同一专业建设工程的施工监理复杂程度和工作量差异进行调整的系数。工程复杂程度分为一般、较复杂和复杂三个等级，其调整系数分别为：一般（Ⅰ级）0.85；较复杂（Ⅱ级）1.0；复杂（Ⅲ级）1.15。计算施工监理服务收费时，工程复杂程度在相应专业工程的《工程复杂程度表》中查找，其中，建筑、人防工程的《工程复杂程度表》见表1.3。

表1.3 建筑、人防工程复杂程度表

等级	工程特征
Ⅰ级	1. 高度＜24m的公共建筑和住宅工程； 2. 跨度＜24m的厂房和仓储建筑工程； 3. 室外工程及简单的配套用房； 4. 高度＜70m的高耸构筑物
Ⅱ级	1. 24m≤高度＜50m的公共建筑工程； 2. 24m≤跨度＜36m的厂房和仓储建筑工程； 3. 高度≥24m的住宅工程； 4. 仿古建筑，一般标准的古建筑、保护性建筑以及地下建筑工程； 5. 装饰、装修工程； 6. 防护级别为四级及以下的人防工程； 7. 70m≤高度＜120m的高耸构筑物
Ⅲ级	1. 高度≥50m的公共建筑工程，或跨度≥36m的厂房和仓储建筑工程； 2. 高标准的古建筑、保护性建筑； 3. 防护级别为四级以上的人防工程； 4. 高度≥120m的高耸构筑物

③ 高程调整系数。高程调整系数分为海拔高程2001m以下的为1；海拔高程2001～3000m为1.1；海拔高程3001～3500m为1.2；海拔高程3501～4000m为1.3；4001m以上的，高程调整系数由建设单位和监理单位协商确定。

建设单位将施工监理服务中的某一部分单独委托给监理单位，按其占施工监理服务工作量的比例计算施工监理服务收费，其中质量控制和安全生产监督管理服务收费不宜低于施工监理服务收费总额的70%。

(4) 其他阶段的相关服务收费

其他阶段的相关服务收费一般按相关服务工作所需工日和《建设工程监理与相关服务人员人工日费用标准》(见表1.4）收费。

表1.4 建设工程监理与相关服务人员人工日费用标准 单位：元

建设工程监理与相关服务人员职级	工日费用标准
一、高级专家	1000～1200
二、高级专业技术职称的监理与相关服务人员	800～1000
三、中级专业技术职称的监理与相关服务人员	600～800
四、初级及以下专业技术职称的监理与相关服务人员	300～600

注：本表适用于提供短期服务的人工费用标准。

【例1.1】 某公共建筑工程项目位于海拔高程2030m，建筑面积3500m²，共6层，总高度为18m，总概算投资为2000万元，建设单位委托某监理单位进行施工监理，并在合同商谈中确定监理费浮动幅度下浮8%，试计算该工程的施工监理服务收费应为多少？

【解】

① 按我国《建设工程监理与相关服务收费管理规定》，根据工程项目特点查得，该工程属建筑工程，专业调整系数为1.0，工程复杂程度为Ⅰ级，调整系数为0.85；位于海拔高程2030m，高原调整系数为1.1。

② 计算施工监理服务收费基价。经查得总概算1000万元的监理收费基价为30.1万元，3000万元的监理收费基价为78.1万元；该工程总概算为2000万元，采用直线内插法确定施工监理服务收费基价：

施工监理服务收费基价＝78.1－(78.1－30.1)×(3000－2000)/(3000－1000)＝54.1(万元)。

③ 施工监理服务收费基准价＝施工监理服务收费基价×专业调整系数×工程复杂程度调整系数×高程调整系数＝54.1×1.0×0.85×1.1＝50.58(万元)。

④ 施工监理服务收费＝施工监理服务收费基准价×(1±浮动幅度值)＝50.58×(1－8%)＝46.53(万元)。

1.5 工程监理的发展趋势

1.5.1 我国工程监理的发展

我国工程建设的历史已有几千年，但现代意义上的工程建设监理制度的建立是从1988年开始的。

在改革开放以前，我国工程建设项目的投资由国家拨付，施工任务由行政部门向施工企业直接下达。当时的建设单位、设计单位和施工单位都是完成国家建设任务的执行者，都对上级行政主管部门负责，相互之间缺少互相监督的职责。政府对工程建设活动采取的是单向的行政监督管理，在工程建设的实施过程中，对工程质量的保证主要依靠施工单位的自我监督。

20世纪80年代以后，我国进入了改革开放时期，工程建设活动也逐步市场化。为了适应这一形势的需要，从1983年开始，我国开始实行了政府对工程质量的监督制度，全国各地及国务院各部门都成立了专业质量监督部门和各级质量检测机构，代表政府对工程建设质量进行监督和检测。各级质量监督部门在不断进行自身建设的基础上，认真履行职责，积极开展工作，在促进企业质量保证体系的建立、预防工程质量事故、保证工程质量上发挥了重大作用。从此，我国的工程建设监督由原来的单向监督向政府专业质量监督转变，由仅靠企业自检自评向第三方认证和企业内部保证相结合转变。这种转变使我国工程建设监督向前迈进了一大步。

20世纪80年代中期，随着我国改革的逐步深入和开放的不断扩大，“三资”工程项目在我国逐步增多，加之国际金融机构向我国贷款的工程项目都要求实行招标投标制、承包发包制和建设监理制，使得国外专业化、社会化的监理公司、咨询公司、管理公司的专家们开始出现在我国“三资”工程项目建设管理中。他们按照国际惯例，以受业主委托与授权的方式，对工程建设进行管理，显示出高速度、高效率、高质量的管理优势。其中，值得一提的是在我国建设的鲁布革电站工程，作为世界银行贷款项目，在招标中，日本大成公司以低于概算43%的悬殊标价承包了引水系统工程，而仅以30多名管理人员和技术骨干组成的项目管理班子，雇用了400多名中国劳务人员，采用非尖端的设备和技术手段，靠科学管理创造了工程造价、工程进度、工程质量三个高水平纪录。这一工程实例震动了我国建筑界，造成了对我国传统的政府专业监督体制的冲击，它引起了我国工程建设管理者的深入思考。

1985年12月，我国召开了基本建设管理体制改革会议，这次会议对我国传统的工程建设管理体制做出了深刻的分析与总结，指出了我国传统的工程建设管理体制的弊端，肯定了必须对其进行改革的思路，并指明了改革的方向与目标，为实行工程建设监理制奠定了思想基础。1988年7月，建设部在征求有关部门和专家意见的基础上，发布了《关于开展建设监理工作的通知》，接着又在一些行业部门和城市开展了工程建设监理试点工作，并颁发了一系列有关工程建设监理的法规，使建设监理制度在我国建设领域得到了迅速发展。

我国的工程建设监理制自1988年推行以来，大致经过了三个阶段：工程监理试点阶段（1988～1993年）；工程监理稳步发展阶段（1993～1995年）；工程监理全面推行阶段(1996年至今)。

（1）工程监理试点阶段

1988年，建设部发出了《关于开展建设监理工作的通知》。在该通知中，对建设监理的范围、对象、内容、步骤等，都做了明确规定。同年建设部又印发了《关于开展建设监理试点工作的若干意见》，确定了北京、上海、天津、南京、宁波、沈阳、哈尔滨、深圳八市和能源部、交通部两部的水电和公路系统，作为全国开展建设监理工作的试点单位。

经过几年的试点工作，建设部于1993年在天津召开了第五次全国建设监理工作会议。这次会议总结了试点工作的经验，对各地区、各部门的建设监理工作给予了充分肯定，并决定在全国结束建设监理制度的试点工作。工程建设监理制度从当年转入稳步发展阶段。

（2）工程监理稳步发展阶段

从1993年工程监理转入稳步发展阶段以来，我国工程建设监理工作得到了很大发展。截至1995年年底，全国的29个省、自治区、直辖市和国务院39个工业、交通等部门推行了工程监理制度。全国已开展监理工作的地级以上的城市有153个，占总数的76%，已成立的监理单位有1500家，其中甲级监理单位有64家；监理工作从业人员达8万人，其中有1180多名监理工程师获得了注册证书；一支具有较高素质的监理队伍正在形成，全国累计受监理的工程投资规模达5000多亿元，受监理工程的覆盖率在全国平均约有20％。

(3) 工程监理全面推行阶段

1995年12月，建设部在北京召开了第六次全国建设监理工作会议。会上，国家建设部和国家计委联合颁布了737号文件，即《工程监理规定》。这次会议总结了我国七年来工程建设监理工作的成绩和经验，对今后的监理工作进行了全面的部署。这次会议的召开标志着我国建设监理工作已进入全面推行的新阶段。但是，由于工程建设监理制度在我国起步晚，基础差，有的单位对实行工程建设监理制度的必要性还缺乏足够的认识，一些应当实行工程监理的项目没有实行工程监理，并且有些监理单位的行为不规范，没有起到工程建设监理应当起到的公正监督作用。为使我国已经起步的工程建设监理制度得以完善和规范，适应建筑业改革和发展的需要，并将其纳入法制化的轨道上来，1997年10月全国举行了首届注册监理工程师执业资格考试，同年12月全国人大通过了《中华人民共和国建筑法》，并将工程建设监理列入其中，它标志着《建筑法》以法律的形式，确立了在我国推行工程建设监理制度的重大举措。

1.5.2 国外工程监理的发展

工程建设监理制度在国际上已有较长的发展历史，西方发达国家已经形成了一套较为完善的工程监理体系和运行机制，可以说，工程建设监理已经成为建设领域中的一项国际惯例。世界银行、亚洲开发银行等国际金融机构和发达国家政府贷款的工程项目，都把工程建设监理作为贷款条件之一。

建设监理制度的起源可以追溯到产业革命发生以前的16世纪，随着社会对房屋建造技术要求的不断提高，建筑师队伍出现了专业分工，其中有一部分建筑师专门向社会传授技艺，为工程业主提供技术咨询，解答疑难问题，或受聘监督管理施工，建设监理制度出现了萌芽。18世纪60年代的英国产业革命，大大促进了整个欧洲大陆城市化和工业化的发展进程，社会大兴土木，建筑业空前繁荣，然而工程项目业主却越来越感到单靠自己的监督管理来实现建设工程高质量的要求是很困难的，工程建设监理的必要性开始为人们所认识。19世纪初，随着建设领域商品经济关系的日趋复杂，为了明确工程项目业主、设计者、施工者之间的责任界限，维护各方的经济利益并加快工程进度，英国政府于1830年以法律手段推出了总合同制度，这项制度要求每个建设项目要由一个承包商进行总包，这样就导致了招标投标方式的出现，同时也促进了工程建设监理制度的发展。

自20世纪50年代末期，科学技术的飞速发展，工业和国防建设以及人民生活水平不断提高，需要建设大量的大型、巨型工程，如航天工程、大型水利工程、核电站、大型钢铁公司、石油化工企业和新城市开发等。对于这些投资巨大、技术复杂的工程项目，无论是投资者还是建设者都不能承担由于投资不当或项目组织管理失误而带来的巨大损失，因此项目业主在投资前要聘请有经验的咨询人员进行投资机会论证和项目的可行性研究，在此基础上再进行决策。并且在工程项目的设计、实施等阶段，还要进行全面的工程监理，保证实现其投资目的。

近年来，西方发达国家的建设监理制正逐步向法律化、程序化发展，在西方国家的工程建设领域中已形成工程项目业主、承包商和监理单位三足鼎立的基本格局。进入20世纪80年代以后，建设监理制在国际上得到了较大的发展。一些发展中国家也开始效仿发达国家的作法，结合本国实际，设立或引进工程监理机构，对工程项目实行监理。目前，在国际上工程建设监理已成为工程建设必须遵循的制度。

1.5.3 工程监理未来的发展趋势

(1) 建设监理应回归其“为业主提供建设工程专业化监督管理服务”的本来定位

抛开“建设监理”还是“项目管理”这种名词之间的无谓争执，让建设监理回归其“为业主提供建设工程专业化监督管理服务”的本来定位。从建设监理市场的竞争和开放性本质的论述，我们可以清楚地看到建设监理的本质是随着工程建设领域技术的发展，随着社会专业分工的不断细化，由客观存在的市场需求引发的一项符合市场经济规律的惯例。因此，它的本质是根据建设项目业主的需求为工程建设提供相应的专业化监督管理服务，以自己的专业能力求得生存。在我国，随着市场经济的不断发育完善，监理更多的是根据业主的需求提供相应的技术、管理、咨询等服务，服务形式将更多样化。而且，随着我国固定资产投资体制改革的不断深入，法人责任制的深度贯彻落实，未来业主对项目投资回报的日益重视，业主们更关心的将是投资效益问题，因此未来建设监理的工作重心将逐步转移到如何用有限的资源（工程投资、工期等）去实现最佳的目标（工程质量、合理的建设规模），或者说更关心的是如何实现工程建设投资、工期、质量、建设规模等多目标之间的最佳组合，从而最大限度地发挥建设项目投资的综合效益。唯其如此，建设监理才能体现其存在的价值，才能拥有旺盛的生命力。

(2) 政府对建设监理的管理将进一步从微观转向宏观，重点放到政策引导上

随着市场经济的发育完善，随着市场信用体系的建立健全和全社会信用意识真正地深入人心，政府应逐步退出具体细微的事务性管理工作，充分发挥市场经济规律自身的调节作用，譬如，随着工程建设领域各方行为的日益规范及信用机制的建立和完善，可以逐步淡化监理企业资质管理制度。政府在退出微观经济事务管理的同时，要加强宏观政策的研究，重点放在界定违法违规行为，制定相关法律法规并切实做好监管，为行业发展提供一个良好的政策环境以及公平竞争的平台。

(3) 强制监理和政府定价制度将逐步退出历史舞台

“强制监理”方面存在的问题：一是现阶段“强制监理”已经成为让监理充当建设工程领域质量、安全问题责任的“垫背者”角色的最佳理由，一些地方、部门在处理建设工程质量、安全问题的时候，首先想到的是监理而不是工程建设的实施主体——施工单位，

个别严重的甚至出现重罚监理、偏袒施工的怪现象，偏离了建设监理是受业主委托、代表业主实施工程管理这一基本的出发点。也正因如此，相当一部分业主是因为政府规定必须“强制监理”以及监理能帮其承担相当的责任而请监理，并非真正从节约项目投资、控制工程质量、实现项目建设目标的最佳完成这个角度来考虑问题，若非如此，为什么现阶段在请监理的同时，相当多的建设单位还要保留工程专业人员成立基建班子？二是少部分素质较差的施工企业，更是“躺在”监理身上，结果监理人员成了施工企业的质量、安全监督员，否则稍有闪失就成了质量、安全事故的责任人，这种责任界限的模糊不清，形成了表面上人人有责任、事实上相互推诿扯皮的现象，结果是损害了工程建设的效率。三是由于强制监理，形成了建设监理市场的表面繁荣，因此也滋生了一批素质不高的监理企业，这些监理企业往往通过压价竞争、人情关系等非实力比拼途径获取业务，这样的企业一旦取得业务后，又不派出或者说是根本就派不出实力强大的监理队伍开展监理工作，成为监理行业的“老鼠屎”，拉得一些本来实力尚可的监理企业为了生存不得不“同流合污”，严重败坏了监理行业的声誉。

因此，随着市场经济的不断发育完善，强制监理和政府定价逐步退出历史舞台是必然的，但这会有一个过程，而且应该是一个逐步缩小范围的、有选择的、理性的退出过程。现阶段强制监理和政府定价的范围可以主要集中在政府投资的建设项目上，这也是中国特色的监理。

(4) 社会对监理的素质要求将越来越高

如果政府一旦取消强制监理，“监理”这个孩子就必须走出政府的襁褓，自己去经风历雨、适者生存。社会对监理的素质要求也将越来越高。监理企业必须要能提供满足业主需求的服务才能生存，因此，除了提高自身的能力和水平，别无他法。监理企业和从业人员之间是一个双向选择的组合，什么样的企业需要什么样的人才，就能给予什么样的待遇；反之，什么样的人才能进什么样的企业，也就能得到什么样的报酬。因此，监理从业人员要想获得更大程度的个人满足，无论是个人的经济收入还是社会地位，除了努力提高自身的专业能力和职业道德水平，也别无捷径。

(5) 监理行业结构将出现分化，出现金字塔形的构架

由于市场需求的多样化及企业自身能力的差异，监理行业的整体结构必将出现分化，现阶段存在的强势监理企业和弱势监理在同一平台上竞争的局面将不复存在，而且这种现象事实上也是极其不合理的。

第一类企业：在行业顶端的，将是拥有自主的知识产权、专有技术、实力强大的公司。其业务可能集中在某一项或多项专业工程领域，从事着从项目立项、可行性研究到初步设计、施工图设计、选择承包商、监督管理施工直至工程竣工验收，甚至包括项目后评估的项目全过程的管理和技术咨询服务。这样的企业不仅具有相当良好的社会信誉和知名度，而且在相关工程领域，甚至在国际工程建设领域中都处于领先地位，具有不可替代的能力。这样的企业为数很少，主要集中在一些技术含量高、工程复杂程度大的专业工程领域，其获利将相当可观。

第二类企业：处在金字塔中间部分的企业，将是不具备自有的专有技术或知识产权，但是具有良好的社会信誉、实力较强，而且有结构合理的人才队伍、相当丰富的建设项目管理经验、在某一项或多项专业工程技术上有专长。这样的企业将有能力根据市场的需要提供建设项目全过程或某一阶段的技术咨询和管理服务，这样的企业获利水平可能比不上第一种类型的企业，不存在暴利，但是总体规模将远大于第一种类型的企业，成为建设监理行业的中坚力量，其从业人员将具有相当的社会地位、受人尊敬。

第三类企业：处在金字塔底层的企业，主要在施工现场实施旁站或仅仅实施施工阶段质量、投资、安全等某一专项监管的企业。这样的企业可以是受业主的委托，也可以是受第一种类型监理企业的委托，甚至可以是受施工承包单位的委托，受谁委托即为谁服务。该类型企业的服务利润将十分有限。其从业人员的地位和收入也将远不如第一、第二类企业人员。

综上所述：中国建设监理的发展需要政府更为有效的政策支持，需要更为公平、诚信的市场环境，需要所有从业人员的不懈努力。不管贯它以何种名称，这种“为业主的工程建设提供专业化监督管理服务”的工作终将有其旺盛的生命力。

训练与思考题

一、单项选择题（每小题的备选答案中，只有1个选项最符合题意。）

1. 在开展工程监理的过程中，当建设单位与承建单位发生利益冲突时，监理单位应以事实为依据，以法律和有关合同为准绳，在维护建设单位的合法权益的同时，不损害承建单位的合法权益。这表明建设工程监理具有（　　）。

A. 公平性　　B. 自主性　　C. 独立性　　D. 公正性

2. 建设工程监理的作用是（　　）。

A. 促使承建单位保证建设工程质量和使用安全

B. 有利于实现建设工程社会效益最大化

C. 依靠自律机制规范工程建设参与各方的建设行为

D. 从产品生产者的角度对建设生产过程实施管理

3. 下列关于建设工程监理工作与建设行政主管部门监督管理工作的表述中，正确的是（　　）。

A. 建设工程监理工作与建设行政主管部门的监督管理工作都不具有强制性

B. 建设工程监理工作与建设行政主管部门的监督管理工作都具有委托性

C. 建设工程监理工作具有强制性，建设行政主管部门的监督管理工作具有委托性

D. 建设工程监理工作具有委托性，建设行政主管部门的监督管理工作具有强制性

4. 下列法律文件中，与建设工程监理有关的行政法规是（　　）。

A.《中华人民共和国建筑法》　　B.《建设工程安全生产管理条例》

C.《注册监理工程师管理规定》　　D.《建筑工程施工许可管理办法》

5. 项目法人通过招标确定监理单位，委托监理单位实施监理是实行（　　）的基本保障。

A. 招标投标制　　B. 合同管理制

C. 建设工程监理制　　D. 项目法人责任制

6. 实施建设工程监理的基本目的是（　　）。

A. 对建设工程的实施进行规划、控制、协调

B. 控制建设工程的投资、进度和质量

C. 保证在计划的目标内将建设工程建成投入使用

D. 协助建设单位在计划的目标内将建设工程建成投入使用

7. 依据《建设工程监理范围和规模标准规定》，下列工程项目必须实行监理的是（　　）。

A. 总投资额为2亿元的电视机厂改建项目

B. 建筑面积4万平方米的住宅建设项目

C. 总投资额为300万美元的联合国粮农组织的援助项目

D. 总投资额为2000万元的科技项目

8. 建设工程监理的服务对象是（　　）。

A. 工程施工项目　　B. 施工单位　　C. 设计单位　　D. 建设单位

9. 建设工程监理的服务对象具有（　　）。

A. 全面性　　B. 多样性　　C. 单一性　　D. 公开性

10. 建设工程监理范围包括项目总投资额在（　　）元以上的供水、供电、供气、供热等市政工程项目。

A. 3000万　　B. 5000万　　C. 2000万　　D. 7000万

11. 在建设工程监理的性质中，（　　）是由建设工程监理要达到的基本目的决定的。

A. 科学性　　B. 公正性　　C. 独立性　　D. 服务性

二、多项选择题（每小题的备选答案中，有2个或2个以上选项符合题意，但至少有1个错项。）

1. 我国建设工程监理的特点为（　　）。

A. 服务对象具有单一性　　B. 市场准入采用双重控制

C. 只提供施工阶段的服务　　D. 不具有监督功能

E. 属强制推行的制度

2. 建设工程监理的作用在于（　　）。

A. 有利于政府对工程建设参与各方的建设行为进行监督管理

B. 可以对承包单位的建设行为进行监督管理

C. 可以对建设单位的建设行为进行监督管理

D. 尽可能避免发生承包单位的不当建设行为

E. 尽可能避免发生建设单位的不当建设行为

3. 工程监理企业从事建设工程监理活动，应当遵循“守法、诚信、公正、科学”的准则，其中“守法”的具体要求为（　　）。

A. 在核定的业务范围内开展经营活动

B. 不伪造、涂改、出租、出借、转让、出卖《资质等级证书》

C. 按照合同的约定认真履行其义务

D. 离开原住所地承接监理业务，要主动向监理工程所在地省级建设行政主管部门备案登记，接受其指导和监督

E. 建立健全内部管理规章制度

4. 服务性是建设工程监理的一项重要性质，其管理服务的内涵表现为（　　）。

A. 监理工程师具有丰富的管理经验和应变能力

B. 主要方法是规划、控制、协调

C. 建设工程投资、进度和质量控制为主要任务

D. 与承建单位没有利害关系为原则

E. 基本目的是协助建设单位在计划的目标内将建设工程建成投入使用

5. 建设工程主要管理制度有（　　）。

A. 项目法人责任制

B. 工程招标投标制

C. 建设工程监理制

D. 合同管理制

E. 信息管理制

6. 根据我国现行规定，下列必须实行监理的项目有（　　）。

A. 学校、影剧院、体育馆项目

B. 卫生、社会福利等项目

C. 建筑面积3万平方米的住宅建设工程

D. 项目投资总额在3000万元以上的（供水）市政工程项目

E. 利用国际组织贷款的工程

7. 建设工程监理的作用主要表现在（　　）。

A. 有利于促进我国国民经济的发展

B. 有利于促使承建单位保证建设工程质量和使用安全

C. 有利于规范工程建设参与各方的建设行为

D. 有利于实现建设工程投资效益最大化

E. 有利于提高建设工程投资决策科学化水平

8. 建设工程监理的依据包括（　　）。

A. 咨询师的资质水平

B. 工程建设文件

C. 有关的法律、法规

D. 建设工程委托监理合同

E. 其他有关建设工程合同

9. 建设工程监理的性质有（　　）。

A. 服务性　　B. 科学性　　C. 美观性

D. 公正性　　　　　E. 独立性

10. 建设工程监理的主要任务是控制建设工程的（　　）。

A. 投资　　　　　B. 流程　　　　　C. 进度

D. 资金　　　　　E. 质量

三、思考题

1. 什么是工程监理？工程监理具有哪些性质？

2. 工程监理的目的什么？

3. 工程监理的依据是什么？它有何作用？

4. 试述工程监理实施的原则和程序。

5. 现阶段我国与建设工程监理有关的法律法规有哪些？

6. 现阶段我国的工程建设中推行了哪些工程管理制度？

7. 工程监理费由哪几部分组成？监理费是怎样计取的？

8. 某综合教学实验大楼，位于海拔高程1000m以下，建筑面积38000m²，共16层，总高度为64m，总概算投资为20000万元，建设单位委托某监理单位进行施工监理，并在合同商谈中确定监理费浮动幅度下浮15%，试计算该工程的施工监理服务收费应为多少？

第2章

监理工程师和工程监理企业

2.1 监理工程师

注册监理工程师是指取得国务院建设主管部门颁发的《中华人民共和国注册监理工程师执业资格证书》和执业印章，从事建设工程监理与相关服务等活动的人员。我国目前的监理工程师有总监理工程师、总监理工程师代表、专业监理工程师和监理员。

由于工程建设监理涉及技术、经济、管理等方面的知识，学科多、专业广，对执业资格条件要求较高，因此，监理工作需要由一专多能的复合型人才来承担。监理工程师要有理论知识，熟悉设计、施工、管理；要有组织、协调能力；还应掌握并应用好合同、经济、法律等多方面的知识。

2.1.1 监理工程师的执业特点

在国际上流行的各种工程合同条件中，几乎无例外地都含有关于监理工程师的条款。在国际上多数国家的工程项目建设程序中，每一个阶段都有监理工程师的工作。如在国际工程招标和投标过程中，凡是有关审查投标人工程经验和业绩的内容，都要提供这些工程的监理工程师的名称。

随着人类社会的不断进步，社会分工更趋向于专业化。在工程建设领域诞生工程监理制度，正是社会分工发展的必然结果。而这一制度的核心是监理工程师。国际咨询工程师联合会（FIDIC）对从事工程咨询业务人员的职业地位和业务特点所做的说明是："咨询工程师从事的是一份令人尊敬的职业，他仅按照委托人的最佳利益尽责，他在技术领域的地位等同于法律领域的律师和医疗领域的医生。他保持其行为相对于承包商和供应商的绝对独立性，他必须不得从他们那里接受任何形式的好处，而使他们的决定的公正性受到影响或不利于他行使委托人赋予的职责。"这个说明同样适合我国的注册监理工程师。

我国的监理工程师执业特点主要如下。

（1）执业范围广泛

建设工程监理，就其监理的建设工程来看，包括土木工程、建筑工程、线路管道与设备安装工程和装修工程等类别，而各类工程所包含的专业累计多达200余项，就其监理服务过程来看，可以包含工程项目前期决策、勘察设计、招标投标、施工、项目运行等各阶段。因此，监理工程师的执业范围十分广泛。

（2）执业内容复杂

监理工程师执业内容的基础是合同管理，主要工作内容是建设工程目标控制和协调管理，执业方式包括监督管理和咨询服务。执业内容主要包括：在工程项目建设前期阶段，为业主提供投资决策咨询，协助业主进行工程项目可行性研究，提出项目评估；在设计阶段，审查、评选设计方案，选择勘察、设计单位，协助业主签订勘察、设计合同，监督管理合同的实施，审核设计概算；在施工阶段，监督、管理工程承包合同的履行，协调业主与工程建设有关各方的工作联系，控制工程质量、进度和造价，组织工程竣工预验收，参与工程竣工验收，审核工程结算；在工程保修期内，检查工程质量状况，鉴定质量问题责任，督促责任单位维修。此外，监理工程师在执业过程中，还要受环境、气候、市场等多种因素干扰。所以，监理工程师的执业内容十分复杂。

（3）执业技能全面

工程监理业务是高智能的工程技术和管理服务，涉及多学科、多专业，监理方法需要运用技术、经济、法律、管理等多方面的知识。监理工程师应具有复合型的知识结构，不仅要有专业技术知识，还要熟悉设计管理和施工管理，要有组织协调能力，能够综合应用各种知识解决工程建设中的各种问题。因此，工程监理业务对执业者的执业技能要求比较全面，资格条件要求较高。

（4）执业责任重大

监理工程师在执业过程中担负着重要的经济和管理等方面涉及生命、财产安全的法律责任，统称为监理责任。监理工程师所承担的责任主要包括两方面：一是国家法律法规赋予的行政责任。我国的法律法规对监理工程师从业有明确具体的要求，不仅赋予监理工程师一定的权利，同时也赋予监理工程师相应的责任，如《建设工程质量管理条例》所赋予的质量管理责任、《建设工程安全生产管理条例》所赋予的安全生产管理责任等；二是委托监理合同约定的监理人义务，体现为监理工程师的合同民事责任。

建设工程监理的实践证明，没有专业技能的人不能从事监理工作；有一定专业技能，从事多年工程建设工作，如果没有学习过工程监理知识，也难以开展监理工作。

2.1.2 监理工程师的素质

为了适应监理工作岗位的需要，监理工程师应该比一般工程师具有更好的素质，对这种高智能人才素质的要求，主要体现在以下几个方面。

(1) 要有较高的学历和广泛的理论知识

现代工程建设投资规模巨大，工艺越来越先进，材料、设备越来越新颖，应用科技门类复杂，组织千万人协作的工作十分浩繁，如果没有广博的理论知识，是不可能胜任监理工作的。即使是规模不大、工艺简单的工程项目，为了优质、高效地搞好工程建设，也需要具有较深厚的现代科技理论知识、经济管理知识和法律知识的人员进行组织管理。如果工程建设委托监理，监理工程师不仅要担负一般的组织管理工作，而且要指导参加工程建设的各方搞好工作。所以，监理工程师不具备上述理论知识就难以胜任监理工作。

工程建设涉及的学科很多，其中主要学科就有几十种。作为一名监理工程师，不可能学习和掌握这么多的专业理论知识。但是，起码应学习、掌握一种专业理论知识，没有专业理论知识的人员是难以胜任监理工作的。监理工程师还应力求了解或掌握更多的专业学科知识。无论监理工程师已掌握了多少专业技术知识，都必须学习、掌握一定的工程建设经济、法律和组织管理等方面的理论知识，从而达到一专多能，成为工程建设中的复合型人才，使工程监理企业真正成为智力密集型的知识群体。

(2) 要有丰富的工程建设实践经验

工程建设实践经验就是理论知识在工程建设中的成功应用。一般来说，一个人在工程建设中工作的时间越长，经验就越丰富；反之，经验则不足。大量的工程实践证明，工程建设中出现失误，往往与参与者的经验不足有关。当然，若不从实际出发，单凭以往的经验，也难以取得预期的成效。据了解，世界各国都很重视工程建设的实践经验。在考核某一个单位或某一个人的能力大小时，都把实践经验作为主要的衡量尺度之一。我国在监理工程师注册制度中，也对实践经验作出了相应的规定。

(3) 要有良好的品德和工作作风

监理工程师的良好品德和工作作风主要体现在：

① 热爱社会主义祖国、热爱人民、热爱建设事业。只有这样，才能潜心钻研业务、努力进取和搞好建设工程监理工作。

② 具有科学的工作态度和综合分析问题的能力。在处理任何问题时，都能从实际出发，以事实和数据为依据，从复杂的现象中抓住事物的本质和主要矛盾，而不是凭“想当然”“差不多”草率行事，使问题能得到迅速而正确的解决。

③ 具有廉洁奉公、为人正直、办事公道的高尚情操。对自己，不谋私利；对业主，既能贯彻其正确的意图，又能坚持正确的原则；对承建商，既能严格监理，又能正确处理其同业主的关系，公平地维护双方的合法权益。

④ 能听取不同意见，而且要有良好的包容性。对与自己不同的意见，能共同研究、及时磋商、耐心说服，而不是急躁行事，不轻易行使自己的否决权，以事实为依据，善于处理好各方面的关系。

(4) 要有较强的组织协调能力

在工程建设的全过程中，监理工程师依据合同对工程项目实施监督管理，监理工程师要面对建设单位、设计单位、承包单位、材料设备供应商等与工程有关的单位。只有协调好有关各方的关系、处理好各种矛盾和纠纷，才能使工程建设顺利地开展，实现项目投资目标。

(5) 要有健康的体魄和充沛的精力

尽管建设工程监理是一种高智能的管理和技术服务，以脑力劳动为主，但是也必须具有健康的身体和充沛的精力，才能胜任繁忙、严谨的监理工作。工程建设施工阶段，由于露天作业，工作条件艰苦，工期往往紧迫，业务繁忙，更需要有健康的身体。我国规定男性年满60周岁退休，也都是从人们的体质上考虑的。一般来说，年满65周岁就不宜再在监理单位承担监理工作，国家规定对其不予注册。

2.1.3 监理工程师的道德要求

工程监理工作的特点之一是要体现公平原则。监理工程师在执业过程中维护建设单位的合法权益的同时，不能损害工程建设其他方的合法利益，因此对监理工程师的职业道德和工作纪律都有严格的要求，在有关法规里也作了具体的规定。

(1) 职业道德守则

在监理行业中，监理工程师应严格遵守如下通用职业道德守则。

① 维护国家的荣誉和利益，按照“守法、诚信、公平、科学”的准则执业。

② 执行有关工程建设的法律、法规、标准、规范、规程和制度，履行监理合同规定的义务和职责。

③ 努力学习专业技术和建设监理知识，不断提高业务能力和监理水平。

④ 不以个人名义承揽监理业务。

⑤ 不同时在两个或两个以上监理单位注册和从事监理活动，不在政府部门和施工、材料设备的生产供应等单位兼职。

⑥ 不为所监理项目指定承包商及建筑构配件、设备、材料生产厂家和施工方法。

⑦ 不得收受被监理单位的任何礼金。

⑧ 不泄露所监理工程各方认为需要保密的事项。

⑨ 坚持独立自主地开展工作。

(2) 工作纪律

① 遵守国家的法律和政府的有关条例、规定和办法等。

② 认真履行《工程建设监理委托合同》所承诺的义务，并承担约定的责任。

③ 坚持公正的立场，公平地处理有关各方的争议。

④ 坚持科学的态度和实事求是的原则。

⑤ 在坚持按《工程建设监理委托合同》的规定向业主提供技术服务的同时，帮助被监理者完成其担负的建设任务。

⑥ 不以个人名义在报刊上刊登承揽监理业务的广告。

⑦ 不得损害他人名誉。

⑧ 不泄露所监理工程需保密的事项。

⑨ 不在任何承建商或材料设备供应商中兼职。

⑩ 不得擅自接受业主额外的津贴，也不接受被监理单位的任何津贴。不接受可能导致判断不公的报酬。

监理工程师违背职业道德或违反工作纪律，由政府主管部门没收非法所得，收缴《监理工程师岗位证书》，并可处以罚款。监理单位还要根据企业内部的规章制度给予处罚。

（3）FIDIC道德准则

FIDIC是国际上最有权威的被世界银行认可的咨询工程师组织。它认为工程师的工作对于社会及其环境的持续发展十分关键。下述准则是其成员行为的基本准则。

① 接受对社会的职业责任。

② 寻求与确认发展原则相适应的解决办法。

③ 在任何时候，维护职业的尊严、名誉和荣誉。

④ 保持其知识和技能与技术、法规、管理的发展相一致的水平，对于委托人要求的服务采用相应的技能，并尽心尽力。

⑤ 仅在有能力从事服务时才进行。

⑥ 在任何时候均为委托人的合法权益行使其职责，并且正直和忠诚地进行职业服务。

⑦ 在提供职业咨询、评审或决策时不偏不倚。

⑧ 通知委托人在行使其委托权时，可能引起的任何潜在的利益冲突。

⑨ 不接受可能导致判断不公的报酬。

⑩ 加强“按照能力进行选择”的观念。

⑪ 不得故意或无意地作出损害他人名誉或事务的事情。

⑫ 不得直接或间接取代某一特定工作中已经任命的其他咨询工程师的位置。

⑬ 通知该咨询工程师并且接到委托人终止其先前任命的建议前，不得取代该咨询工程师的工作。

⑭ 在被要求对其他咨询工程师的工作进行审查的情况下，要以适当的职业行为和礼节进行。

2.1.4 监理工程师的权利和义务

《建设工程质量管理条例》赋予监理工程师多项签字权，并明确规定了监理工程师的多项职责，从而使监理工程师执业有了明确的法律依据，确立了监理工程师作为专业人士的法律地位。监理工程师所具有的法律地位决定了监理工程师在执业中一般应享有的权利和应履行的义务。

（1）注册监理工程师享有的权利

① 使用注册监理工程师称谓。

② 在规定范围内从事执业活动。

③ 依据本人能力从事相应的执业活动。

④ 保管和使用本人的注册证书和执业印章。

⑤ 对本人执业活动进行解释和辩护。

⑥ 接受继续教育。

⑦ 获得相应的劳动报酬。

⑧ 对侵犯本人权利的行为进行申诉。

(2) 注册监理工程师应当履行的义务

① 遵守法律、法规和有关管理规定。

② 履行管理职责，执行技术标准、规范和规程。

③ 保证执业活动成果的质量，并承担相应责任。

④ 接受继续教育，努力提高执业水准。

⑤ 在本人执业活动所形成的工程监理文件上签字、加盖执业印章。

⑥ 保守在执业中知悉的国家秘密和他人的商业、技术秘密。

⑦ 不得涂改、倒卖、出租、出借或者以其他形式非法转让注册证书或执业印章。

⑧ 不得同时在两个或者两个以上单位受聘或者执业。

⑨ 在规定的执业范围和聘用单位业务范围内从事执业活动。

⑩ 协助注册管理机构完成相关工作。

2.1.5 监理工程师的法律责任

(1) 监理工程师法律法规责任的表现行为

监理工程师的法律责任与其法律地位密切相关，同样是建立在法律法规和委托监理合同的基础上的，因而监理工程师法律责任的行为表现主要有两方面：一是违反法律法规的行为（违法行为）；二是违反合同约定的行为（违约行为）。

① 违法行为　现行法律法规对监理工程师的法律责任专门做出了具体规定，例如《建筑法》第35条规定："工程监理单位不按照委托监理合同的约定履行监理义务，对应当监督检查的项目不检查或者不按照规定检查，给建设单位造成损失的，应当承担相应的赔偿责任"。

《中华人民共和国刑法》第137条规定："建设单位、设计单位、施工单位、工程监理单位违反国家规定，降低工程质量标准，造成重大安全事故的，对直接责任人员，处五年以下有期徒刑或者拘役，并处罚金；后果特别严重的，处五年以上十年以下有期徒刑，并处罚金"。

《建设工程质量管理条例》第36条规定："工程监理单位应当依照法律、法规以及有关技术标准、设计文件和建设工程承包合同，代表建设单位对施工质量实施监理并对施工质量承担监理责任"。

《建设工程安全生产管理条例》第14条规定："工程监理单位和监理工程师应当依

照法律、法规和工程建设强制性标准实施监理，并对建设工程安全生产承担监理责任”。

② 违约行为　监理工程师一般主要受聘于工程监理企业，从事工程监理业务。工程监理企业是与建设项目业主订立委托监理合同的当事人，是法定意义的合同主体。但委托监理合同在具体履行时，是由监理工程师代表监理企业来实现的。因此，如果监理工程师出现工作过失，违反了合同约定，其行为将被视为监理企业违约，由监理企业承担相应的违约责任。当然，监理企业在承担违约赔偿责任后，有权在企业内部向有相应过失行为的监理工程师追偿部分损失。所以，由监理工程师个人过失引发的合同违约行为，监理工程师应当与监理企业承担一定的连带责任，其连带责任的基础是监理企业与监理工程师签订的聘用协议或责任保证书，或监理企业法定代表人对监理工程师签发的授权委托书。一般来说，授权委托书应包含职权范围和相应责任条款。

(2) 监理工程师的安全生产责任

监理工程师的安全生产责任是法律责任的一部分。

导致工作安全事故或问题的原因很多，有自然灾害、不可抗力等客观原因，也有建设单位、设计单位、施工企业、材料供应单位等方面的主观原因。监理工程师虽然不管理安全生产，不直接承担安全责任，但不能排除其间接或连带承担安全责任的可能性。如果监理工程师有下列行为之一，则应当与质量、安全事故责任主体承担连带责任。

① 违章指挥或者发出错误指令，引发安全事故的。

② 将不合格的工程建设、建筑材料、建筑构配件和设备按照合格签字，造成工程质量事故，由此引发安全事故的。

③ 与建设单位或施工企业串通，弄虚作假、降低工程质量，从而引发安全事故的。

2003年11月12日发布的《建设工程安全生产管理条例》(国务院393号令) 已经明确规定：工程监理单位应当审查施工组织设计中的安全技术措施或者专项施工方案是否符合工程建设强制性标准。工程监理单位在实施监理过程中，发现存在安全事故隐患的，应当要求施工单位整改，情况严重的，应当要求施工单位暂时停止施工，并及时报告建设单位。施工单位拒不整改或者不停止施工的，工程监理单位应当及时向有关主管部门报告。工程监理单位和监理工程师应当按照法律、法规和工程建设强制性标准实施监理，并对建设工程安全生产承担监理责任。

(3) 监理工程师违规行为的处罚

监理工程师的违规行为及其处罚，主要有下列几种情况。

① 对于未取得《监理工程师执业资格证书》《监理工程师注册证书》和执业印章，以监理工程师名义执行业务的人员，政府建设行政主管部门将予以取缔，并处以罚款，有违法所得的，予以没收。

② 对于以欺骗手段取得《监理工程师执业资格证书》《监理工程师注册证书》和执业印章的人员，政府建设行政主管部门将吊销其证书、收回执业印章，并处以罚款；情节严重的，3年之内不允许考试及注册。

③ 如果监理工程师出借《监理工程师执业资格证书》《监理工程师注册证书》和执业印章，情节严重的将被吊销证书、收回执业印章，3年之内不允许考试和注册。

④ 监理工程师注册内容发生变更，未按照规定办理变更手续的，将被责令改正，并可能受到罚款的处理。

⑤ 同时受聘于两个及以上单位执业的，将被注销其《监理工程师注册证书》，收回执业印章，并将受到罚款处理；有违法所得的，将被没收。

⑥ 对于监理工程师在执业中出现的行为过失，产生不良后果的，《建设工程质量管理条例》有明确规定：监理工程师因过错造成质量事故的，责令停止执业1年；造成重大质量事故的，吊销执业资格证书，5年以内不予注册；情节特别恶劣的，终身不予注册。

2.2 监理工程师执业资格考试、注册和继续教育

改革开放以来，我国开始逐步实行专业技术人员执业资格制度。自1997年起，在我国举行监理工程师执业资格考试，并将此项工作纳入全国专业技术人员执业资格制度实施计划。因此，监理工程师实际上是一种执业资格，若要获此称号，则必须参加侧重于工程建设监理实践知识的全国统考，考试合格者获得"监理工程师资格证书"，否则就不具备监理工程师资格。

2.2.1 实施监理工程师执业资格考试制度的意义

执业资格考试制度是政府对某些责任较大、社会通用性强、关系公共利益的专业技术工作实行的市场准入制度，执业资格是专业技术人员依法独立开业或独立从事某种专业技术工作所必备的学识、技术和能力标准。监理工程师执业资格是我国新中国成立以来在工程建设领域设立的第一个执业资格。

实行监理工程师执业资格考试制度的意义如下。

① 促进监理人员努力钻研监理业务，提高业务水平。

② 统一监理工程师的业务能力标准。

③ 有利于公正地确定监理人员是否具备监理工程师的资格。

④ 合理建立工程监理人才库。

⑤ 便于同国际接轨，开拓国际工程监理市场。

2.2.2 监理工程师执业资格考试

1992年6月，建设部发布了《监理工程师资格考试和注册试行办法》(建设部第18号令)，我国开始实施监理工程师资格考试。1996年8月，建设部、人事部下发了《建设部、人事部关于全国监理工程师执业资格考试工作的通知》(建监[1996]462号)，从

1997年起，全国正式举行监理工程师执业资格考试。考试工作由建设部、人事部共同负责，日常工作委托建设部建筑监理协会承担，具体考务工作由人事部人事考试中心负责。考试每年举行一次，考试时间一般安排在5月中下旬。原则上在省会城市设立考点。

(1) 报考条件

我国根据对监理工程师业务素质和能力的要求，对参加监理工程师执业资格考试的报名条件从两个方面作出限制：一是要具有一定的专业学历；二是要具有一定年限的工程建设实践经验。凡中华人民共和国公民，具有工程技术或工程经济专业大专（含）以上学历，遵纪守法并符合以下条件之一者，均可报名参加监理工程师执业资格考试。

① 具有按照国家有关规定评聘的工程技术或工程经济专业中级专业技术职务，并任职满3年。

② 具有按照国家有关规定评聘的工程技术或工程经济专业高级专业技术职务。

对从事工程建设监理工作并同时具备下列4项条件的报考人员可免试《工程建设合同管理》和《工程建设质量、投资、进度控制》2个科目。

① 1970年（含）以前工程技术或工程经济专业大专（含）以上毕业。

② 具有按照国家有关规定评聘的工程技术或工程经济专业高级专业技术职务。

③ 从事工程设计或工程施工管理工作15年（含）以上。

④ 从事监理工作1年（含）以上。

根据《关于同意香港、澳门居民参加内地统一组织的专业技术人员资格考试有关问题的通知》(国人部发［2005］9号)，凡符合注册监理工程师执业资格考试相应规定的香港、澳门居民均可按照文件规定的程序和要求报名参加考试。

(2) 报名时间及方法

报名时间一般为上一年的12月份(以当地人事考试部门公布的时间为准)。报考者由本人提出申请，经所在单位审核同意后，携带有关证明材料到当地人事考试管理机构办理报名手续。党中央、国务院各部门、部队及直属单位的人员，按属地原则报名参加考试。

(3) 考试内容和科目设置

由于监理工程师的业务主要是控制建设工程的质量安全、投资、进度，监督管理建设工程合同，协调工程建设各方的关系，所以，监理工程师执业资格考试的内容主要是工程建设基本理论、工程质量安全控制、工程进度控制、工程投资控制、建设工程合同管理和涉及工程监理的相关法律法规等方面的理论知识和实务技能。

考试设4个科目，具体是《建设工程监理基本理论与相关法规》《建设工程合同管理》《建设工程质量、投资、进度控制》《建设工程监理案例分析》。其中，《建设工程监理案例分析》为主观题，在试卷上作答；其余3科均为客观题，在答题卡上作答。

考试分4个半天进行，《工程建设合同管理》《工程建设监理基本理论与相关法规》的考试时间为2个小时，《工程建设质量、投资、进度控制》的考试时间为3个小时，《工程建设监理案例分析》的考试时间为4个小时。

(4) 考试方式和管理

监理工程师执业资格考试是一种水平考试，是对考生掌握监理理论和监理实务技能的抽检。考试实行全国统一考试大纲、统一命题、统一组织、统一时间、闭卷考试、分科记分、统一录取标准的办法，一般每年举行一次。考试以两年为一个周期，参加全部科目考试的人员须在连续两个考试年度内通过全部科目的考试。免试部分科目的人员须在一个考试年度内通过应试科目。

2.2.3 监理工程师注册和注销

取得资格证书的人员申请注册，由省、自治区、直辖市人民政府建设主管部门初审，国务院建设主管部门审批。

取得资格证书并受聘于一个建设工程勘察、设计、施工、监理、招标代理、造价咨询等企业的人员，应当通过聘用单位向单位工商注册所在地的省、自治区、直辖市人民政府建设主管部门提出注册申请；省、自治区、直辖市人民政府建设主管部门受理后提出初审意见，并将初审意见和全部申报材料报国务院建设主管部门审批；符合条件的，由国务院建设主管部门核发注册证书和执业印章。

省、自治区、直辖市人民政府建设主管部门在收到申请人的申请材料后，应当即时作出是否受理的决定，并向申请人出具书面凭证；申请材料不齐全或者不符合法定形式的，应当在5日内一次性告知申请人需要补正的全部内容。逾期不告知的，自收到申请材料之日起即视为受理。

注册监理工程师按专业设置岗位，并在《监理工程师岗位证书》中注明专业。注册监理工程师依据其所学专业、工作经历、工程业绩，按照《工程监理企业资质管理规定》划分的工程类别，按专业注册；每人最多可以申请两个专业注册。对不予批准的，应当说明理由，并告知申请人享有依法申请行政复议或者提起行政诉讼的权利。

注册证书和执业印章是注册监理工程师的执业凭证，由注册监理工程师本人保管、使用。注册证书和执业印章的有效期为3年。

监理工程师的注册，根据注册内容的不同分为初始注册、延续注册、变更注册以及注销注册四种形式。

(1) 初始注册

初始注册者，可自资格证书签发之日起3年内提出申请。逾期未申请者，须符合继续教育的要求后方可申请初始注册。申请初始注册应当具备以下条件。

① 经全国注册监理工程师执业资格统一考试合格，取得资格证书。

② 受聘于一个相关单位。

③ 达到继续教育要求。

初始注册需要提交下列材料。

① 申请人的注册申请表。

② 申请人的资格证书和身份证复印件。

③ 申请人与聘用单位签订的聘用劳动合同复印件。

④ 所学专业、工作经历、工程业绩、工程类中级及中级以上职称证书等有关证明材料。

⑤ 逾期初始注册的，应当提供达到继续教育要求的证明材料。

(2) 延续注册

注册监理工程师每一注册有效期为3年，注册有效期满需继续执业的，应当在注册有效期满30日前，按照《注册监理工程师管理规定》第七条规定的程序申请延续注册。延续注册有效期为3年。

延续注册需要提交下列材料。

① 申请人延续注册申请表。

② 申请人与聘用单位签订的聘用劳动合同复印件。

③ 申请人注册有效期内达到继续教育要求的证明材料。

(3) 变更注册

在注册有效期内，注册监理工程师变更执业单位，应当与原聘用单位解除劳动关系，并按《注册监理工程师管理规定》第七条规定的程序办理变更注册手续，变更注册后仍延续原注册有效期。变更注册需要提交下列材料。

① 申请人变更注册申请表。

② 申请人与新聘用单位签订的聘用劳动合同复印件及社会保险机构出具的参加社会保险的清单复印件。

③ 申请人的工作调动证明（与原聘用单位解除聘用劳动合同或者聘用劳动合同到期的证明文件、退休人员的退休证明）。

④ 在注册有效期内或有效期届满，变更注册专业的，应提供与申请注册专业相关的工程技术、工程管理工作经历和工程业绩证明，以及满足相应专业继续教育要求的证明材料。

⑤ 在注册有效期内，因所在聘用单位名称发生变更的，应提供聘用单位新名称的营业执照复印件。

申请变更注册程序同延续注册。

申请人有下列情形之一的，不予初始注册、延续注册或者变更注册。

① 不具有完全民事行为能力的。

② 刑事处罚尚未执行完毕或者因从事工程监理或者相关业务受到刑事处罚，自刑事处罚执行完毕之日起至申请注册之日止不满2年的。

③ 未达到监理工程师继续教育要求的。

④ 在两个或者两个以上单位申请注册的。

⑤ 以虚假的职称证书参加考试并取得资格证书的。

⑥ 年龄超过65周岁的。

⑦ 法律、法规规定不予注册的其他情形。

(4) 注销注册

注册监理工程师有下列情形之一的，负责审批的部门应当办理注销手续，收回注册证书和执业印章或者公告其注册证书及执业印章作废。

① 不具有完全民事行为能力的。

② 申请注销注册的。

③ 注册证书和执业印章失效的。

④ 依法被撤销注册的。

⑤ 依法被吊销注册证书的。

⑥ 受到刑事处罚的。

⑦ 法律、法规规定应当注销注册的其他情形。

注册监理工程师有前款情形之一的，注册监理工程师本人和聘用单位应当及时向国务院建设主管部门提出注销注册的申请；有关单位和个人有权向国务院建设主管部门举报；县级以上地方人民政府建设主管部门或者有关部门应当及时报告或者告知国务院建设主管部门。

注册监理工程师有下列情形之一的，其注册证书和执业印章失效。

① 聘用单位破产的。

② 聘用单位被吊销营业执照的。

③ 聘用单位被吊销相应资质证书的。

④ 已与聘用单位解除劳动关系的。

⑤ 注册有效期满且未延续注册的。

⑥ 年龄超过65周岁的。

⑦ 死亡或者丧失行为能力的。

⑧ 其他导致注册失效的情形。

2.2.4 监理工程师继续教育

为了贯彻落实《注册监理工程师管理规定》(建设部令第147号)，做好注册监理工程师继续教育工作，根据《注册监理工程师注册管理工作规程》(建市监函［2006］28号)中有关继续教育的规定和建设部办公厅《关于由中国建设监理协会开展注册监理工程师继续教育工作的通知》(建办市函［2006］259号)的要求，建设部建筑市场司制定了《注册监理工程师继续教育暂行办法》(建市监函［2006］62号)文，2006年9月20日颁布执行。

2.2.4.1 继续教育学时

注册监理工程师在每一注册有效期(3年)内应接受96学时的继续教育，其中必修课和选修课各为48学时。

2.2.4.2 继续教育内容

继续教育分为必修课和选修课。

(1) 必修课

① 国家近期颁布的与工程监理有关的法律法规、标准规范和政策。

② 工程监理与工程项目管理的新理论、新方法。

③ 工程监理案例分析。

④ 注册监理工程师职业道德。

(2) 选修课

① 地方及行业近期颁布的与工程监理有关的法规、标准规范和政策。

② 工程建设新技术、新材料、新设备及新工艺。

③ 专业工程监理案例分析。

④ 需要补充的其他与工程监理业务有关的知识。

2.2.4.3 继续教育方式

注册监理工程师继续教育采取集中面授和网络教学的方式进行。集中面授由经过中国建设监理协会公布的培训单位实施。注册监理工程师可根据注册专业就近选择培训单位接受继续教育。网络教学由中国建设监理协会会同专业监理协会和地方监理协会共同组织实施。参加网络学习的注册监理工程师，应当登陆中国工程监理与咨询服务网，提出学习申请，在网上完成规定的继续教育必修课和相应注册专业选修课的学时（接受变更注册继续教育的要完成规定的选修课学时）后，打印网络学习证明，凭该证明参加由专业监理协会或地方监理协会组织的测试。

注册监理工程师选择上述任何方式接受继续教育达到96学时或完成申请变更规定的学时后，其《注册监理工程师继续教育手册》可作为申请逾期初始注册、延续注册、变更注册和重新注册时达到继续教育要求的证明材料。

2.2.4.4 继续教育培训单位

凡具有办学许可证的建设行业培训机构和有工程管理专业或相关工程专业的高等院校，有固定的教学场所、专职管理人员且有实践经验的专家（甲级监理公司的总监等）占师资队伍1/3以上的，均可申请作为注册监理工程师继续教育培训单位。

注册监理工程师继续教育培训班由培训单位按工程专业举办，继续教育培训单位必须保证培训质量，每期培训班均要有满足教学要求的师资队伍，并配备专职管理人员。

2.2.4.5 继续教育监督管理

中国建设监理协会在建设部的监督指导下负责组织开展全国注册监理工程师继续教育工作，各专业监理协会负责本专业注册监理工程师继续教育相关工作，地方监理协会在当地建设行政主管部门的监督指导下负责本行政区域内注册监理工程师继续教育相关工作。

工程监理企业应督促本单位注册监理工程师按期接受继续教育，有责任为本单位注册监理工程师接受继续教育提供时间和经费保证。注册监理工程师有义务接受继续教育，提高执业水平，在参加继续教育期间享有国家规定的工资、保险、福利待遇。

2.2.5 监理工程师执业

取得资格证书的人员，应当受聘于一个具有建设工程勘察、设计、施工、监理、招标代理、造价咨询等一项或者多项资质的单位，经注册后方可从事相应的执业活动。从事工程监理执业活动的，应当受聘并注册于一个具有工程监理资质的单位。

注册监理工程师可以从事工程监理、工程经济与技术咨询、工程招标与采购咨询、工程项目管理服务以及国务院有关部门规定的其他业务。

工程监理活动中形成的监理文件由注册监理工程师按照规定签字盖章后方可生效。修改经注册监理工程师签字盖章的工程监理文件，应当由该注册监理工程师进行；因特殊情况，该注册监理工程师不能进行修改的，应当由其他注册监理工程师修改，并签字、加盖执业印章，对修改部分承担责任。

注册监理工程师从事执业活动，由所在单位接受委托并统一收费。

因工程监理事故及相关业务造成的经济损失，聘用单位应当承担赔偿责任。聘用单位承担赔偿责任后，可依法向负有过错的注册监理工程师追偿。

2.3 工程监理企业

工程监理企业是指从事工程监理业务并取得工程监理企业资质证书的经济组织。它是监理工程师的执业机构。

2.3.1 工程监理企业的类型

工程监理企业类别有多种，一般有以下几种分类。

(1) 按企业组织形式分

① 公司制监理企业。目前我国公司制监理企业的种类有2种，即监理有限责任公司和监理股份有限公司。

② 合资工程监理企业。包括国内企业合资组建的工程监理企业和中外企业合资组建的工程监理企业。

③ 合作工程监理企业。对于工程规模大、技术复杂的建设工程项目监理，一家工程监理企业难以胜任时，往往由两家、甚至多家工程监理企业共同合作监理，并组成合作工程监理企业，经工商局注册以独立法人的资格享有民事权利，承担民事责任；如合作监理而不注册，不构成合作工程监理企业。

（2）按隶属关系分

① 独立法人工程监理企业。

② 附属机构工程监理企业，指企业法人中专门从事工程建设监理工作的内设机构，如一些科研单位、设计单位内设的“监理部”。

（3）按工程类别分

目前，我国把土木工程按照工程性质和技术特点分为14个专业工程类别，它们是房屋建筑工程、公路工程、铁路工程、民航机场工程、港口及航道工程、水利水电工程、电力工程、矿山工程、冶炼工程、石油化工工程、市政公用工程、通信与广电工程、机电安装工程和装饰装修工程，每个专业工程类别按照工程规模或技术复杂程度又分为一级、二级、三级三个等级。

上述工程类别的划分对工程监理企业只是体现在业务范围上，并没有完全用来界定工程监理企业的专业性质。

（4）按资质等级分

工程监理企业资质分为综合资质、专业资质和事务所资质。其中，专业资质按照工程性质和技术特点划分为若干工程类别。综合资质、事务所资质不分级别。专业资质分为甲级、乙级；其中，房屋建筑、水利水电、公路和市政公用专业资质可设立丙级。

在试行建设监理制的初期，我国的绝大多数监理企业是由国有企业集团或教学、科研、勘察设计单位按照传统的国有企业模式设立的全民所有制或集体所有制监理企业。这些监理企业普遍存在着产权关系不清晰、管理体制不健全、经营机制不灵活、分配制度不合理、职工积极性不高、市场竞争力不强的现象，企业缺乏自主经营、自负盈亏、自我约束、自我发展的“四自”能力。这必将阻碍监理企业和监理行业的发展。因此，国有工程监理企业管理体制和经营机制改革是必然发展趋势。

按照我国法律的规定，设立股份有限公司的注册资本要求比较高（最低限额为人民币500万元），而设立有限责任公司的注册资本要求比较低（最低限额为人民币3万元）。因此，我国绝大多数工程监理企业现阶段不宜按股份有限公司的组织形式设立，但这种形式是我国监理企业以后的发展方向和必然趋势。

工程监理企业改制的目的：一是有利于转换企业经营机制。不少国有监理企业经营困难，主要原因是体制、机制问题；改革的关键在于转换监理企业经营机制，使监理企业真正成为“四自”主体。二是有利于强化企业经营管理。国有监理企业经营困难，除了体制和机制外，管理不善也是重要原因之一。三是有利于提高监理人员的积极性。国有企业固有的产权不清晰、责任不明确、分配不合理的传统模式，难以调动员工的积极性。

工程监理企业改制为有限责任公司的基本步骤如下。

① 确定发起人并成立筹委会。发起人确定后，成立企业改制筹备委员会，负责改制过程中的各项工作。

② 形成公司文件。公司文件主要包括改制申请书、改制的可行性研究报告、公司章程等。

③ 提出改制申请。筹备委员会向政府主管部门提出改制申请时，应提交基本文件包括改制协议书、改制申请书、改制的可行性研究报告、公司章程、行业主管部门的审查意见等。

④ 资产评估。资产评估是指对资产价值的重估，它是在财产清查的基础上，对账面价值与实际价值背离较大的资产的价值进行重新评估，以保证资产价值与实际相符。资产评估按照申请立项、资产清查、评定估算、验证确认等程序进行。

⑤ 产权界定。产权界定是指对财产权进行鉴别和确认，即在财产清查和资产评估的基础上，鉴别企业各所有者和债权人对企业全部资产拥有的权益。对于国有产权，一般应指国有企业的净资产，即用评估后的总资产价值减去国有企业的负债。

⑥ 股权设置。股权是指股份制企业投资者的法定所有权，以及由此而产生的投资者对企业拥有的各项权利。股权设置是指在产权界定的基础上，根据股份制改造的要求，按投资主体所设置的国家股、法人股、自然人股和外资股。从目前发展趋势看，应减持国有股，扩大民营股，并折成股份，转让给本企业职工和经营者。

⑦ 认缴出资额。各股东按照共同订立的公司章程中规定的各自所认缴的出资额出资。

⑧ 申请设立登记。申请设立登记时，一般应提交公司登记申请书、公司章程、验资报告、法律法规规定的其他文件等。

⑨ 签发出资证明书。公司登记注册后，应签发证明股东已经缴纳出资额的出资证明书（股权证明书）。有限责任公司成立后，原有企业即自行终止，其债权、债务由改组后的公司承担。

2.3.2 工程监理企业的资质与管理

工程监理企业资质是企业技术能力、管理水平、业务经验、经营规模、社会信誉等综合实力的指标。对工程监理企业进行资质管理的制度是我国政府实行市场准入控制的有效手段。

工程监理企业应当按照所拥有的注册资本、专业技术人员数量和工程监理业绩等资质条件申请资质，经审查合格，取得相应等级的资质证书后，才能在其资质等级许可的范围内从事工程监理活动。

2.3.2.1 工程监理企业资质等级标准和业务范围

(1) 工程监理企业资质

工程监理企业资质分为综合资质、专业资质和事务所资质三个序列。其中，综合资质只设甲级。专业资质原则上分为甲、乙、丙三个级别，并按照工程性质和技术特点划分为14个专业工程类别；除房屋建筑、水利水电、公路和市政公用四个专业工程类别设丙级资质外，其他专业工程类别不设丙级资质。事务所资质不分等级。

1) 综合资质标准

a. 具有独立法人资格且注册资本不少于600万元。

b. 企业技术负责人应为注册监理工程师，并具有15年以上从事工程建设工作的经历或者具有工程类高级职称。

c. 具有5个以上工程类别的专业甲级工程监理资质。

d. 注册监理工程师不少于60人，注册造价工程师不少于5人，一级注册建造师、一级注册建筑师、一级注册结构工程师或者其他勘察设计注册工程师合计不少于15人次。

e. 企业具有完善的组织结构和质量管理体系，有健全的技术、档案等管理制度。

f. 企业具有必要的工程试验检测设备。

g. 申请工程监理资质之日前一年内没有规定禁止的行为。

h. 申请工程监理资质之目前一年内没有因本企业监理责任造成重大质量事故。

i. 申请工程监理资质之日前一年内没有因本企业监理责任发生三级以上工程建设重大安全事故或者发生两起以上四级工程建设安全事故。

2）专业资质标准

① 甲级

a. 具有独立法人资格且注册资本不少于300万元。

b. 企业技术负责人应为注册监理工程师，并具有15年以上从事工程建设工作的经历或者具有工程类高级职称。

c. 注册监理工程师、注册造价工程师、一级注册建造师、一级注册建筑师、一级注册结构工程师或者其他勘察设计注册工程师合计不少于25人次，其中相应专业注册监理工程师不少于表2.1中要求配备的人数，注册造价工程师不少于2人。

d. 企业近2年内独立监理过3个以上相应专业的二级工程项目，但是具有甲级设计资质或一级及以上施工总承包资质的企业申请本专业工程类别甲级资质的除外。

e. 企业具有完善的组织结构和质量管理体系，有健全的技术、档案等管理制度。

f. 企业具有必要的工程试验检测设备。

g. 申请工程监理资质之日前一年内没有规定禁止的行为。

h. 申请工程监理资质之日前一年内没有因本企业监理责任造成重大质量事故。

i. 申请工程监理资质之日前一年内没有因本企业监理责任发生三级以上工程建设重大安全事故或者发生两起以上四级工程建设安全事故。

② 乙级

a. 具有独立法人资格且注册资本不少于100万元。

b. 企业技术负责人应为注册监理工程师，并具有10年以上从事工程建设工作的经历。

c. 注册监理工程师、注册造价工程师、一级注册建造师、一级注册建筑师、一级注册结构工程师或者其他勘察设计注册工程师合计不少于15人次。其中，相应专业注册监理工程师不少于表2.1中要求配备的人数，注册造价工程师不少于1人。

d. 有较完善的组织结构和质量管理体系，有技术、档案等管理制度。

e. 有必要的工程试验检测设备。

f. 申请工程监理资质之日前一年内没有规定禁止的行为。

g. 申请工程监理资质之日前一年内没有因本企业监理责任造成重大质量事故。

h. 申请工程监理资质之日前一年内没有因本企业监理责任发生三级以上工程建设重大安全事故或者发生两起以上四级工程建设安全事故。

③ 丙级

a. 具有独立法人资格且注册资本不少于50万元。

b. 企业技术负责人应为注册监理工程师，并具有8年以上从事工程建设工作的经历。

c. 相应专业的注册监理工程师不少于表2.1中要求配备的人数。

d. 有必要的质量管理体系和规章制度。

e. 有必要的工程试验检测设备。

表2.1 专业资质注册监理工程师人数配备 单位：人

序号	工程类别	甲级	乙级	丙级	序号	工程类别	甲级	乙级	丙级
1	房屋建筑工程	15	10	5	8	铁路工程	23	14	
2	冶炼工程	15	10		9	公路工程	20	12	5
3	矿山工程	20	12		10	港口与航道工程	20	12	
4	化工石油工程	15	10		11	航天航空工程	20	12	
5	水利水电工程	20	12	5	12	通信工程	20	12	
6	电力工程	15	10		13	市政公用工程	15	10	5
7	农林工程	15	10		14	机电安装工程	15	10	

注：表中各专业资质注册监理工程师人数配备是指企业取得本专业工程类别注册的注册监理工程师人数。

3）事务所资质标准

a. 取得合伙企业营业执照，具有书面合作协议书。

b. 合伙人中有3名以上注册监理工程师，合伙人均有5年以上从事建设工程监理的工作经历。

c. 有固定的工作场所。

d. 有必要的质量管理体系和规章制度。

e. 有必要的工程试验检测设备。

(2) 工程监理企业资质相应许可的业务范围

1）综合资质　综合资质可以承担所有专业工程类别建设工程项目的工程监理业务，以及建设工程的项目管理、技术咨询等相关服务。

2）专业资质

a. 专业甲级资质。可承担相应专业工程类别建设工程项目的工程监理业务，以及相应类别建设工程的项目管理、技术咨询等相关服务。

b. 专业乙级资质。可承担相应专业工程类别二级（含二级）以下建设工程项目的工程监理业务，以及相应类别和级别建设工程的项目管理、技术咨询等相关服务。

c. 专业丙级资质。可承担相应专业工程类别三级建设工程项目的工程监理业务，以及相应类别和级别建设工程的项目管理、技术咨询等相关服务。

3）事务所资质　事务所资质可承担三级建设工程项目的工程监理业务，以及相应类别和级别建设工程项目管理、技术咨询等相关服务。但是，国家规定必须实行强制监理的建设工程监理业务除外。

2.3.2.2　工程监理企业的资质管理

为了加强对工程监理企业的资质管理，保障其依法经营业务，促进建设工程监理事业的健康发展，国家建设行政主管部门对工程监理企业资质管理工作制定了相应的管理规定。

根据我国现阶段管理体制，我国工程监理企业的资质管理确定的原则是“分级管理，统分结合”，按中央和地方两个层次进行管理。

国务院建设行政主管部门负责全国工程监理企业资质的归口管理工作。涉及铁道、交通、水利、信息产业、民航等专业工程监理资质的，由国务院铁道、交通、水利、信息产业、民航等有关部门配合国务院建设行政主管部门实施资质管理工作。

省、自治区、直辖市人民政府建设行政主管部门负责行政区域内工程监理企业资质的归口管理工作，省、自治区、直辖市人民政府交通、水利、通信等有关部门配合同级建设行政主管部门实施相关资质类别工程监理企业资质的管理工作。

工程监理企业资质有主项资质和增项资质，按分为14个工程类别，可以申请一项或多项工程类别资质，申请多项资质的工程监理企业，应当选择一项为主项资质，其余为增项资质。增项资质级别不得高于主项资质级别。

工程监理企业资质证书分为正本和副本，每套资质证书包括一本正本，四本副本。正、副本具有同等法律效力。工程监理企业资质证书的有效期为5年。由国务院建设主管部门统一印制并发放。

2.4　工程监理企业经营管理

2.4.1　工程监理企业经营活动基本准则

工程监理企业从事建设工程监理活动应当遵循“守法、诚信、公正、科学”的准则。

（1）守法

守法，即遵守国家的法律法规。对于工程监理企业来说，守法即是要依法经营，主要体现在：工程监理企业只能在核定的业务范围内开展经营活动；认真履行监理委托合同；

工程监理企业离开原住所地承接监理业务，要自觉遵守当地人民政府颁发的监理法规和有关规定，主动向监理工程所在地的省、自治区、直辖市建设行政主管部门备案登记，接受其指导和监督管理。

(2) 诚信

诚信，即诚实守信用。信用是企业的一种无形资产，加强企业信用管理、提高企业信用水平是完善我国工程监理制度的重要保证。工程监理企业应当建立健全企业的信用管理制度，及时主动与业主进行信息沟通，增强相互间的信任；及时检查和评估企业信用的实施情况。

(3) 公正

公正是指工程监理企业在监理活动中既要维护业主的利益，又不能损害承包商的合法权益，并依据合同公平合理地处理业主与承包商之间的争议。工程监理企业要做到公正，就应该具有良好的职业道德；坚持实事求是原则；熟悉有关建设工程合同条款；提高专业技术能力；提高综合分析判断问题的能力。

(4) 科学

科学是指工程监理企业要依据科学的方案，运用科学的手段，采取科学的方法开展监理工作。工程监理工作结束后，还要进行科学的总结。

2.4.2 工程监理企业的企业管理

强化企业管理，提高科学管理水平，是建立现代企业制度的要求，也是监理企业提高市场竞争能力的重要途径。监理企业管理应抓好成本管理、资金管理和质量管理，增强法治意识，依法运行经营管理。

(1) 基本管理措施

监理企业应重点做好以下几方面工作。

① 市场定位。要加强自身发展战略研究，适应市场，根据本企业实际情况合理确定企业的市场地位，实施明确的发展战略、技术创新战略，并根据市场变化适时地进行调整。

② 管理方法现代化。要广泛采用现代管理技术、方法和手段，推广先进企业的管理经验，借鉴国外企业现代管理方法；应当积极推行ISO 9000质量管理体系贯标认证工作，严格按照质量手册和程序文件的要求规范企业的各项工作。

③ 建立市场信息系统。要加强现代信息技术的运用，建立敏捷、准确的市场信息系统，掌握市场动态。

④ 严格贯彻实施《建设工程监理规范》。企业应结合实际情况，制定相应的《建设工程监理规范》实施细则，组织全员学习，在签订委托监理合同、实施监理工作、检查考核监理业绩、制定企业规章制度等各个环节都应当以《建设工程监理规范》为主要依据。

(2) 建立健全各项内部管理规章制度

工程监理企业规章制度一般包括组织管理、人事管理、劳动合同管理、财务管理、经营管理、设备管理、科技管理、档案文书管理以及项目监理机构管理等制度。有条件的监理企业，还要有风险管理，实行监理责任保险制度，适当转移责任风险。

(3) 市场开发

① 取得监理业务的基本方式。工程监理企业承揽监理业务的方式有两种：一是通过投标竞争取得监理业务；二是由业主直接委托取得监理业务。通过投标取得监理业务是市场经济体制下比较普遍的形式。我国《招标投标法》明确规定，关系公共利益安全、由政府投资和外资等工程实行监理必须招标。在不宜公开招标的机密工程或没有投标竞争对手，或者是工程规模比较小、比较单一的监理业务，或者是对原工程监理企业的续用等情况下，业主也可以直接委托工程监理企业实行监理。

② 工程监理企业投标书的核心。工程监理企业向业主提供的是管理服务，因此工程监理企业投标书的核心是反映其所提供的管理服务水平高低的监理大纲，尤其是主要的监理对策。业主在监理招标时应以监理大纲的水平作为评定投标书优劣的重要标准，而不应把监理费的高低作为选择工程监理企业的主要评定标准。作为工程监理企业，不应该以降低监理费作为竞争的主要手段去承揽监理业务。

一般情况下，监理大纲中主要的监理对策是指根据监理招标文件的要求，针对业主委托监理工程的特点初步拟订的该工程的监理工作指导思想、主要的管理措施和技术措施、拟投入监理力量以及为搞好该项工程建设而向业主提出的原则性的建议等。

③ 工程监理费的计算方法。工程监理费是指业主依据委托监理合同支付给监理企业的监理酬金。它是构成工程概（预）算的一部分，在工程概（预）算中单独列支。建设工程监理费由直接成本、间接成本、税金和利润4部分构成。工程监理费是市场竞争的动力，我国工程监理费的计算方法可以参照《建设工程监理与相关服务收费管理规定》（发改价格［2007］670号）、国家发展改革委关于进一步放开建设项目专业服务价格的通知（发改价格［2015］299号）实施。

④ 工程监理企业在竞争承揽监理业务中应注意的事项。

a. 严格遵守国家的法律、法规及有关规定，遵守监理行业职业道德，不参与恶性压价竞争活动，严格履行委托监理合同。

b. 严格按照批准的经营范围承接监理业务，特殊情况下，承接经营范围以外的监理业务时，需向资质管理部门申请批准。

c. 承揽监理业务的总量要视本单位的力量而定，不得在与业主签订监理合同后，把监理业务转包给其他工程监理企业，或允许其他企业、个人以本监理企业的名义挂靠承揽监理业务。

d. 对于监理风险较大的建设工程，可以联合几家工程监理企业组成联合体共同承担监理业务，以分担风险。

训练与思考题 ▶▶

一、单项选择题（每小题的备选答案中，只有 1 个选项最符合题意。）

1. 在 FIDIC 道德准则中，“寻求与确认的发展原则相适应的解决办法”属于（　　）的内容。

A. 对社会和职业的责任　　B. 正直性

C. 公正性　　D. 对他人的公正

2. 下列属于 FIDIC 道德准则的是（　　）。

A. 服务性　　B. 科学性　　C. 独立性　　D. 公正性

3. 下列行为要求中，既属于监理工程师职业道德又属于监理工程师义务的是（　　）。

A. 不得收受被监理单位的任何礼金

B. 保证执业活动成果的质量，并承担相应责任

C. 不泄露与监理工程有关的需要保密的事项

D. 坚持独立自主地开展工作

4. 国有工程监理企业改制为有限责任公司时，提出改制申请后需顺序完成的工作是（　　）。

A. 资产评估、产权界定、股权设置　　B. 资产评估、股权设置、产权界定

C. 股权设置、资产评估、产权界定　　D. 股权设置、产权界定、资产评估

5.（　　）是社会公认的职业道德准则，是监理行业能够长期生存和发展的基本职业道德准则。

A. 服务性　　B. 科学性　　C. 独立性　　D. 公正性

6. 在监理行业中，监理工程师应严格遵守“维护国家的荣誉和利益”的职业道德守则，按照（　　）的准则执业。

A. 诚恳、诚信、公正、科学　　B. 守法、诚信、公平、守纪

C. 守法、诚信、公正、科学　　D. 守纪、守法、公平、公正

7. 根据《工程监理企业资质管理规定》，乙级工程监理企业可以监理（　　）。

A. 相应专业工程类别二级以下（含二级）建设工程项目的工程监理业务

B. 本地区、本部门经核定的工程类别中的二、三等工程

C. 相应专业工程类别三级建设工程监理业务

D. 本地区、本部门经核定的工程类别中的三等工程

8. 工程监理企业如果申请多项专业资质，则其主要选择的一项为主项资质，其余的为（　　）。

A. 次项资质　　B. 增项资质　　C. 附加资质　　D. 辅项资质

9. 以下不属于监理工程师的职业道德守则所要求的内容是（　　）。

A. 不以个人名义承揽监理业务

B. 不得收受被监理单位的任何礼金

C. 坚持公正的立场，公平地处理有关各方面的争议

D. 坚持独立自主地开展工作

10. 具有甲级资质的工程监理企业，注册监理工程师、注册造价工程师、一级注册建造师等累计不得少于（　　）人。

A. 25　　B. 15　　C. 35　　D. 20

11. 根据我国现阶段管理体制，我国工程监理企业的资质管理确定的原则是（　　），按中央和地方两个层次进行管理。

A. 分级管理，统分结合　　B. 科学指导，符合国情

C. 分级管理，走向国际　　D. 科学指导，统分结合

12.《建设工程质量管理条例》中规定，监理工程师因过错造成重大质量事故的，（　　）。

A. 责令停止执业1年　　B. 吊销执业资格证书，3年内不予注册

C. 吊销执业资格证书，5年内不予注册　　D. 吊销执业资格证书，终身不予注册

13. 监理工程师应具备的良好品德体现在（　　）。

A. 实践经验　　B. 健康体魄　　C. 为人正直　　D. 职业尊严

14. 监理工程师延续注册的有效期为（　　）年，从准予延续注册之日起计算。

A. 1　　B. 2　　C. 3　　D. 4

15. 工程监理企业的注册监理工程师具有8年以上从事工程建设工作的经历，且注册资金不少于50万元，是我国对（　　）级监理单位的资质要求。

A. 甲　　B. 乙　　C. 丙　　D. 丁

16. “能够听取不同方面的意见，冷静分析问题”体现了监理工程师应具有（　　）的素质。

A. 较高的专业学历　　B. 丰富的实践经验

C. 良好的品德　　D. 健康的身体素质

17. “努力学习专业技术和建设监理知识，不断提高业务能力和监理水平”是监理工程师应该严格遵守的（　　）之一。

A. 执业准则　　B. 行为准则　　C. 法律准则　　D. 职业道德守则

18. 我国的监理工程师执业特点表述错误的是（　　）。

A. 执业内容复杂　　B. 执业责任重大　　C. 执业范围单一　　D. 执业技能全面

19. 按照我国法律的规定，监理企业甲级资质的注册资金最低限额为人民币（　　）万元。

A. 200　　B. 300　　C. 400　　D. 500

20. 监理单位为招揽监理业务而发生的广告费、宣传费等属于工程监理的（　　）。

A. 直接成本　　B. 间接成本　　C. 管理费用　　D. 额外支出

21. 国有工程监理企业改制为有限责任公司的基本步骤中，产权界定的前一项工作是（　　）。

A. 股权配置　　B. 资产评估　　C. 认缴出资额　　D. 提出改制申请

22. 合理设置企业内部机构职能、建立严格的岗位责任制度，属于监理企业规章制度中（　　）管理制度的内容。

A. 人事　　B. 劳动合同　　C. 组织　　D. 项目监理机构

二、多项选择题（每小题的备选答案中，有 2 个或 2 个以上选项符合题意，但至少有 1 个错项。）

1. 监理工程师的执业特点主要表现在（　　）。

A. 执业范围广泛　　B. 执业道德崇高　　C. 执业内容复杂

D. 执业技能全面　　E. 执业责任重大

2. 工程监理企业应当按照“守法、诚信、公正、科学”的准则从事建设工程监理活动，守法应体现在（　　）。

A. 在核定的业务范围内开展经营活动

B. 认真全面履行委托监理合同

C. 根据建设单位委托，客观、公正地执行监理任务

D. 建立健全企业内部各项管理制度

E. 不转让工程监理业务

3. 事务所资质的工程监理企业的资质标准有（　　）。

A. 取得合伙企业营业执照，具有书面合作协议书

B. 合伙人中有 3 名以上注册监理工程师，合伙人均有 10 年以上从事建设工程监理的工作经历

C. 有固定的工作场所

D. 有必要的质量管理体系和规章制度

E. 有必要的工程试验检测设备

4. 监理工程师所具有的法律地位决定了监理工程师在执业中一般应享有的权利和应履行的义务，这些权利主要包括（　　）。

A. 使用监理工程师名称

B. 依法自主执行业务

C. 接受职业继续教育，不断提高业务水平

D. 存执业中保守委托单位申明的商业秘密

E. 依法签署工程监理及相关文件并加盖执业印章

5. 申请监理工程师执业资格注册的人员出现下列（　　）情形之一的，不能获得注册。

A. 不具备完全民事行为能力

B. 年龄 55 周岁及以上

C. 注册于两个及两个以上单位

D. 在申报注册过程中有弄虚作假行为

E. 受到刑事处罚，自刑事处罚执行完毕之日起至申请注册之日不满 3 年

6. 根据《工程监理企业资质管理规定》，甲级工程监理企业的技术负责人应当（　　）。

A. 具有10年以上从事工程建设工作的经历

B. 具有15年以上从事工程建设工作的经历

C. 具有高级技术职称

D. 为注册监理工程师

E. 取得监理工程师资格证书

7. 工程监理应当遵循科学化的管理准则，其主要体现在（　　）。

A. 科学的方案　　B. 科学的方法　　C. 科学的分析

D. 科学的手段　　E. 科学的应用

8. 下列内容中，监理工程师应严格遵守的职业道德包括（　　）。

A. 不同时在两个或两个以上监理单位注册或从事监理活动

B. 坚持独立自主地开展工作

C. 不出借《监理工程师执业资格证书》

D. 不泄露所监理工程各方认为需要保密的事项

E. 通知建设单位在监理工作过程中可能发生的任何潜在的利益冲突

9. 如果监理工程师出现以下（　　）行为的，则应当与质量、安全事故责任主体承担连带责任。

A. 违章指挥或者发出错误指令，引发安全事故

B. 将不合格的建设工程、建筑材料、建筑构配件和设备按照合格签字，造成工程质量事故，由此引发安全事故

C. 与建设单位或施工企业串通，弄虚作假降低工程质量，从而引发安全事故

D. 对应当监督检查的项目不检查或者不按照规定检查，给建设单位造成损失

E. 出借监理工程师执业资格证书、监理工程师注册证书和执业印章

10. 工程监理企业应当按照（　　）等资质条件申请资质。

A. 监理人员数量　　B. 注册资本　　C. 监理水平　　D. 监理业绩

11. 依据国家相关法律法规的规定，下列情形中，监理工程师应当承担连带责任的有（　　）。

A. 对应当监督检查的项目不检查或不按照规定检查，给建设单位造成损失的

B. 与施工企业串通，弄虚作假、降低工程质量，从而导致安全事做的

C. 将不合格的建筑材料按照合格签字，造成工程质量事故，由此引发安全事故的

D. 未按照工程监理规范的要求实施监理的

E. 转包或违法分包所承揽的监理业务的

12. 工程监理企业从事建设工程监理活动，应当遵循“守法、诚信、公正、科学”的准则，其中“守法”的具体要求为（　　）。

A. 在核定的业务范围内开展经营活动

B. 不伪造、涂改、出租、出借、转让、出卖《资质等级证书》

C. 按照合同的约定认真履行其义务

D. 离开原住所地承接监理业务，要主动向监理工程所在地省级建设行政主管部门备案登记，接受其指导和监督

E. 建立健全内部管理规章制度

13. 为了能够依据合同，公平合理地处理建设单位与施工单位之间的争议，工程监理单位必须（　　）。

A. 采用科学的方案、方法和手段　　B. 坚持实事求是

C. 熟悉有关建设工程合同条款　　D. 提高专业技术能力

E. 提高综合分析判断问题的能力

三、思考题

1. 监理工程师应具备什么样的素质？应遵守的职业道德是什么？

2. 监理工程师的注册形式有哪几种？注册监理工程师每一注册有效期为几年？

3. 监理企业资质有哪几种？分别设哪几个等级？

4. 参加监理工程师执业资格考试的报名条件主要包括哪些方面？

5. 工程监理企业资质管理主要包括哪些内容？

6. 工程监理企业经营活动的基本准则是什么？

7. 要做好工程监理企业的管理工作，主要需做好哪几方面的工作？

第3章

工程监理组织与协调

3.1　组织的基本原理（组织论）

组织的沟通与协调是管理中的一项重要职能。建立精干、高效的项目监理机构并使之正常运行，是实现建设工程监理目标的前提条件。因此，组织的基本原理是监理工程师必备的理论知识。

组织理论的研究分为两个相互联系的分支学科，即组织结构学和组织行为学。组织结构学侧重于组织的静态研究，即组织是什么，其研究目的是建立一种精干、合理、高效的组织结构；组织行为学则侧重组织的动态研究，即组织如何才能够达到其最佳效果，其研究目的是建立良好的组织关系。

3.1.1　组织和组织结构

3.1.1.1　组织

所谓组织，就是为了使系统达到它特定的目标，使全体参加者经分工与协作以及设置不同层次的权力和责任制度而构成的一种人的组合体。它含有3层意思。

① 目标是组织存在的前提；

② 没有分工与协作就不是组织；

③ 没有不同层次的权力和责任制度就不能实现组织活动和组织目标。

作为生产要素之一，组织有如下特点：其他要素可以相互替代，如增加机器设备可以替代劳动力，而组织不能替代其他要素，也不能被其他要素所替代。但是，组织可以使其他要素合理配合而增值，即可以提高其他要素的使用效益。随着现代化社会大生产的发展，随着其他生产要素复杂程度的提高，组织在提高经济效益方面的作用也愈益显著。

3.1.1.2　组织结构

组织内部构成和各部分间所确立的较为稳定的相互关系和联系方式，成为组织结构。

组织结构的基本内涵如下。

① 确定正式关系与职责的形式；

② 向组织各个部门或个人分派任务和各种活动的方式；

③ 协调各个分离活动和任务的方式；

④ 组织中权力、地位和等级关系。

(1) 组织结构与职权的关系

组织结构与职权形态之间存在着一种直接的相互关系，这是因为组织结构与职位以及职位间关系的确立密切相关，因而组织结构为职权关系提供了一定的格局。组织中的职权指的就是组织中成员间的关系，而不是某一个人的属性。职权的概念是与合法地行使某一职位的权力紧密相关的，而且是以下级服从上级的命令为基础的。

(2) 组织结构与职责的关系

组织结构与组织中各部门、各成员的职责的分派直接有关。在组织中，只要有职位就有职权，而只要有职权也就有职责。组织结构为职责的分配和确定奠定了基础，而组织的管理则是以机构和人员职责的分派和确定为基础的，利用组织结构可以评价组织各个成员的功绩与过错，从而使组织中的各项活动有效地开展起来。

(3) 组织结构图

组织结构图是组织结构简化了的抽象模型。但是，它不能准确、完整地表达组织结构，如它不能说明一个上级对其下级所具有的职权的程度以及平级职位之间相互作用的横向关系。尽管如此，它仍不失为一种表示组织结构的好方法。

3.1.2 组织设计

组织设计就是对组织活动和组织结构的设计过程，有效的组织设计在提高组织活动效能方面起着重大的作用。组织设计有以下几个要点。

① 组织设计是管理者在系统中建立最有效相互关系的一种合理化的、有意识的过程；

② 该过程既要考虑系统的外部要素，又要考虑系统的内部要素；

③ 组织设计的结果是形成组织结构。

3.1.2.1 组织构成因素

组织构成一般是上小下大的形式，由管理层次、管理跨度、管理部门、管理职能四大因素组成。各个因素之间是密切相关、相互制约的。

(1) 管理层次

管理层次是指从组织的最高管理者到最基层的实际工作人员之间的等级层次的数量。

管理层次可分为三个层次，即决策层、协调层和执行层、操作层。决策层的任务是确定管理组织的目标和大政方针以及实施计划，它必须精干、高效；协调层的任务主要是参谋、咨询职能，其人员应有较高的业务工作能力，执行层的任务是直接调动和组织人力、财力、物力等具体活动内容，其人员应有实干精神并能坚决贯彻管理指令；

操作层的任务是从事操作和完成具体任务，其人员应有熟练的作业技能。这三个层次的职能和要求不同，标志着不同的职责和权限，同时也反映出组织机构中的人数变化规律。

组织的最高管理者到最基层的实际工作人员权责逐层递减，而人数却逐层递增。

如果组织缺乏足够的管理层次将使其运行陷于无序的状态。因此，组织必须形成必要的管理层次。不过，管理层次也不宜过多，否则会造成资源和人力的浪费，也会使信息传递慢、指令走样、协调困难。

(2) 管理跨度

管理跨度是指一名上级管理人员所直接管理的下级人数。在组织中，某级管理人员的管理跨度的大小直接取决于这一级管理人员所需要协调的工作量。管理跨度越大，领导者需要协调的工作量越大，管理的难度也越大。因此，为了使组织能够高效地运行，必须确定合理的管理跨度。

管理跨度的大小受很多因素影响，它与管理人员性格、才能、个人精力、授权程度及被管理者的素质有关。此外，还与职能的难易程度、工作的相似程度、工作制度和程序等客观因素有关。确定适当的管理跨度，需积累经验并在实践中进行必要的调整。

(3) 管理部门

组织中各部门的合理划分对发挥组织效应是十分重要的。如果部门划分不合理，会造成控制、协调困难，也会造成人浮于事，浪费人力、物力、财力。管理部门的划分要根据组织目标与工作内容确定，形成既有相互分工又有相互配合的组织机构。

(4) 管理职能

组织设计确定各部门的职能，应使纵向的领导、检查、指挥灵活，达到指令传递快、信息反馈及时；使横向各部门间相互联系、协调一致，使各部门有职有责、尽职尽责。

3.1.2.2 组织设计原则

项目监理机构的组织设计一般需考虑以下几项基本原则。

(1) 集权与分权统一的原则

在任何组织中都不存在绝对的集权和分权。在项目监理机构设计中，所谓集权，就是总监理工程师掌握所有监理大权，各专业监理工程师只是其命令的执行者；所谓分权，是指在总监理工程师的授权下，各专业监理工程师在各自管理的范围内有足够的决策权，总监理工程师主要起协调作用。

项目监理机构是采取集权形式还是分权形式，要根据建设工程的特点，监理工作的重要性，总监理工程师的能力、精力及各专业监理工程师的工作经验、工作能力、工作态度等因素进行综合考虑。

(2) 专业分工与协作统一的原则

对于项目监理机构来说，分工就是将监理目标，特别是投资控制、进度控制、质量控制三大目标分成各部门以及各监理工作人员的目标、任务，明确干什么、怎么干。在分工中特别要注意以下三点。

① 尽可能按照专业化的要求来设置组织机构；

② 工作上要有严密分工，每个人所承担的工作，应力求达到较熟悉的程度；

③ 注意分工的经济效益。

在组织机构中还必须强调协作。所谓协作，就是明确组织机构内部各部门之间和各部门内部的协调关系与配合方法。在协作中应该特别注意以下两点。

① 主动协作。要明确各部门之间的工作关系，找出易出矛盾之点，加以协调。

② 有具体可行的协作配合办法。对协作中的各项关系，应逐步规范化、程序化。

(3) 管理跨度与管理层次统一的原则

在组织机构的设计过程中，管理跨度与管理层次成反比例关系。这就是说，当组织机构中的人数一定时，如果管理跨度加大，管理层次就可以适当减少；反之，如果管理跨度缩小，管理层次肯定就会增多。一般来说，项目监理机构的设计过程中，应该在通盘考虑影响管理跨度的各种因素后，在实际运用中根据具体情况确定管理层次。

(4) 权责一致的原则

在项目监理机构中应明确划分职责、权力范围，做到责任和权力相一致。从组织结构的规律来看，一定的人总是在一定的岗位上担任一定的职务，这样就产生了与岗位职务相适应的权力和责任，只有做到有职、有权、有责，才能使组织机构正常运行。由此可见，组织的权责是相对预定的岗位职务来说的，不同的岗位职务应有不同的权责。权责不一致对组织的效能损害是很大的。权大于责就容易产生瞎指挥、滥用权力的官僚主义；责大于权就会影响管理人员的积极性、主动性、创造性，使组织缺乏活力。

(5) 才职相称的原则

每项工作都应该确定为完成该工作所需要的知识和技能。可以对每个人通过考察他的学历与经历，进行测验及面谈等，了解其知识、经验、才能、兴趣等，并进行评审比较。职务设计和人员评审都可以采用科学的方法，使每个人现有的和可能有的才能与其职务上的要求相适应，做到才职相称，人尽其才，才得其用，用得其所。

(6) 经济效率原则

项目监理机构设计必须将经济性和高效率放在重要地位。组织结构中的每个部门、每个人为了一个统一的目标，应组合成最适宜的结构形式，实行最有效的内部协调，使事情办得简洁而正确，减少重复和扯皮。

(7) 弹性原则

组织机构既要有相对的稳定性，不要总是轻易变动，又要随组织内部和外部条件的变化，根据长远目标作出相应的调整与变化，使组织机构具有一定的适应性。

3.1.3 组织机构活动基本原理

组织机构的目标必须通过组织机构活动来实现。组织活动应遵循如下基本原理。

3.1.3.1 要素有用性原理

一个组织机构中的基本要素有人力、物力、财力、信息、时间等。

运用要素有用性原理，首先应看到人力、物力、财力等要素在组织活动中的有用性，充分发挥各要素的作用，根据各要素作用的大小、主次、好坏进行合理安排、组合和使用，做到人尽其才、财尽其利、物尽其用，尽最大可能提高各要素的有用率。

一切要素都有作用，这是要素的共性，然而要素不仅有共性，而且还有个性。例如，同样是监理工程师，由于专业、知识、能力、经验等水平的差异，所起的作用也就不同。因此，管理者在组织活动过程中不但要看到一切要素都有作用，还要具体分析各要素的特殊性，以便充分发挥每一要素的作用。

3.1.3.2 动态相关性原理

组织机构处在静止状态是相对的，处在运动状态则是绝对的。组织机构内部各要素之间既相互联系，又相互制约；既相互依存，又相互排斥，这种相互作用推动组织活动的进行与发展。这种相互作用的因子，叫作相关因子。充分发挥相关因子的作用，是提高组织管理效应的有效途径。事物在组合过程中，由于相关因子的作用，可以发生质变。一加一可以等于二，也可以大于二，还可以小于二。整体效应不等于其各局部效应的简单相加，这就是动态相关性原理。组织管理者的重要任务就在于使组织机构活动的整体效应大于其局部效应之和，否则，组织就失去了存在的意义。

3.1.3.3 主观能动性原理

人和宇宙中的各种事物，运动是其共有的根本属性，它们都是客观存在的物质，不同的是，人是有生命、有思想，有感情、有创造力的。人会制造工具，并使用工具进行劳动；在劳动中改造世界，同时也改造自己；能继承并在劳动中运用和发展前人的知识。人是生产力中最活跃的因素，组织管理者的重要任务就是要把人的主观能动性发挥出来。

3.1.3.4 规律效应性原理

组织管理者在管理过程中要掌握规律，按规律办事，把注意力放在抓事物内部的、本质的、必然的联系上，以达到预期的目标，取得良好效应。规律与效应的关系非常密切，一个成功的管理者懂得只有努力揭示规律，才有取得效应的可能，而要取得好的效应，就要主动研究规律，坚决按规律办事。

3.2 项目监理组织机构形式及人员配备

3.2.1 建立项目监理组织机构的步骤

工程监理企业在组织工程项目监理机构时，一般按以下步骤进行，如图3.1所示。

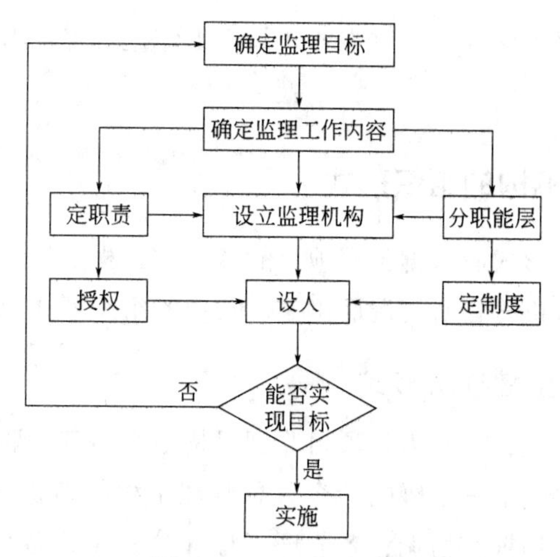

图3.1 组织设计步骤

3.2.1.1 确定监理目标

监理目标是项目监理机构的前提，应根据委托监理合同中确定的监理目标，明确划分为若干分解目标。

3.2.1.2 确定工作内容

根据监理目标和委托监理合同中规定的监理任务，明确列出监理工作内容，并进行分类归并及组合。此组织工作应以便于监理目标控制为目的，并考虑被监理项目的规模、性质、工期、工程复杂程度以及工程监理企业自身技术业务水平、监理人员数量、组织管理水平等。

3.2.1.3 组织结构设计

(1) 确定组织结构形式

由于工程项目规模、性质、建设阶段等的不同，可以选择不同的监理组织机构形式以适应监理工作需要。结构形式的选择应考虑有利于项目合同管理，有利于控制目标，有利于决策指挥，有利于信息沟通。

(2) 合理确定管理层次

(3) 制定岗位职责

岗位职责及职责的确定，要有明确的目的性，不可因人设事。根据责权一致的原则，应进行适当的授权，以承担相应的职责。

(4) 选派监理人员

根据监理工作的任务，选择相应的各层次人员，除应考虑监理人员个人素质外，还应考虑总体的合理性与协调性。

3.2.1.4 制定工作流程与考核标准

为使监理工作科学、有序进行，应按监理工作的客观规律性制定工作流程，规范化地开展监理工作，并应确定考核标准，对监理人员的工作进行定期考核，包括考核内容、考核标准及考核时间。

3.2.2 项目监理机构的组织形式

项目监理机构的组织形式应根据工程项目的特点、工程项目承包模式、建设单位委托的监理任务以及项目监理机构自身情况而确定。常用的组织形式有：

3.2.2.1 直线制监理组织形式

这是最简单的组织形式，其特点是项目监理机构组织中各种职位是按垂直系统直线排列的，任何一个下级只接受唯一上级的命令。总监理工程师负责整体规划、组织和指导，并负责监理工作各方面的指挥和协调；各监理工程师分别负责各分解目标值的控制工作，具体指导现场监理工作。

直线制监理组织形式主要优点是组织机构简单，权力集中，命令统一，职责分明，决策迅速，隶属关系清晰。缺点是要求总监理工程师是“全能”人物，实际上是总监理工程师的个人管理。

在实际运用中，直线制监理组织形式有如下三种具体形式。

(1) 按子项目分解的直线制监理组织形式

适用于被监理项目能划分为若干相对独立的子项目的大、中型工程项目，如图 3.2 所示。

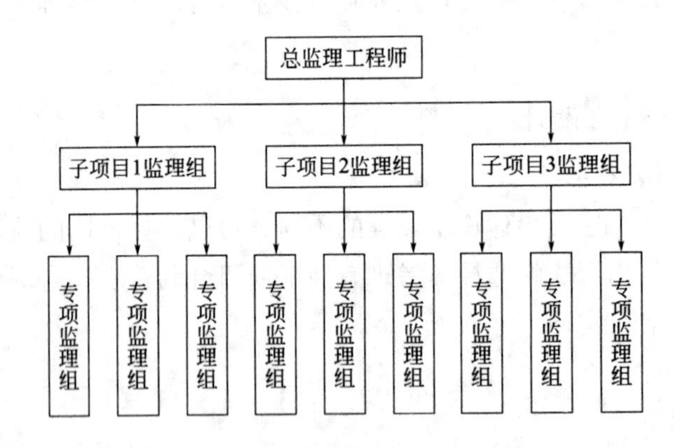

图 3.2 按子项目分解的直线制监理组织形式

(2) 按建设阶段分解的直线制监理组织形式

建设单位委托工程监理企业对建设工程实施全过程监理，项目监理机构可采用此种组织形式，如图 3.3 所示。

(3) 按专业内容分解的直线制监理组织形式

适于小型建设工程，如图 3.4 所示。

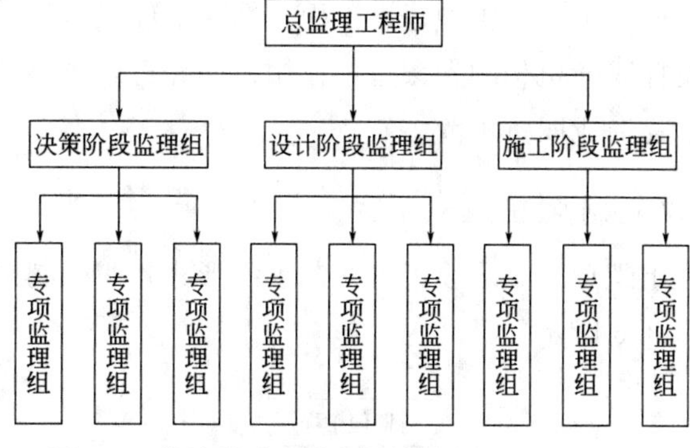

图 3.3　按建设阶段分解的直线制监理组织形式

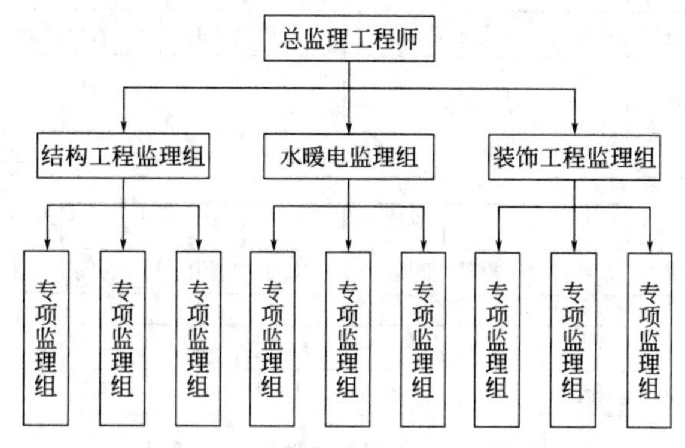

图 3.4　按专业内容分解的直线制监理组织形式

3.2.2.2　职能制监理组织形式

职能制监理组织形式，是在项目监理机构中设立若干职能机构，总监理工程师授权这些职能部门在本职能范围内直接指挥下级，如图 3.5 所示。

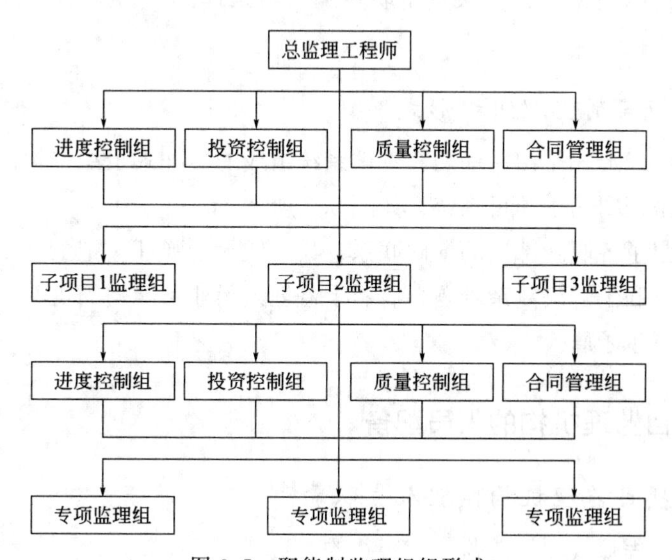

图 3.5　职能制监理组织形式

此种组织形式一般适用于大、中型建设工程。其主要优点是加强了项目监理目标控制的职能化分工，能够发挥职能机构的专家管理作用，提高管理效率，减轻总监理工程师负担。缺点是多头领导，易造成职责不清。

3.2.2.3 直线职能制监理组织形式

直线职能制的监理组织形式是吸收了直线制组织形式和职能制组织形式的优点而构成的一种组织形式，如图3.6所示。

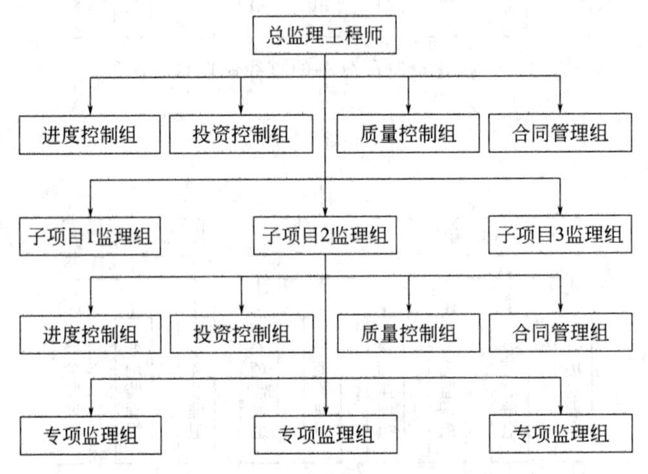

图3.6 直线职能制监理组织形式

这种组织形式把管理部门和人员分成两类：一类是直线指挥部门，其人员有权指挥下级，并对该部门的工作全面负责；另一类是职能部门，其人员是直线指挥部门的参谋，只能对下级进行业务指导，无指挥权。其主要优点是在直线领导、统一指挥的基础上，引进了监理目标控制的职能化分工。缺点是职能部门与指挥部门易产生矛盾，信息传递路线长，不利于互通情报。

3.2.2.4 矩阵制监理组织形式

矩阵制监理组织形式是由纵横两套管理系统组成的矩阵式组织结构，一套是纵向的职能系统，另一套是横向的子项目系统，如图3.7所示。

其优点是加强了各职能部门的横向联系，具有较大的弹性，把上下左右集权与分权实行最优的结合，有利于解决复杂难题，有利于监理人员业务能力的培养。缺点是纵横向协调工作量大，易产生矛盾。

3.2.3 项目监理机构的人员配备

3.2.3.1 项目监理机构监理人员职责

(1) 总监理工程师（项目总监）应履行的职责

总监理工程师是指由工程监理单位法定代表人书面任命，负责履行建设工程监理合

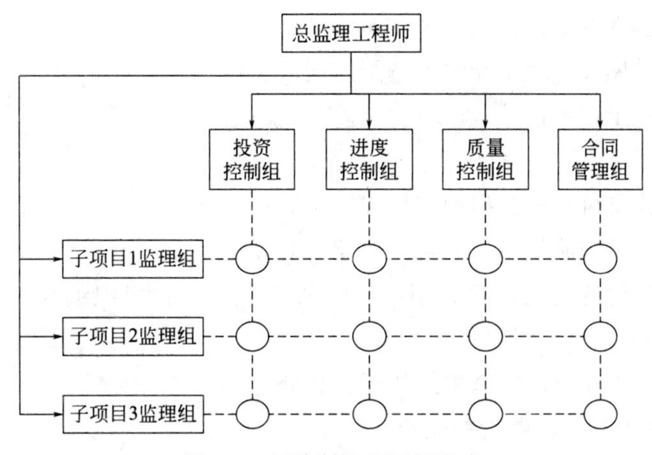

图 3.7 矩阵制监理组织形式

同、主持项目监理机构工作的注册监理工程师。其职责如下。

① 确定项目监理机构人员及其岗位职责；

② 组织编制监理规划，审批监理实施细则；

③ 根据工程进展及监理工作情况调配监理人员，检查监理人员工作；

④ 组织召开监理例会；

⑤ 组织审核分包单位资格；

⑥ 组织审查施工组织设计、(专项) 施工方案；

⑦ 审查开复工报审表，签发工程开工令、工程暂停令和工程复工令；

⑧ 组织检查施工单位现场质量、安全生产管理体系的建立及运行情况；

⑨ 组织审核施工单位的付款申请，签发工程款支付证书，组织审核竣工结算；

⑩ 组织审查和处理工程变更；

⑪ 调解建设单位与施工单位的合同争议，处理工程索赔；

⑫ 组织验收分部工程，组织审查单位工程质量检验资料；

⑬ 审查施工单位的竣工申请，组织工程竣工预验收，组织编写工程质量评估报告，参与工程竣工验收；

⑭ 参与或配合工程质量安全事故的调查和处理；

⑮ 组织编写监理月报、监理工作总结，组织整理监理文件资料。

(2) 总监理工程师代表应履行的职责

总监理工程师代表是指经工程监理单位法定代表人同意，由总监理工程师书面授权，代表总监理工程师行使其部分职责和权力，具有工程类注册执业资格或具有中级及以上专业技术职称、3 年及以上工程实践经验并经监理业务培训的监理人员。其职责如下。

① 负责总监理工程师指定或交办的监理工作；

② 按总监理工程师的授权，行使总监理工程师的部分职责和权力。

总监理工程师不得将下列工作委托总监理工程师代表。

① 组织编制监理规划，审批监理实施细则；

② 根据工程进展及监理工作情况调配监理人员；

③ 组织审查施工组织设计、(专项）施工方案；

④ 签发工程开工令、工程暂停令和工程复工令；

⑤ 签发工程款支付证书，组织审核竣工结算；

⑥ 调解建设单位与施工单位的合同争议，处理工程索赔；

⑦ 审查施工单位的竣工申请，组织工程竣工预验收，组织编写工程质量评估报告，参与工程竣工验收；

⑧ 参与或配合工程质量安全事故的调查和处理。

(3）专业监理工程师应履行的职责

专业监理工程师是指由总监理工程师授权，负责实施某一专业或某一岗位的监理工作，有相应监理文件签发权，具有工程类注册执业资格或具有中级及以上专业技术职称、2年及以上工程实践经验并经监理业务培训的监理人员。其职责如下。

① 参与编制监理规划，负责编制监理实施细则；

② 审查施工单位提交的涉及本专业的报审文件，并向总监理工程师报告；

③ 参与审核分包单位资格；

④ 指导、检查监理员工作，定期向总监理工程师报告本专业监理工作实施情况；

⑤ 检查进场的工程材料、构配件、设备的质量；

⑥ 验收检验批、隐蔽工程、分项工程，参与验收分部工程；

⑦ 处置发现的质量问题和安全事故隐患；

⑧ 进行工程计量；

⑨ 参与工程变更的审查和处理；

⑩ 组织编写监理日志参与编写监理月报；

⑪ 收集、汇总、参与整理监理文件资料；

⑫ 参与工程竣工预验收和竣工验收。

(4）监理员应履行的职责

监理员是从事具体监理工作，具有中专及以上学历并经过监理业务培训的监理人员。其职责如下。

① 检查施工单位投入工程的人力、主要设备的使用及运行状况；

② 进行见证取样；

③ 复核工程计量有关数据；

④ 检查工序施工结果；

⑤ 发现施工作业中的问题，及时指出并向专业监理工程师报告。

项目监理机构人员的配备要根据监理的任务范围、内容、期限、工程规模、技术的复杂程度等因素综合考虑，形成整体素质高的监理组织，以满足监理目标控制的要求。项目监理组织的人员包括项目总监理工程师、专业监理工程师、监理员（含试验员、见证取样员）及必要的行政文秘人员。在组建时必须注意人员合理的专业结构、职称结构。

3.2.3.2 项目监理机构的人员团队结构

(1) 合理的专业结构

项目监理组织应当由与监理项目性质以及业主对项目监理的要求相适应的各专业人员组成，也就是各专业人员要配套。

项目监理机构中一般要具有与监理任务相适应的专业技术人员，如一般的民用建筑工程监理要有土建、电气、测量、设备安装、装饰、建材等专业人员。如果监理工程有某些特殊性，或业主要求采用某些特殊的监控手段，或监理项目工程技术特别复杂而监理企业又没有某些专业的人员时，监理机构可以采取一些措施来满足对专业人员的要求，比如，在征得业主同意的前提下，可将这部分工程委托给有相应资质的监理机构来承担，或可以临时高薪聘请某些稀缺专业的人员来满足监理工作的要求，以此保证专业人员结构的合理性。

(2) 合理的职称结构

合理的职称结构是指监理机构中各专业的监理人员应具有的与监理工作要求相适应的高、中、初级职称比例。监理工作是高智能的技术性服务，应根据监理的具体要求来确定职称结构。如在决策、设计阶段，就应以高、中级职称人员为主，基本不用初级职称人员；在施工阶段，监理专业人员就应以中级职称人员为主，高、初级职称人员为辅。合理的职称结构还包含另一层意思，就是合理的年龄结构，这两者实质上是一致的，在我国，职称的评定有比较严格的年限规定，获高级职称者一般年龄较大，中级职称多为中年人，初级职称者较年轻。老年人有丰富的经验和阅历，可是身体不好，高空和夜间作业受到限制，而青年人虽然有精力，可是没有经验，所以，在不同阶段的监理工作中，这些不同年龄阶段的专业人员要合理搭配，以发挥他们的长处。施工阶段项目监理机构监理专业人员要求职称（年龄）结构如表3.1所示。

表3.1 施工阶段项目监理机构监理专业人员要求职称（年龄）结构

层次	人员	工作内容	职称(年龄)要求
决策层	项目总监、总监代表、专业监理工程师	项目监理策划、组织、协调、监控、评价等	高、中级为主，基本不用初级；老、中年人为主
执行层/协调层	专业监理工程师	监理工作的具体实施、指挥、控制、协调	中级为主，高、初级为辅；中年人为主
作业层/操作层	监理员	具体业务的执行，如旁站	初级为主；年轻人为主

(3) 项目监理机构监理人员数量的确定

监理人员数量要根据监理工程的规模、技术复杂程度、监理人员的素质等因素来确定。实践中，一般要考虑以下因素。

① 工程建设强度。工程建设强度是指单位时间内投入的工程建设资金数量，用公式表示为：工程建设强度＝投资/工期。其中，投资和工期是指由监理单位所承担的那部分

工程的投资和工期。工程建设强度可用来衡量一项工程的紧张程度，显然，工程建设强度越大，所需要投入的监理人员就越多。

② 建设工程的复杂程度。每个工程项目都有特定的地点、气候条件、工程地质条件、施工方法、工程性质、工期要求、材料供应条件等。根据不同情况，可将工程按复杂程度等级划分为简单、一般、一般复杂、复杂、很复杂5级。定级可以用定量方法，对影响因素进行专家评估，考虑权重系数后计算其累加均值。工程项目由简单到很复杂，所需要的监理人员相应地由少到多。每完成100万美元所需监理人员可参考表3.2。

表3.2 每完成100万美元所需的监理人员

工程复杂程度	监理工程师/个	监理员/个	行政、文秘人员/个
简单	0.20	0.75	0.10
一般	0.25	1.00	0.10
一般复杂	0.35	1.10	0.25
复杂	0.50	1.50	0.35
很复杂	>0.50	>1.50	>0.35

③ 监理单位的业务水平和监理人员的业务素质。每个监理单位的业务水平和对某类工程的熟悉程度不完全相同，同时，每个监理人员的专业能力、管理水平、工作经验等方面都有差异，所以在监理人员素质和监理的设备手段等方面也存在差异，这都会直接影响到监理效率的高低。高水平的监理单位和高素质的监理人员可以投入较少的监理人力完成一个建设工程的监理工作，而一个经验不多或管理水平不高的监理单位则需投入较多的监理人力。因此，各监理单位应当根据自己的实际情况确定监理人员需要量。

④ 监理机构的组织结构和任务职能分工。项目监理机构的组织结构形式关系到具体的监理人员的需求量，人员配备必须能满足项目监理机构任务职能分工的要求。必要时，可对人员进行调配。如果监理工作需要委托专业咨询机构或专业监测、检验机构进行，则项目监理机构的监理人员数量可以考虑适当减少。

【例3.1】 某工程合同总价为4000万美元，工期为35个月，经专家对构成工程复杂程度的因素进行评估，工程为一般复杂工程等级，试确定该项目监理机构监理人员的数量。

【解】

工程建设强度＝4000÷35×12＝13.71(100万美元/年)

由表3.2可知，相应监理机构所需监理人员费用为（100万美元/年）：

监理工程师：0.35；监理员：1.10；行政文秘人员：0.25。

则各类监理人员数量为：

监理工程师：0.35×13.71＝4.8，取5人；

监理员：1.10×13.71＝15.1，取16人；

行政文秘人员：0.25×13.71＝3.4，取4人。

以上人员数量为估算，实际工作中，可以以此为基础，根据监理机构设置和工程项目的具体情况加以调整。

3.3 项目监理组织协调

建设工程监理投资、进度、质量、安全四大目标的实现，既需要监理工程师扎实的专业技术及管理知识对监理程序的有效执行，也更需要求监理工程师应有较强的组织协调能力。通过组织协调，使影响监理日标实现的各方责任主体有机配合，使监理工作实施和运行过程顺利。

3.3.1 组织协调的概念

所谓协调，就是以一定的组织形式、手段和方法，对项目中产生的不畅关系进行疏通，对产生的干扰和障碍予以排除的活动。项目的协调其实就是一种沟通，沟通确保了能够及时和适当地对项目信息进行收集、分发、储存和处理，并对可预见问题进行必要的控制，以利于项目目标的实现。

项目系统是一个由人员、物质、信息等构成的人为组织系统，是由若干相互联系而又相互制约的要素有组织、有秩序地组成的具有特定功能和目标的统一体。用系统方法分析，建设工程的协调一般分为3大类：一是“人员/人员界面”；二是“系统/系统界面”；三是“系统/环境界面”。

首先，建设工程组织是人的组织，是由各类人员组成的。人的差别是客观存在的，由于每个人的经历、心理、性格、习惯、能力、任务、作用的不同，在一起工作时，必定存在潜在的人员矛盾或危机。这种人和人之间的间隔，就是所谓的“人员/人员界面”。

其次，建设工程系统是由若干个子项目组成的完整体系，子项目即子系统。各个子系统的功能不同，目标不同，内部工作人员的利益不同，容易产生各自为政的趋势和相互推诿的现象。这种子系统和子系统之间的间隔，就是所谓的“系统/系统界面”。

再次，建设工程系统是一个典型的开放系统。它具有和周围的环境相适应，能主动地从外部世界取得必要的能量、物质和信息。在取得的过程中，存在许多障碍和阻力。这种系统与环境之间的间隔，就是所谓的“系统/环境界面”。

工程项目监理机构的协调管理就是在“人员/人员界面”、“系统/系统界面”、“系统/环境界面”之间，对所有的目标活动及力量进行联结、联合、调和的工作。

由动态相关性原理可知，总体的作用规模要比各子系统的作用规模之和大，因而要把系统作为一个整体来研究和处理，为了顺利实现工程项目建设系统目标，必须重视协调管理，发挥系统整体功能。在工程建设监理中，要保证参与项目的各方围绕建设工程开展工作，使项目目标顺利实现。组织协调工作最为重要，也是最为困难的，是监理工作能否取得成功的关键，只有通过积极的组织协调才能使项目目标顺利实现。

3.3.2 项目监理组织协调的范围和层次

从系统方法的角度看，项目监理机构协调的范围分为系统内部的协调和系统外部的协调。系统内部的协调包括项目监理部内部协调、项目监理部与监理企业的协调；系统外部的协调又分为近外层协调和远外层协调。近外层和远外层的主要区别是，项目监理组织与近外层关联单位一般有合同关系，包括直接的和间接的合同关系，如与业主、设计单位、总包单位、分包单位等的关系；和远外层关联单位一般没有合同关系，但却受法律、法规和社会公德等的约束，如与政府、项目周边居民社区组织、环保、交通、环卫、绿化、文物、消防、公安等单位的关系。

项目监理组织协调的范围与层次如图3.8所示。

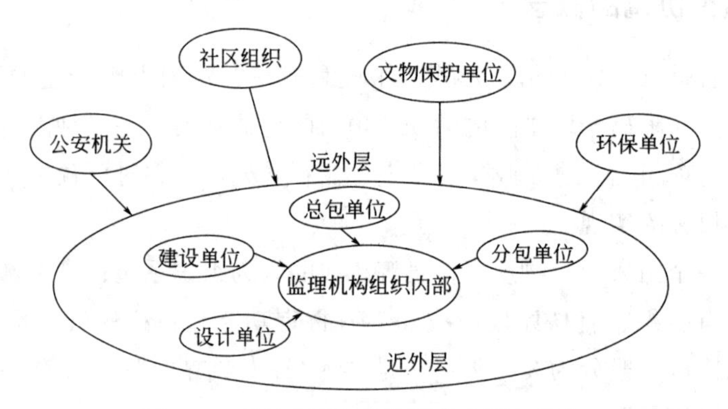

图3.8 项目监理组织协调的范围与层次

3.3.3 项目监理机构组织协调的内容

3.3.3.1 项目监理组织内部协调

项目监理组织内部协调包括人际关系、组织关系的协调。项目组织内部人际关系指项目监理部内部各成员之间以及项目总监和下属之间的关系总和。内部人际关系的协调主要是通过各种交流、活动，增进相互之间的了解和亲和力，促进相互之间的工作支持。另外还可以通过调解、互谅互让来缓和工作之间的利益冲突，化解矛盾，增强责任感，提高工作效率。项目内部要用人所长，责任分明、实事求是地对每个人的效绩进行评价和激励。

组织关系协调是指项目监理组织内部各部门之间工作关系的协调，如项目监理组织内部的岗位、职能、制度的设置等，具体包括各部门之间的合理分工和有效协作。分工和协作同等重要，合理的分工能保证任务之间平衡匹配，有效协作既避免了相互之间利益分割，又提高了工作效率。组织关系的协调应注意以下几个原则。

① 是要明确每个机构的职责；

② 是设置组织机构要以职能划分为基础；

③ 要通过制度明确各机构在工作中的相互关系；

④ 要建立信息沟通制度；制定工作流程图；

⑤ 要根据矛盾冲突的具体情况及时灵活地加以解决。

3.3.3.2 项目监理组织近外层协调

近外层协调包括与业主、设计单位、总包单位、分包单位等的关系协调，项目与近外层关联单位一般有合同关系，包括直接的和间接的合同关系。工程项目实施的过程中，与近外层关联单位的联系相当密切，大量的工作需要互相支持和配合协调，能否如期实现项目监理目标，关键就在于近外层协调工作做得好不好，可以说，近外层协调是所有协调工作中的重中之重。

要做好近外层协调工作，必须做好以下几个方面的工作。

① 首先要理解项目总目标，理解建设单位的意图。项目总监必须了解项目构思的基础、起因、出发点，了解决策背景，了解项目总目标。在此基础上，再对总目标进行分解，对其他近外层关联单位的目标也要做到心中有数。只有正确理解了项目目标，才能掌握协调工作的主动权，做到有的放矢。

② 利用工作之便做好监理宣传工作，增进各关联单位对监理工作的理解，特别是对项目管理各方职责及监理程序的理解。虽然我国推行建设工程监理制度已有多年，可是社会对监理工作和性质还是有不少不正确的看法，甚至是误解。因此，监理单位应当在工作中尽可能地主动做好宣传工作，争取到各关联单位对自己工作的支持。如主动帮助建设单位处理项目中的事务性工作，以自己规范化、标准化、制度化的工作去影响和促进双方工作的协调一致。

③ 以合同为基础，明确各关联单位的权利和义务，平等地进行协调。工程项目实施的过程中，合同是所有关联单位的最高行为准则和规范。合同规定了相关工程参与单位的权利和义务，所以必须有牢固的合同观念，要清楚哪些工作是什么单位做的，什么时候完成，要达到什么样的标准。如果出现问题，是哪个单位的责任，同时也要清楚自己的义务。比如在工程实施过程中，承包单位如果违反合同，监理必须以合同为基础，坚持原则，实事求是，严格按规范、规程办事。只有这样，才能做到有理有据，在工作中树立监理的权威。

④ 尊重各相关联单位。近外层相关联单位在一起参与工程项目建设，说到底最终目标还是一致的，就是完成项目的总目标。因而，在工程实施的过程中，出现问题、纠纷时一定要本着互相尊重的态度进行处理，对于承包单位，监理工程师应强调各方面利益的一致性和项目总目标，尽量少对承包单位行使处罚权或经常以处罚威胁，应鼓励承包单位将项目实施状况、实施结果和遇到的困难和意见向自己汇报，以寻找对目标控制可能的干扰，双方了解得越多越深刻，监理工作中的对抗和争执就越少，出现索赔事件的可能性就越小。一个懂得坚持原则，又善于理解尊重承包单位项目经理的意见，工作方法灵活，随时可能提出或愿意接受变通办法的监理工程师肯定是受到欢迎的，因而他的工作必定是高

效的。

对分包单位的协调管理，主要是对分包单位明确合同管理范围，分层次管理。将总包合同作为一个独立的合同单元进行投资、进度、质量控制和合同管理，不直接和分包合同发生关系。对分包合同中的工程质量、进度进行直接跟踪监控，通过总包商进行调控、纠偏。分包商在施工中发生的问题，由总包商负责协调处理，必要时，监理工程师帮助协调。当分包合同条款与总包合同条款发生抵触，以总包合同条款为准。此外，分包合同不能解除总包商对总包合同所承担的任何责任和义务，分包合同发生的索赔问题，一般由总包商负责，涉及总包合同中业主义务和责任时，由总包商通过监理工程师向业主提出索赔，由监理工程师进行协调。

对于建设单位，尽管有预定的目标，但项目实施必须执行建设单位的指令，使建设单位满意，如果建设单位提出了某些不适当的要求，则监理一定要把握好，如果一味迁就，则势必造成承包单位的不满，对监理工作的公正性产生怀疑，给自己工作带来不便，此时，可利用适当时机，采取适当方式加以说明或解释，尽量避免发生误解，以便项目进行顺利；对于设计单位，监理单位和设计单位之间没有直接的合同关系，但从工程实施的实践来看，监理和设计之间的联系还是相当密切的，设计单位为工程项目建设提供图纸，以及工程变更设计图纸等，是工程项目主要相关联单位之一。

协调的过程中，一定要尊重设计单位的意见，例如主动组织设计单位介绍工程概况、设计意图、技术要求、施工难点等；在图纸会审时请设计单位交底，明确技术要求，把标准过高、设计遗漏、图纸差错等问题解决在施工之前；施工阶段，严格监督承包单位按设计图施工，主动向设计单位介绍工程进展情况，以便促使他们按合同规定或提前出图；若监理单位掌握比原设计更先进的新技术、新工艺、新材料、新结构、新设备时，可主动向设计单位推荐，支持设计单位技术革新等；为使设计单位有修改设计的余地而不影响施工进度，可与设计单位达成协议，限定一个期限，争取设计单位、承包单位的理解和配合，如果逾期，设计单位要负责由此而造成的经济损失；结构工程验收、专业工程验收、竣工验收等工作，请设计代表参加；若发生质量事故，认真听取设计单位的处理意见；施工中，发现设计问题，应及时主动向通过建设单位向设计单位提出，以免造成大的直接损失。

⑤ 注重语言艺术和感情交流。协调不仅是方法问题、技术问题，更多的是语言艺术、感情交流。同样的一句话，在不同的时间、地点，以不同的语气、语速说出来，给当事人的感觉会是大不一样的，所产生的效果也很不相同。所以，有时我们会看到，尽管协调意见是正确的，但由于表达方式不妥，反而会激化矛盾。而高超的协调技巧和能力则往往起到事半功倍的效果，令各方面都满意。在协调的过程中，要多换位思考，多做感情交流，在工作中不断积累经验，才能提高协调能力。

3.3.3.3 项目远外层协调

远外层与项目监理组织不存在合同关系，只是通过法律、法规和社会公德来进行约束，相互支持、密切配合、共同服务于项目目标。在处理关系和解决矛盾过程中，应充分发挥中介组织和社会管理机构的作用。一个工程项目的开展还存在政府部门及其他单位的影响，如政府部门、金融组织、社会团体、服务单位、新闻媒介等，对工程项目起着一定的或决定性的控制、监督、支持、帮助作用，这层关系若协调不好，工程项目实施也可能受到影响。

(1) 与政府部门的协调

① 监理单位在进行工程质量控制和质量问题处理时，要做好与工程质量监督站的交流和协调。工程质量监督站是由政府授权的工程质量监督的实施机构，对委托监理的工程，质量监督站主要是核查勘察设计、施工承包单位和监理单位的资质，监督项目管理程序和抽样检验。当参加验收各方对工程质量验收意见不一致时，可请当地建设行政主管部门或工程质量监督机构协调处理。

② 当发生重大质量、安全事故时，监理单位在配合承包单位采取急救、补救措施的同时，应督促承包单位立即向政府有关部门报告情况，接受检查和处理，应当积极主动配合事故调查组的调查，如果事故的发生有监理单位的责任，则应当主动要求回避。

③ 建设工程合同应当送公证机关公证，并报政府建设管理部门备案：征地、拆迁、移民要争取政府有关部门支持和协调；现场消防设施的配置，宜请消防部门检查认可；施工中还要注意防止环境污染，特别是防止噪音污染，坚持做到文明施工，同时督促承包单位协调好和周围单位及居民区的关系。

(2) 与社会团体关系的协调

一些大中型工程项目建成后，不仅会给建设单位带来效益，还会给该地区的经济发展带来好处，同时给当地人民生活带来方便，因此必然会引起社会各界关注。建设单位和监理单位应把握机会，争取社会各界对工程建设的关心和支持。比如说媒体、社会组织或团体，这是一种争取良好社会环境的协调。对这部分的协调工作属于远外层的协调管理范围。

根据目前的工程监理实践，对远外层关系的协调，应由建设单位（业主）负责主持，监理单位主要是协调近外层关系。如建设单位将部分或全部远外层关系协调工作委托监理单位承担，则应在委托监理合同专用条件中明确委托的工作和相应的报酬。做好远外层的协调，争取到相关部门和社团组织的理解和支持，对于顺利实现项目目标是必需的。

3.3.4 项目监理沟通与协调的方法

组织协调工作千头万绪，涉及面广，受主观和客观因素影响较大。为保证监理工作顺利进行，要求监理工程师知识面要宽，要有较强的工作能力，能够因地制宜、因时制宜处理问题。监理工程师组织协调可采用以下方法。

3.3.4.1 会议协调法

工程项目监理实践中，会议协调法是最常用的一种协调方法，一般来说，它包括第一次工地会议、监理例会、专题现场协调会等。

(1) 第一次工地会议

第一次工地会议是在建设工程尚未全面展开前，由参与工程建设的各方互相认识、确定联络方式的会议，也是检查开工前各项准备工作是否就绪并明确监理程序的会议。由建设单位主持召开，建设单位、承包单位和监理单位的授权代表必须参加出席会议，必要时分包单位和设计单位也可参加，各方将在工程项目中担任主要职务的负责人及高级人员也应参加。第一次工地会议很重要，是项目开展前的宣传通报会。

第一次工地会议应包括以下主要内容。

① 建设单位、承包单位和监理单位分别介绍各自驻现场的组织机构、人员及其分工；

② 建设单位根据委托监理合同宣布对总监理工程师的授权；

③ 建设单位介绍工程开工准备情况；

④ 承包单位介绍施工准备情况；

⑤ 建设单位和总监理工程师对施工准备情况提出意见和要求；

⑥ 总监理工程师介绍监理规划的主要内容；

⑦ 研究确定各方在施工过程中参加工地例会的主要人员，召开工地例会周期、地点及主要议题。

第一次工地会议纪要应由项目监理机构负责起草，并经与会各方代表会签。

(2) 监理例会

监理例会是由监理工程师组织与主持，按一定程序召开的，研究施工中出现的计划、进度、质量及工程款支付等问题的工地会议。参加者有总监理工程师代表及有关监理人员、承包单位的授权代表及有关人员、建设单位代表及其有关人员。工地例会召开的时间根据工程进展情况安排，一般有周、旬、半月和月度例会等几种，工程监理中的许多信息和决定是在工地例会上产生和决定的，协调工作大部分也是在此进行的，因此监理工程师必须重视工地例会。

由于监理工地例会定期召开，一般均按照一个标准的会议议程进行，主要是：对进度、质量、投资的执行情况进行全面检查；交流信息；并提出对有关问题的处理意见以及今后工作中应采取的措施。此外，还要讨论延期、索赔及其他事项。

会议的主要议题如下。

① 对上次会议存在问题的解决和纪要的执行情况进行检查；

② 工程进展情况；

③ 对下月（或下周）的进度预测；

④ 施工单位投入的人力、设备情况；

⑤ 施工质量、加工订货、材料的质量与供应情况；

⑥ 有关技术问题；

⑦ 索赔工程款支付；

⑧ 业主对施工单位提出的违约罚款要求。

会议记录由监理工程师形成纪要，经与会各方认可，然后分发给有关单位。会议纪要内容如下。

① 会议地点及时间；

② 出席者姓名、职务及其代表的单位；

③ 会议中发言者的姓名及所发言的主要内容；

④ 决定事项；

⑤ 诸事项分别由何人何时执行。

监理工地例会举行的次数较多，一定注意要防止流于形式。监理工程师要对每次监理例会进行预先筹划，使会议内容丰富，针对性强，则可以真正发挥协调作用。

(3) 专题现场协调会

除定期召开工地监理例会以外，还应根据项目工程实施需要组织召开一些专题现场协调会议，如对于一些工程中的重大问题以及不宜在工地例会上解决的问题，根据工程施工需要，可召开有相关人员参加的现场协调会。如对复杂施工方案或施工组织设计审查、复杂技术问题的研讨、重大工程质量事故的分析和处理、工程延期、费用索赔等进行协调，可在会上提出解决办法，并要求相关方及时落实。

专题会议一般由监理单位（或建设单位）或承包单位提出后，由总监理工程师及时组织。参加专题会议的人员应根据会议的内容确定，除建设单位、承包单位和监理单位的有关人员外，还可以邀请设计人员和有关部门人员参加。由于专题会议研究的问题重大，又比较复杂，因此会前应与有关单位一起，做好充分的准备，如进行调查、收集资料，以便介绍情况。有时为了使协调会达到更好的共识，避免在会议上形成冲突或僵局，或为了更快地 达成一致，可以先将会议议程打印发给各位参加者，并可以就议程与一些主要人员进行预先磋商，这样才能在有限的时间内，让有关人员充分地研究并得出结论。会议过程中，监理工程师应能驾驭会议局势，防止不正常的干扰影响会议的正常秩序。对于专题会议，也要求有会议记录和纪要，作为监理工程师存档备查的文件。

3.3.4.2 交谈协调法

并不是所有问题都需要开会来解决，有时可采用“交谈”这一方法。交谈包括面对面的交谈和电话交谈两种形式。由于交谈本身没有合同效力，加上其方便性和及时性，所以建设工程参与各方之间及监理机构内部都愿意采用这一方法进行协调。实践证明，交谈是寻求协作和帮助的最好方法，因为在寻求别人帮助和协作时，往往要及时了解对方的反应和意见，以便采取相应的对策。另外，相对于书面寻求协作，人们更难于拒绝面对面的请求。因此，采用交谈方式请求协作和帮助比采用书面方法实现的可能性要大，所以，无论是内部协调还是外部协调，这种方法使用频率都是相当高的。

3.3.4.3 书面协调法

当其他协调方法效果不好或需要精确地表达自己的意见时，可以采用书面协调的方法。书面协调方法的最大特点是具有合同效力。

① 监理指令、监理通知、各种报表、书面报告等；

② 以书面形式向各方提供详细信息和情况通报的报告、信函和备忘录等；

③ 会议记录、纪要、交谈内容或口头指令的书面确认。

各相关方对各种书面文件一定要严肃对待，因为它具有合同效力。比如对于承包单位来说，监理工程师的书面指令或通知是具有一定强制力的，即使有异议，也必须执行。

3.3.4.4 访问协调法

访问法主要用于远外层的协调工作中，也可以用于建设单位和承包单位的协调工作，有走访和邀访两种形式。走访是指协调者在建设工程施工前或施工过程中，对与工程施工有关的各政府部门、公共事业机构、新闻媒介或工程毗邻单位等进行访问，向他们解释工程的情况，了解他们的意见。邀访是指协调者邀请相关单位代表到施工现场对工程进行巡视，了解现场工作。因为在多数情况下，这些有关方面并不了解工程，不清楚现场的实际情况，如果进行一些不恰当的干预，会对工程产生不利影响，此时采用访问法可能是一个相当有效的协调方法。大多数情况下，对于远外层的协调工作，一般由建设单位主持，监理工程师主要起协助作用。

3.3.4.5 情况介绍法

情况介绍法通常与其他协调方法紧密结合在一起的，它可能是在一次会议前，或是一次交谈前，或是一次走访或邀访前向对方进行的情况介绍。形式上主要是口头的，有时也伴有书面的。介绍往往作为其他协调的引导，目的是使别人首先了解情况。因此，监理人员应重视任何场合下的每一次介绍，要使别人能够理解你介绍的内容、问题和困难、你想得到的协助等。

3.3.4.6 交流协调法

项目监理机构邀请建设单位、施工单位、勘察设计单位、工程质量安全监督机构等相关单位代表参加监理单位举办的监理企业管理能力提升研讨会、典型项目监理成果总结表彰会、专题培训讲座等交流活动，使相关单位了解监理单位的企业文化和价值观，联络感情，增进友谊，为日后开展监理工作建立和谐的人脉关系。

3.3.4.7 联谊协调法

常用于项目监理机构内部的协调，为了更好地凝聚员工的向心力，项目监理机构可以组织聚餐、文体娱乐，或者旅游等喜闻乐见的集体活动，增加员工之间的沟通和友谊，消除矛盾和冲突。

在运用以上协调方法时，应注意体现原则性、灵活性、公正性、针对性、全员性、统一性的指导原则。

(1) 原则性

监理机构在开展工作时应坚持原则，实事求是，这个原则就是严格执行法律法规、规范、规程、设计和相关合同的规定，在这个原则指导下，才能正确地协调处理施工过程中出现的各种问题。

(2) 灵活性

沟通与协调工作不仅是方法和技术问题，还是语言艺术、感情交流、坦诚沟通和用权适度等软管理手段的综合运用；同时，由于建设项目的复杂性，在协调质量、造价、进度、安全生产等目标之间的矛盾时，在某些特殊情况下，如果只强调原则性，可能缺乏可行性和操作性，导致项目无法推进，此时，通过对项目目标、现场条件、风险、可行性等因素进行综合评估，在兼顾项目目标的前提下，寻求合适的解决方案，推进项目顺利施工。

(3) 公正性

“守法、诚信、公正、科学”是监理工作的执业准则，监理机构作为独立开展监督与咨询服务工作的第三方，在协调参建各方的合法权益时，应站在客观公正的立场上，既不偏袒建设单位的权益，又不损害其他参建各方的正当权益。只有这样才能顺利开展组织协调工作，推动工程顺利进行。

(4) 针对性

在协调过程中，针对工程存在的主要问题，分析产生的原因，抓住主要矛盾，采取行之有效的方法，对症下药，各个击破。如果不分主次，不抓住重点，事无巨细，四处出击，反而会事倍功半。

(5) 全员性

在协调过程中，信息资源是共享的，信息传递是通畅的，整个项目监理机构是协作配合、全员参与的。对某一方面的协调信息，全体监理人员都应该是知情的，这样才能随时把握工程进展动态，避免因信息不对称，做出错误决策，下发错误指令。

(6) 统一性

质量、造价、进度、安全生产是对立统一的辩证关系，在沟通与协调过程中，不能片面强调某一方面的重要性而不兼顾其余，要用系统的观点和方法处理质量、造价、进度、安全生产之间的矛盾和冲突，使四者的利益能够统筹兼顾，使四者的工作能够协同开展。

总之，组织协调是一种管理艺术和技巧，监理工程师尤其是项目总监理工程师需要掌握领导科学、心理学、行为科学方面的知识和技能，如激励、交际、表扬和批评的艺术、开会的艺术、谈话的艺术、谈判的技巧等，提高沟通与协调的能力和效率，提高组织、交际、谈判能力。而这些知识经验和能力的获得，只有在工作实践中不断积累和总结，是一个长期的过程。只有这样，监理机构才能进行有效的沟通与协调。

训练与思考题

一、单项选择题（每小题的备选答案中，只有1个选项最符合题意。）

1. 组织设计一般应遵循的基本原则之一是（　　）。

A. 分权合理　　B. 跨度适中　　C. 责任明确　　D. 经济效率

2. 监理机构的组织活动效应并不等于机构内单个监理人员工作效应的简单相加，这体现了组织机构活动的（　　）原理。

A. 动态相关性　　B. 要素有用性　　C. 主观能动性　　D. 规律效应性

3. 某工程项目的建设单位通过招标与某监理单位签订了施工阶段委托监理合同，总监理工程师应根据（　　）组建项目监理机构。

A. 监理大纲和监理规划　　B. 监理大纲和委托监理合同

C. 委托监理合同和监理规划　　D. 监理规划和监理实施细则

4. 在建立项目监理机构的工作步骤中，最后需要完成的工作是（　　）。

A. 制定工作流程和信息流程　　B. 制定岗位职责和考核标准

C. 确定组织结构和组织形式　　D. 安排监理人员和辅助人员

5. 下列关于项目监理机构组织形式的表述中，正确的是（　　）。

A. 职能制监理组织形式最适用于小型建设工程

B. 职能制监理组织形式具有较大的机动性和适应性

C. 直线职能制监理组织形式的缺点是职能部门与指挥部门易产生矛盾

D. 矩阵制监理组织形式的优点之一是其中任何一个下级只接受唯一上级的指令

6. 在建设工程监理过程中，要保证项目的参与各方围绕建设工程开展工作，使项目目标顺利实现，监理单位最重要也最困难的工作是（　　）。

A. 合同管理　　B. 组织协调　　C. 目标控制　　D. 信息管理

7. 监理单位在进行项目监理机构组织设计时，应根据工程的特点、监理工作的重要程度、总监理工程师的能力和各专业监理工程师的工作经验等，决定项目监理机构（　　）。

A. 采取集权形式还是分权形式　　B. 内部的协作关系

C. 管理层次的数量　　D. 与外部环境的适应性

8. 在项目监理机构中，当监理人数一定时，管理跨度与管理层次的关系表现为（　　）。

A. 恒定值　　B. 正相关　　C. 正比例　　D. 反比例

9. 项目总承包模式具有的优点之一是（　　）。

A. 合同关系简单　　B. 合同管理难度小

C. 合同价格低　　D. 有利于质量控制

10. 与总分包模式相比，建设工程平行承发包模式的优点是（　　）。

A. 有利于质量控制　　B. 有利于投资控制

C. 有利于缩短工期　　D. 有利于合同管理

11. 签订监理合同后，监理单位实施建设工程监理的首要工作是（　　）。

A. 编制监理大纲　　B. 编制监理规划

C. 编制监理实施细则　　D. 组建项目监理机构

12. 建设工程监理组织协调方法中，最具有合同效力的是（　　）。

A. 访问协调法　　B. 书面协调法　　C. 情况介绍法　　D. 交谈协调法

13. 监理实施与监理组织设计都应遵循（　　）原则。

A. 公正、独立、自主　　B. 权责一致

C. 分工与协作统一　　D. 综合效益

14. 建设工程监理组织协调中，主要用于外部协调的方法是（　　）。

A. 会议协调法　　B. 交谈协调法价

C. 书面协调法　　D. 访问协调法

15. 关于监理组织常用的四种结构形式，下述说法不正确的是（　　）。

A. 直线制监理组织形式具有组织机构简单、权力集中、隶属关系明确的优点

B. 职能制监理组织形式是将管理部门和人员分为两类

C. 直线职能制监理组织形式具有直线制和职能制监理组织的优点

D. 矩阵制监理组织形式中职能部门有权对指挥部门发布指令

二、多项选择题（每小题的备选答案中，有2个或2个以上选项符合题意，但至少有1个错项。）

1. 监理工作的规范化体现在（　　）。

A. 工作目标的确定性　　B. 监理实施细则的针对性

C. 职责分工的严密性　　D. 工作的时序性

E. 组织机构的稳定性

2. 组织构成需要考虑的因素包括（　　）。

A. 管理层次　　B. 管理职权　　C. 管理职能

D. 管理部门　　E. 管理人员

3. 项目监理机构的组织形式和规模，应根据（　　）等因素确定。

A. 委托监理合同的服务内容　　B. 委托监理合同的服务期限

C. 建设工程的技术复杂程度　　D. 建设工程的类别、规模

E. 建设工程的承包模式

4. 确定项目监理机构人员数量的步骤包括（　　）。

A. 确定工程建设强度和工程复杂程度

B. 确定项目监理机构的工作目标和工作内容

C. 确定项目监理机构的管理层次及管理跨度

D. 测定、编制项目监理机构监理人员需要量定额

E. 套用监理人员需要量定额，并根据实际情况确定监理人员数量

5. 项目监理机构的组织设计应遵循（　　）等基本原则。

A. 公正、独立、自主　　B. 分工与协作统一

C. 稳定性与适应性统一　　D. 严格监理与热情服务

E. 总监理工程师负责制

6. 下列关于委托建设工程监理的说法中，正确的有（　　）。

A. 项目总承包模式下，建设单位宜分阶段委托监理单位监理

B. 设计或施工总分包模式下，建设单位应只委托一家监理单位监理

C. 项目总承包管理模式下，建设单位应只委托一家监理单位监理

D. 平行承发包模式下，建设单位应只委托一家监理单位监理

E. 平行承发包模式下，建设单位可以委托一家或多家监理单位监理

7. 监理单位在组建项目监理机构时，所选择的组织结构形式应有利于（　　）。

A. 确定监理目标　　B. 控制监理目标

C. 工程合同管理　　D. 信息沟通

E. 确定监理工作内容

8. 项目监理机构的工作效率在很大程度上取决于人际关系的协调，总监理工程师在进行项目监理机构内部人际关系的协调时，可从（　　）等方面进行。

A. 部门职能划分　　B. 监理设备调配

C. 工作职责委任　　D. 人员使用安排

E. 信息沟通制度

9. 项目监理机构的组织结构设计步骤有（　　）。

A. 确定监理工作内容　　B. 选择组织结构形式

C. 确定管理层次和管理跨度　　D. 划分项目监理机构部门

E. 制定岗位职责和考核标准

10. 建设工程监理组织应选择适宜的结构形式，以适应监理工作的需要。组织结构形式选择的基本原则有（　　）。

A. 有利于项目决策　　B. 有利于目标规划

C. 有利于合同管理　　D. 有利于目标控制

E. 有利于信息沟通

三、思考题

1. 什么是组织？什么是协调？组织机构设置有哪些原则？

2. 常用的监理组织结构形式有哪几种？各有何优点和缺点？

3. 如何做好项目监理机构的人员配备？

4. 总监理工程师、总监理工程代表的职责是什么？

5. 专业监理工程师的职责是什么？

6. 监理员的职责是什么？

7. 如何做好项目监理组织的协调工作？常用的协调方法有哪些？

8. 某工程合同总价为2000万美元，工期为18个月，经专家对构成工程复杂程度的因素进行评估，工程为一般工程等级，试确定该项目监理机构监理人员的数量。

第4章

工程监理规划性文件

工程监理规划性文件是指监理单位投标时编制的工程监理大纲、监理合同签订以后编制的监理规划和专业监理工程师编制的监理实施细则及实施监理的其他监理工作文件。它是实施工程监理必备的基础资料，是监理工程师开展监理工作的指南，因此，监理工程师必须掌握工程监理规划性文件。

4.1 工程监理大纲（监理方案）

工程监理企业是建筑市场五方责任主体之一，尽管其业务属于服务性质，但仍然如同其他性质的企业一样，需要进行生产经营活动，获取一定的经济利益。监理企业的生产经营活动可分为两部分：一部分是在监理市场上进行经营活动；另一部分是在建设工程项目监理现场进行生产活动。经营活动是开展监理工作的前提。

4.1.1 工程监理企业在建筑市场上的经营活动

在我国逐步建立和完善社会主义市场经济体制的过程中，监理市场从无到有、从小到大，逐步规范化。同时，由于建筑市场对监理服务需求越来越大，促进了监理市场的蓬勃发展。监理企业数量的增加，规模的扩大，服务水平的提高，使监理市场日益体现出市场经济体制下企业的基本特性，即竞争性。这就要求监理企业将本企业的经营活动放在重要的位置。

根据《中华人民共和国招标投标法》和2000年5月1日原国家发展计划委员会发布的《工程建设项目招标范围和规模标准规定》的规定，达到以下标准的工程项目应当实行监理招标。

(1) 必须实行监理招标的标准

① 勘察、设计、监理等服务的采购，单项合同估算价在50万元人民币以上的。

② 单项合同估算价虽然低于规定的标准，但是项目总投资在 3000 万元以上人民币的。

（2）下列工程项目必须实行监理招标

① 能源、交通运输、邮电通信、水利、城市设施、生态环境保护等关系社会公共利益、公众安全的基础设施建设项目。

② 供水、电、气、热、科技、教育、文化、体育、旅游、卫生、社会福利、商品住宅等公用事业建设项目。

③ 使用国有资金投资及国家融资的建设项目。

④ 使用国际组织或者外国政府资金的建设项目。

⑤ 法律、行政法规规定的其他工程。

因此，工程监理企业开展生产经营活动的第一步是按照监理企业组织机构设置的做法，企业总经理或主管经营业务的经理亲自挂帅，企业生产经营部门为主，进行投标经营活动。第二步是在市场上通过各种信息渠道，收集、获得监理业务信息。比如，从国家有关发展计划（发改委）部门、规划管理部门、建设行政主管部门以及基建业主单位、设计勘察院、施工企业、咨询企业等获取工程监理业务信息。这些部门的业务管理工作往往先于工程监理业务活动的开展，构成了获得监理业务信息的来源渠道。第三步是在获得监理业务信息后，进行投标决策。投标决策包括两个方面：一是对投标与否的决策；二是投标内容的决策。

监理企业在决定是否参加投标时，应考虑以下几个方面的问题。

① 承包监理项目任务的可行性与可能性。如本监理企业是否有能力承包该项项目监理，能否抽调出监理人员、监理设备投入该项目监理，竞争对手是否有明显的优势，监理工程所在地域对自己是否有利等；

② 承包监理项目的可靠性。如项目的审批程序是否已经完成，资金是否已落实等；

③ 监理项目的条件。如果业主信誉不好，承包条件苛刻，本企业难以满足其要求，则不宜参加投标。

投标内容的决策主要是决策拟投入所监理项目的监理人力资源、物质资源以及监理投标报价。根据工程项目监理工作需要投入的监理人力资源、物质资源确定以后，监理酬金、报价的高低决策常考虑如下两个方面。

① 遇到如下情况报价可提高监理投标报价：开展监理工作条件差的工程项目；专业要求高的技术密集型工程项目，监理企业对本工程项目有监理专长，声望信誉也较高；项目规模小的工程项目，以及本企业不愿承揽，又不方便不投标的工程项目；特殊的工程项目，监理风险较大，如港口码头、地下隧道开挖，矿井建设工程项目等；施工总承包力量薄弱的工程项目；工期短，进度快，要求组织协调工作复杂，短期内监理资源投入集中的工程项目；监理投标对手少的工程项目；业主支付监理费条件不理想的工程项目。

② 遇到如下情况报价可降低监理投标报价：所监理工程项目监理工作条件好，监理工作简单、监理工作量小，一般监理企业都可以做、都愿意做的工程项目；本监理企业目

前急于打入某一市场、某一地区，或在该地区面临监理工作即将结束的工程项目；本企业在附近有监理工程，投标项目可利用附近工程监理资源或配合监理工作的工程项目；投标对手多，竞争激烈的工程项目；急需中标的工程项目；业主支付监理费条件好的工程项目。

最后就是在决定了参与投标并明确了投标内容以后，开始编制投标文件，积极参与投标工作。

现在，我国监理市场上，大中型建设项目、甚至大多数小型建设项目的业主都非常愿意以公开招标的方式优选监理企业。所以按照监理招标文件的要求，认真编制投标文件进行投标工作，是监理企业取得监理业务的重要条件。

4.1.2 监理投标文件及监理大纲

监理企业为了提高中标率，取得监理业务，维持企业的生存和保持企业的市场竞争力，必须重视投标文件的编制。监理投标文件的内容与监理业务的性质密切相关。监理业务主要体现在为业主提供监理服务，而不像施工承包业务主要是完成施工安装任务，这就决定了监理投标文件是一个以技术标为主，商务标为辅的文件。其中，技术标的内容主要是监理大纲（监理方案），商务标的内容主要是监理服务酬金或报价。

监理大纲是监理工作大纲的简称，也称监理方案，是监理投标文件的重要组成部分，是工程监理企业为承揽到监理业务而编写的监理方案性文件。如果采用招标方式选择工程监理企业，监理大纲就可以作为投标书或投标书的主要组成部分。这是因为对一些小型建设项目，乃至大中型建设项目的监理投标而言，监理投标报价实质上是监理投标文件的非主要部分，通常认为是投标文件的次要部分，可以融合到监理工作方案中，所以监理大纲就作为监理投标文件的主要内容，而不单独提供投标报价商务标部分。另外，一些中小型建设项目，业务采用邀请招标的方式，被邀请投标的单位有的不需要编制投标文件。此时，工程监理企业提供给业主一份监理大纲，既简单易行，又可作为取信于业主的资料。

4.1.2.1 监理大纲的作用

① 承揽到监理业务。监理大纲是为了使业主认可监理企业所提供的监理服务，从而承揽到监理业务。尤其通过公开招标竞争的方式获取监理业务时，监理大纲是监理单位能否中标、取信于业主最主要的文件资料。

② 监理规划编写的直接依据。监理大纲是为中标后监理单位开展监理工作制定的工作方案，是中标监理项目委托监理合同的重要组成部分，是监理工作总的要求。

4.1.2.2 监理大纲的编制要求

① 监理大纲是体现为业主提供监理服务总的方案性文件，要求企业在编制监理大纲时，应在总经理或主管负责人的主持下，在企业技术负责人、经营部门、技术质量部门等密切配合下编制。

② 监理大纲的编制应依据监理招标文件、设计文件及业主的要求。

③ 监理大纲的编制要体现企业自身的管理水平、技术装备等实际情况，编制的监理方案既要满足最大可能地中标，又要建立在合理、可行的基础上。因为监理单位一旦中标，投标文件将作为监理合同文件的组成部分，对监理单位履行合同具有约束效力。

4.1.2.3 监理大纲的编制内容

为使业主认可监理单位，充分表达监理工作总的方案，使监理单位中标，监理大纲一般应包括如下内容。

(1) 人员及资质

监理单位拟对派往工程项目上的主要监理人员资格及其资质等情况介绍，如监理工程师资格证书、专业学历证书、职称证书等，可附复印件说明。作为投标书的监理大纲，还需要有监理单位基本情况介绍，公司资质证明文件，如企业营业执照、资质证书、质量体系认证证书、各类获奖证书等复印件（带原件备查），加盖单位公章以证明其真实有效。

(2) 监理单位工作业绩

监理单位工作经验及以往承担的主要工程项目，尤其是与招标项目同类型项目一览表，必要时可附上以往承担监理项目的工作成果——获优质工程奖、业主对监理单位好评等复印件。

(3) 拟采用的监理方案

根据业主招标文件要求以及监理单位所了解掌握的工程信息，制定拟采用的监理方案，包括监理组织方案、项目目标控制方案、合同管理方案、组织协调方案等，这一部分是监理大纲的核心内容。

(4) 拟投入的监理设施

为实现监理工作目标，实施监理方案，必须投入监理项目工作所需要的监理设施，包括开展监理工作所需要的检测、检验设备，工具、器具，办公设施（如计算机、打印机、管理软件等），为开展组织协调工作提供监理工作后勤保障所需的交通、通信设施以及生活设施等。

(5) 监理费报价

监理费报价可以采用三种方式：按每平方米报价；按总造价报取费费率；按项目进行总报价。具体按哪种方式报价，要根据招标文件的要求或者投标工程的特点来确定。具体进行监理费报价时应注意以下几点。

① 实行政府指导价的报价。应符合国家发展改革委员会、建设部制定的，自2007年5月1日开始执行的《建设工程监理与相关服务收费管理规定》（发改价格［2007］670号）的要求。

② 实行市场调节价的报价。应由监理市场竞争报价或由建设单位和监理单位协商确定收费额。

③ 注意招标文件中合同条款部分对监理费用组成的说明和支付方式的要求；避免投

入多、工作量大、花费高而取费偏低，最终导致结算亏损的情况。

④ 认真斟酌商务标评分标准，权衡本企业的实力，考虑参与投标的其他监理企业的可能报价情况，争取报出具有竞争力的价格，同时中标后又要有利可图。

此外，监理大纲中还应明确说明监理工作中向业主提供的反映监理阶段性成果的文件。

4.2 工程监理规划

监理规划（Project management planning）是项目监理机构全面开展建设工程监理工作的指导性文件。它是监理单位接受业主委托并签订建设工程监理合同及收到设计文件之后监理工作开始之前，针对建设工程实际情况编制的，是根据建设工程监理合同规定范围和建设单位要求，由总监理工程师组织编制，并应经工程监理单位技术负责人审核批准后报建设单位贯彻实施。其目的在于提高工程项目监理工作效果，保证建设工程监理合同全面得到实施。

4.2.1 工程监理规划的作用

（1）监理规划是指导项目监理机构全面开展监理工作的依据

工程建设监理的中心任务是协助业主实现项目总目标。实现项目总目标是一个全面、系统的过程，需要制定计划，建立组织机构，配备监理人员，投入监理工作所需资源，开展一系列行之有效的监控措施，只有做好这些工作才能完成好业主委托的建设工程监理任务，实现监理工作目标。委托监理的工程项目一般表现出投资规模大、工期长、所受的影响因素多、生产经营环节多，其管理具有复杂性、艰巨性、危险性等特点，这就决定了工程项目监理工作要想顺利实施，必须事先制订严密的计划、做好合理的安排。监理规划的编制应针对项目的实际情况，明确项目监理机构的工作目标，确定具体的监理工作制度、程序、方法和措施，并应具有可操作性。

（2）监理规划是建设监理主管机构对监理单位监督管理的依据

监理单位在开展具体监理工作时，主要是依据已经批准的监理规划开展各项具体的监理工作。所以，监理工作的好坏、监理服务水平的高低，很大程度上取决于监理规划，它对建设工程项目的形成有重要的影响。建设工程行政主管部门除了对监理单位进行资质等级核准、年度检查外，更重要的是对监理单位实际监理工作进行监督管理，以达到对工程项目管理的目的。而监理单位的实际监理水平主要通过具体监理工程项目的监理规划以及是否能按既定的监理规划实施监理工作来体现。所以，当建设行政主管部门对监理单位的工作进行检查以及考核、评价时，应当对监理规划的内容进行检查，并把监理规划作为实施监督管理的重要依据。

（3）监理规划是建设单位确认监理单位履行合同、开展监理工作的主要依据

监理单位如何履行建设工程合同？委派到所监理工程项目的监理项目部如何落实业主委托监理单位所承担的各项监理服务工作？在项目监理过程中业主如何配合监理单位履行监理委托合同中自己的义务？作为监理工作的委托方，业主不但需要而且应当了解和确认指导监理工作开展的监理规划文件。监理工作开始前，按有关规定，监理单位要报送委托方一份监理规划文件，既明确地告诉业主监理人员如何开展具体的监理工作，又为业主提供了用来监督监理单位有效履行监理合同的主要依据。

（4）监理规划是监理单位考核检查所属监理工程的依据和存档的资料

工程项目实施过程中，承包商将严格按照承包合同开展工作，而监理规划的编制依据就包括施工承包合同，施工承包合同和监理方的监理规划有着实现工程项目管理目标的一致性和统一性。在工程项目开工前编制的监理规划中所述的监理工作程序、手段、方法、措施等都应当与工程项目对应的施工流程、施工方法、施工措施等统一起来。监理规划确定的监理目标、程序、方法、措施等不仅是监理人员监理工作的依据，也应该让施工承包方管理人员了解并与之协调配合。如监理规划不结合施工过程实际情况，缺乏针对性，将起不到应有的作用。相反的，在施工过程中让施工承包方管理人员了解并接受行之有效、科学合理的监理工作程序、方法、手段、措施，将会使工程项目的监理工作顺利地开展。

随着建设工程监理工作越来越规范化，体现工程项目管理工作的重要原始资料的监理规划无论作为建设单位竣工验收存档资料，还是作为体现监理单位自己监理工作水平的标志性文件都是极其重要的。按现行国家标准《建设工程监理规范》和《建设工程文件归档整理规范》规定，监理规划应在召开第一次工地会议前报送建设单位。监理规划是施工阶段监理资料的主要内容，在监理工作结束后应及时整理归档，建设单位应当长期保存，监理单位、城建档案管理部门也应当存档。

4.2.2 监理规划的依据和编写要求

（1）监理规划编写的依据

① 相关法规和强制性标准规范；

② 监理大纲、监理合同及设计文件；

③ 施工合同、施工组织设计、施工图审查意见。

（2）监理规划的编写要求

① 监理规划应明确项目监理机构的工作目标；

② 监理规划应确定项目监理机构人员职责和工作制度；

③ 监理规划应制定监理工作程序、方法和措施，并具有针对性、可操作性；

④ 监理规划应在第一次工地会议前7天完成编制和审批手续报建设单位；

⑤ 如建设单位委托相关服务，应将相关服务内容列入监理规划。

监理规划应针对建设工程实际情况编制，应在签订建设工程监理合同及收到工程设计

文件开始编制。此外，还应结合施工组织设计、施工图审查意见等文件资料进行编制。一个监理项目应编制一个监理规划。监理规划应在第一次工地会议召开之前完成工程监理单位内部审核后报送（业主）建设单位。

4.2.3 监理规划的主要内容

监理规划应结合工程实际情况，明确项目监理机构的工作目标，确定具体的监理工作制度、内容、程序、方法和措施。监理规划应包括下列主要内容：

4.2.3.1 工程概况

工程项目概况主要应写明如下内容。

① 工程项目特征　工程名称、工程地点、总投资、业主单位名称，工程设计单位名称、施工单位名称、主要材料、设备供货单位名称、总建筑面积等。

② 工程项目合同概要　工程项目合同构成，如施工总包分包合同情况，平行承包情况，物资采购合同情况，合同标段的划分等。

③ 工程项目的内容　工程范围与内容、项目组成情况及各部分建筑规模、主要工程项目结构类型、所选用的主要设备、主要装饰装修要求、工程做法等，可以用表格形式表示。

④ 预计工程投资情况　工程项目预计投资总额和工程项目投资组成情况可用表格形式表示。

⑤ 工程项目计划工期　可以用工程项目的计划持续时间表示，如“个月”或“天”；也可以用项目的具体日历时间表示，如“工程项目计划工期由某年某月某日至某年某月某日”。

⑥ 工程项目质量等级　具体表明工程项目的质量目标要求，如国优、省优、部优、合格或其他；有时还可以对整个工程项目中某些特殊分部或分项工程提具体质量要求。

⑦ 为便于工程项目管理现代化，借助计算机辅助管理，大中型建设工程项目有时绘制项目结构图，并进行编码　如从投资控制角度出发可以根据现行《建设工程工程量清单计价规范》给出的工程项目统一编码进行编码。

4.2.3.2 监理工作的范围、内容、目标

(1) 监理工作的范围

建设工程监理范围是指监理单位所承担监理任务的工程项目建设监理的范围。监理活动按照阶段划分，一般可分为立项、勘察、设计、招投标、施工、保修阶段的监理工作范围。监理工作范围要根据监理合同的要求明确是全部工程项目，还是工程项目的某些事项或某些标段的建设监理。按照建设工程监理合同的规定，写明“四控制、两管理、一协调”方面业主的授权范围。

(2) 监理工作的内容

监理工作内容主要是依据业主和监理单位签订的委托监理合同的规定来确定的。按照

建设工程监理的实际情况，监理工作内容可以视具体情况编写。如委托建设工程项目全过程，监理应分别编写工程项目立项阶段、设计阶段、主要施工招标阶段、物资采购阶段、施工阶段以及竣工验收、保修使用等阶段的监理工作内容。下面对各阶段监理工作的内容作简要介绍。

① 工程项目立项阶段监理工作的主要内容。工程项目立项阶段，视业主委托监理单位具体工作情况而定。监理工作的深度、方式有所不同，具体的监理工作内容也有所不同，主要包括：协助业主编制项目建议书或审核项目建议书的各项内容；进行可行性研究工作，编制可行性研究报告或对可行性研究报告全部内容进行审核。

若委托监理单位对项目建议书及可行性报告进行审核，则应当以以下几个方面作为监理工作的主要内容。

a. 审核可行性研究报告是否符合国民经济发展的长远规划、国家经济建设方针政策。

b. 审核可行性研究报告是否符合项目建议书或业主的要求。

c. 审核可行性研究报告是否具有可靠的自然、经济、社会环境等基础资料和数据。

d. 审核可行性研究报告是否符合相关的技术经济方面的规范、标准和定额等指标。

e. 审核可行性研究报告的内容、深度和计算指标是否达到标准要求。

此外，在立项阶段监理单位视业主委托情况，还可协助业主办理投资许可、土地许可、规划许可等手续。

② 设计阶段监理工作的主要内容。结合工程项目特点，收集设计所需的技术经济资料。编写设计要求文件。组织工程项自设计方案竞赛或设计招标，协助业主选择好设计单位，协助业主拟订和商谈设计委托合同内容。配合设计单位开展技术经济分析，选择好的设计方案，优化设计。配合设计进度、组织设计与有关部门（如消防、环保、土地、人防以及供水、供电、供气、供热、电信等部门）的协调工作。组织各设计单位的协调工作。参与主要的设备、材料的选型。审核工程设计概算、设计预算。审核主要设备、材料、清单。审核工程项目设计图纸。检查和控制设计进度。配合施工图审查部门的审查工作。组织设计文件的报批等。

③ 招投标阶段监理工作的主要内容。建设项目的招投标工作包括可行性研究、勘察设计、施工、主要物资采购乃至工程项目使用阶段物业管理等各项工作的招投标，业主可委托监理单位完成其中几项或全部工作的咨询监理工作。在各阶段工作的招投标过程中，监理工作应包括以下主要内容。

a. 协助业主拟订工程项目招标文件或招标方案。

b. 协助业主完成招标的准备工作，具备招标条件，发布招标信息。

c. 协助业主对投标单位进行考察，办理有关的招标申请手续。

d. 协助业主组建评标组织机构，组织并参与开标、评标、定标工作。

e. 协助业主或亲自组织有关的现场勘察、答疑会，回答投标人提出的问题。

f. 协助业主与投标单位商签合同等。

④ 物资采购供应阶段监理工作的主要内容。建设工程项目所需的大宗设备、材料、

物资等，有时委托施工承包商采购，有时业主直接负责采购。对于施工承包商采购的情况，监理工作的主要内容包括：审查施工承包商编制的采购方案，方案要明确设备采购的原则、范围、内容、程序、方式和方法，对采购方案中采购设备的类型、数量、质量要求、周期要求、市场供货情况、价格控制要求等因素进行审查。

对于业主直接采购的情况，监理工作的主要内容包括：协助业主编制设备、材料、物资 采购方案，制定设备、材料、物资供应计划和相应的资金需求计划；协助业主优选供货厂商，参与生产厂商的考察，走访现有使用单位；协助业主商签订货合同，督促并监督合同的实施等。

⑤ 施工阶段监理工作的主要内容。进行施工阶段质量控制、安全控制、进度控制、投资控制、合同管理、信息管理以及组织协调工作。

(3) 监理工作的目标

工程项目建设监理目标通常用工程项目建设的投资、进度（工期）、质量、安全四大控制目标来表示，即工程项目建设的目标就是监理工作的目标。

① 投资控制目标：以年预算为基价，静态投资为万元（合同承包价为万元）。在施工阶段，视工程施工承包合同形式，投资控制目标可能是一笔包死的固定总价，也可能是可调整的动态投资控制数额。

② 进度控制目标：按施工承包合同规定，建设工程项目总工期为个月，或年月日至年月日。有时可能对整个工程项目的某些单位工程或分部、分项工程提出工期、进度要求。

③ 质量控制目标：按建设工程施工合同规定的质量目标，可以是国优、省优、部优或合格。有时可能对工程项目所包含的某些单位或分部、分项工程规定其质量目标。

④ 安全控制目标：按工程施工合同规定的安全目标。

4.2.3.3 监理工作的依据

建设工程项目各个阶段监理工作的依据各不相同。施工阶段，监理工作的依据应包括现行有关建设工程的法律、法规、条例，与建设工程项目相关的规范、标准，工程施工合同、建设工程监理合同、其他建设工程合同，已经审查批准的施工图设计文件等。

4.2.3.4 监理组织形式、人员配备及进退场计划、监理人员岗位职责

(1) 项目监理机构的组织形式

监理单位履行建设工程监理合同时，必须建立项目监理组织机构。施工阶段必须在施工现场建立项目监理机组织构，在完成建设工程监理合同约定的监理工作后方可撤离施工现场。项目监理组织机构的组织形式和规模应依据建设工程监理合同规定的服务内容、服务期限、工程类别和规模、技术复杂程度、工程环境等因素确定。项目监理机构通常用组织结构图表示。常用的组织形式可分为直线制、职能制、直线职能制及矩阵制四种形式。

按照建设工程监理应实行总监理工程师负责制的规定，一个项监理机构应设置一名总

监理工程师，根据项目具体情况可设一名或数名总监理工程师代表，也可不设总监理工程师代表。有的监理机构还可设置总监理工程师办公室，下设满足不同监理工作需要的监理组。监理组可以按工程项目专业分为土建、安装专业监理组；可以按监理工作内容分为质量、投资、进度控制监理组，合同信息资料管理组；也可以按委托监理合同的不同标段划分监理组。给不同的监理组配备相应的监理人员。

(2) 项目监理机构的人员配备及进退场计划

项目监理机构的人员名单及职责分工通常用列表形式详细给出姓名、学历、职称职务、注册证书编号、电话联系方式等。应包括总监理工程师、专业监理工程师和监理员，必要时可配备总监理工程师代表。监理工作中有其他特殊需求时应配备相应的专业人员，如资料员、材料取样见证员、微机管理员，这些人员一般可由监理员等兼任。

总监理工程师应由具有3年以上同类工程监理工作经验的人员担任；总监理工程师代表应由具有两年以上同类工程监理工作经验的人员担任；专业监理工程师应由具有一年以上同类工程监理工作经验的人员担任。

项目监理机构的监理人员配置应专业配套，数量满足项目监理工作的需要，考虑到配合施工管理的需要如高空作业、夜班作业等，监理人员应老中青相结合。

监理机构以及人员的配备是为了满足监理工作的需要而设置的，而监理工作是针对工程项目实施而言的，因此监理组织机构及监理人员可以随工程项目进展情况进行动态调整，如专业人员的调换、人员数量的增减等。土建工程的施工阶段，现场以土建专业监理人员为主，只需少数安装专业监理人员配合；安装工程施工阶段则以安装专业监理人员为主，土建专业监理人员配合；在主体结构等资源消耗集中的施工高峰期间，配备的监理人员应多些；在竣工验收扫尾阶段配备的监理人员可少些。

(3) 项目监理机构的监理人员岗位职责

监理人员分工及岗位职责应根据监理合同约定的监理工作范围和内容以及《建设工程监理规范》的规定，由总监理工程师安排和明确。总监理工程师应督促和考核监理人员职责的履行。必要时，可设总监理工程师代表，行使部分总监理工程师的岗位职责。

总监理工程师应根据项目监理机构监理人员的专业、技术水平、工作能力、实践经验等细化和落实相应的岗位职责。

4.2.3.5 监理工作制度

监理规划应列入的主要监理工作制度如下。

① 施工监理交底制度；

② 施工组织设计（施工方案）和工程进度计划审核制度；

③ 工程开工（复工）审批制度；

④ 测量放线复测制度；

⑤ 工程材料、构配件和设备质量认可制度；

⑥ 建设工程施工试验见证取样和送检制度；

⑦ 工程变更处理制度；

⑧ 旁站监理制度；

⑨ 隐蔽工程验收制度；

⑩ 分部、分项工程、检验批验收制度；

⑪ 工程质量事故报告及处理制度；

⑫ 工程计量认可制度；

⑬ 技术经济签证制度；

⑭ 工程款支付审核制度；

⑮ 工程结算审核制度；

⑯ 工程索赔、审签制度；

⑰ 施工进度计划检查制度；

⑱ 现场安全巡视检查制度；

⑲ 安全隐患、事故报告和处理制度；

⑳ 危险性较大分部分项工程监理工作制度；

㉑ 监理指令签发制度；

㉒ 监理月报制度；

㉓ 工程施工监理资料的管理制度。

4.2.3.6 工程质量控制。

(1) 质量控制目标的描述

① 设计质量控制目标。

② 材料质量控制目标。

③ 设备质量控制目标。

④ 土建施工质量控制目标。

⑤ 设备安装质量控制目标。

⑥ 其他说明。

(2) 质量目标实现的风险分析

项目监理机构宜根据工程特点、施工合同、工程设计文件及经过批准的施工组织设计对工程质量目标控制进行风险分析，并提出防范对策。

(3) 质量控制的工作流程与措施

① 工程质量控制工作流程图。依据分解的目标编制质量控制工作流程图。

② 质量控制的具体措施。a. 质量控制的组织措施。建立健全的项目监理机构，完善职责分工，制定有关质量监督制度，落实质量控制责任。b. 质量控制的技术措施。协助完善质量保证体系；严格事前、事中和事后的质量检查监督。c. 质量控制的经济措施及合同措施。严格质检和验收，不符合合同规定质量要求的拒付工程款；达到业主特定质量目标要求的，按合同支付质量补偿金或奖金。

(4) 旁站方案

每一项建设工程施工过程中都存在对结构安全、重要使用功能起着重要作用的关键部位和关键工序，对这些关键部位和关键工序的施工质量进行重点控制，直接关系到建设工程整体质量能否达到设计标准要求以及建设单位的期望。

旁站是工程建设监理工作中用以监督工程质量的一种手段，可以起到及时发现问题、第一时间采取措施、防止偷工减料、确保施工工艺工序按施工方案进行、避免其他干扰正常施工的因素发生等作用。旁站与监理工作其他方法手段结合使用，成为工程质量控制工作中相当重要和必不可少的工作方式。

4.2.3.7 工程造价控制。

(1) 工程造价控制的目标分解

① 按建设工程的投资费用组成分解。

② 按年度、季度分解。

③ 按建设工程实施阶分解。

④ 按建设工程组成分解。

(2) 工程造价控制工作内容

① 熟悉施工合同及约定的计价规则，复核、审查施工图预算。

② 定期进行工程计量，复核工程进度款申请，签署进度款付款签证。

③ 建立月完成工程量统计表，对实际完成量与计划完成量进行比较分析，发现偏差的，应提出调整建议，并报告建设单位。

④ 按程序进行竣工结算款审核，签署竣工结算款支付证书。

(3) 工程造价控制主要方法

在工程造价目标分解的基础上，依据施工进度计划、施工合同等文件，编制资金使用计划，可列表编制（表4.1），并运用动态控制原理，对工程造价进行动态分析、比较和控制。

表4.1 资金使用计划表

工程名称	××年度				××年度				××年度			
	一	二	三	四	一	二	三	四	一	二	三	四

工程造价动态比较的内容如下。

① 工程造价目标分解值与造价实际值的比较。

② 工程造价目标值的预测分析。

③ 工程造价目标实现的风险分析。

(4) 工程造价控制工作流程与措施

① 工程造价控制的工作流程。依据工程造价目标分解编制工程造价控制工作流程图。

② 投资控制的具体措施。

a. 投资控制的组织措施。建立健全项目监理机构，完善职责分工及有关制度，落实投资控制的责任。

b. 投资控制的技术措施。在设计阶段，推行限额设计和优化设计；在招标投标阶段，合理确定招标控制价（标底）及合同价；对材料、设备采购，通过质量价格比选，合理确定生产供应单位；在施工阶段，通过审核施工组织设计和施工方案，使组织施工合理化。

c. 投资控制的经济措施。及时进行计划费用与实际费用的分析比较。对原设计或施工方案提出合理化建议并被采用，由此产生的投资节约按合同规定予以奖励。

d. 投资控制的合同措施。按合同条款支付工程款，防止过早、过量的支付。减少施工单位的索赔，正确处理索赔事宜等。

(5) 工程造价控制的动态比较

① 投资目标分解值与概算值的比较。

② 概算值与施工图预算值的比较。

③ 合同价与实际投资的比较。

4.2.3.8 工程进度控制

(1) 工程进度控制工作内容

① 审查施工总进度计划和阶段性进度计划。

② 检查、督促施工进度计划的实施。

③ 进行进度目标实现的风险分析，制定进度控制的方法和措施。

④ 预测实际进度对工程总工期的影响，分析工期延误原因，制定对策和措施，并报告工程实际进展情况。

(2) 总进度目标的分解

① 年度、季度进度目标。

② 各阶段的进度目标。

③ 各子项目进度目标。

(3) 进度控制的工作流程与措施

① 工作流程图。

② 进度控制的具体措施。

a. 进度控制的组织措施。落实进度控制的责任，建立进度控制协调制度。

b. 进度控制的技术措施。建立多级网络计划体系，监控承建单位的作业实施计划。

c. 进度控制的经济措施。对工期提前者实行奖励；对应急工程实行较高的计件单价；确保资金的及时供应等。

d. 进度控制的合同措施。按合同要求及时协调有关各方的进度，以确保建设工程的形象进度。

(4) 进度控制的动态比较

工程进度动态比较的内容如下。

① 工程进度目标分解值与进度实际值的比较。

② 工程进度目标值的预测缝隙。

4.2.3.9 安全生产管理的监理工作

(1) 安全生产管理的监理工作目标

履行法律法规赋予工程监理单位的法定职责，尽可能地防止和避免施工安全事故的发生。

(2) 安全生产管理的监理工作内容

① 编制工程建设监理实施细则，落实相关监理人员。

② 审查施工单位现场安全生产规章制度的建立和实施情况。

③ 审查施工单位安全生产许可证及施工单位项目经理、专职安全生产管理人员和特种作业人员的资格，核查施工机械和设施的安全许可验收手续。

④ 审查施工承包人提交的施工组织设计，重点审查其中的质量安全技术措施、专项施工方案与工程建设强制性标准的符合性。

⑤ 审查包括施工起重机械和整体提升脚手架、模板等自升式架设设施等在内的施工机械和设施的安全许可验收手续情况。

⑥ 巡视检查危险性较大的分部分项工程专项施工方案实施情况。

⑦ 对施工单位拒不整改或不停止施工的行为，应及时向有关主管部门报送监理报告。

(3) 专项施工方案的编制、审查和实施的监理要求

① 专项施工方案编制要求。实行施工总承包的，专项施工方案应当由总承包施工单位组织编制，其中，起重机械安装拆卸工程、深基坑工程、附着式升降脚手架等专业工程实行分包的，其专项施工方案可由专业分包单位组织编制。实行施工总承包的，专项施工方案应当由总承包施工单位技术负责人及相关专业分包单位技术负责人签字。

对于超过一定规模的危险性较大的分部分项工程专项方案应当由施工单位组织召开专家论证会。

② 专项施工方案监理审查要求

a. 对编制的程序进行符合性审查。

b. 对实质性内容进行符合性审查。

③ 专项施工方案实施要求。施工单位应当严格按照专项方案组织施工，安排专职安全管理人员实施管理，不得擅自修改、调整专项施工方案。如因设计、结构、外部环境等因素发生变化确需修改的，应及时报告项目监理机构，修改后的专项施工方案应当按相关规定重新审核。

(4) 安全生产管理的监理方法和措施

a. 通过审查施工单位现场安全生产规章制度的建立和实施情况，督促施工单位落实安全技术措施和应急救援预案，加强风险防范意识，预防和避免安全事故发生。

b. 通过项目监理机构安全管理责任风险分析，制定监理实施细则，落实监理人员，加强日常巡视和安全检查。发现安全事故隐患时，项目监理机构应当履行监理职责，采取会议、告知、通知、停工、报告等措施向施工单位管理人员指出，预防和避免安全事故发生。

4.2.3.10 合同与信息管理

(1) 合同管理

① 合同管理的主要工作内容。处理工程暂停工及复工、工程变更、索赔及施工合同争议、解除等事宜。处理施工合同终止的有关事宜。

② 合同结构。结合项目结构图和项目组织结构图，以合同结构图形式表示，并列出项目合同目录一览表（表4.2）。

表4.2 合同目录一览表

序号	合同编号	合同名称	承包商	合同价	合同工期	质量要求

③ 合同管理的工作流程及措施。

a. 工作流程图。

b. 合同管理的具体措施。

④ 合同执行状况的动态分析。

⑤ 合同争议解决与索赔处理程序。

⑥ 合同管理表格。

(2) 信息管理

① 信息流程图。

② 信息分类表，见表4.3。

表4.3 信息分类表

序号	信息类别	信息名称	信息管理要求	责任人

③ 机构内部信息流程图。

④ 信息管理的工作流程与措施。

a. 工程流程图。

b. 信息管理的具体措施。

⑤ 信息管理表格。

4.2.3.11 组织协调

(1) 组织协调的范围和层次

① 组织协调的范围。项目组织协调的范围包括建设单位、工程建设参与各方（政府管理部门）之间的关系。

② 组织协调的层次如下。

a. 协调工程参与各方之间的关系。

b. 工程技术协调。

(2) 组织协调的主要工作

① 项目监理机构的内部协调。

a. 总监理工程师牵头，做好项目监理机构内部人员之间的工作关系协调。

b. 明确监理人员分工及各自的岗位职责。

c. 建立信息沟通制度

d. 及时交流信息、处理矛盾，建立良好的人际关系。

② 与工程建设有关单位的外部协调。

a. 建设工程系统内的单位：进行建设工程系统内的单位协调重点分析，主要包括建设单位、设计单位、施工单位、材料和设备供应单位、资金提供单位等。

b. 建设工程系统外的单位：进行建设工程系统外的单位协调重点分析，主要包括政府建设行政主管机构、政府其他有关部门、工程毗邻单位、社会团体等。

(3) 组织协调的方法和措施

① 组织协调方法。

a. 会议协调：监理例会、专题会议等方式。

b. 交谈协调：面谈、电话、网络等方式。

c. 书面协调：通知书、联系单、月报等方式。

d. 访问协调：走访或约见等方式。

② 不同阶段组织协调措施。

a. 开工前的协调：如第一次工地例会等。

b. 施工过程中协调。

c. 竣工验收阶段协调。

(4) 组织协调的工作程序

① 工程质量控制协调程序。

② 工程造价控制协调程序。

③ 工程进度控制协调程序。

④ 其他方面工作协调程序。

4.2.3.12 监理工作设施

① 制定监理设施管理制度。

② 根据建设工程类别、规模、技术复杂程度、建设工程所在地的环境条件，按工程建设监理合同约定，配备满足监理工作需要的常规检测设备和工具。

③ 落实场地、办公、交通、通信、生活等设施，配备必要的影像设备。

④ 项目监理机构应将拥有的监理设备和工具（如计算机、设备、仪器、工具、照相机、摄像机等）列表（表4.4），注明数量、型号和使用时间，并指定专人负责管理。

表4.4 常规检查设备和工具

序号	仪器设备名称	型号	数量	使用时间	备注
1					
2					
3					
4					
5					
6					

4.2.4 工程建设监理规划的审核

监理规划应由总监理工程师组织专业监理工程师编制。总监理工程师签字后由工程监理单位技术负责人审批。监理规划审核的内容主要包括以下几个方面。

4.2.4.1 监理规划报审程序

依据《工程建设监理规范》(GB/T 50319—2013）的规定，监理规划应在签订工程建设监理合同及收到工程设计文件后编制，在召开第一次工地会议前报送建设单位。监理规划报审程序的时间节点安排、各节点工作内容及负责人见表4.5。

表4.5 监理规划报审程序

序号	时间节点安排	工作内容	负责人
1	签订监理合同及收到工程设计文件后	编制监理规划	总监理工程师组织 专业监理工程师参与
2	编制完成、总监签字后	监理规划审批	监理单位技术负责人审批
3	第一次工地会议前	报送建设单位	总监理工程师报送
4	设计文件、施工组织计划和施工方案发生重大变化时	调整监理规划	总监理工程师组织 专业监理工程师参与 监理单位技术负责人审批
		重新审批监理规划	总监单位技术负责人重新审批

4.2.4.2 监理范围、工作内容及监理目标的审核

依据监理招标文件和建设工程监理合同，看其是否理解业主对该工程的建设意图，监理范围、监理工作内容是否包括全部委托的工作任务，监理目标是否与合同要求和建设意图相一致。

4.2.4.3 项目监理机构和人员结构的审核

(1) 组织机构的审核

在组织形式和管理模式等方面是否合理、是否结合工程实施的具体特点、是否能够与业主的组织关系和承包方的组织关系相协调等。

(2) 人员结构的审核

① 派驻监理人员的专业满足程度。应根据工程特点和委托监理任务的工作范围审查，不仅考虑专业监理工程师如土建监理工程师、机械监理工程师等能否满足开展监理工作的需要，而且还要看其专业监理人员是否覆盖了工程实施过程中的各种专业要求，以及高、中级职称和年龄结构的组成。

② 人员数量的满足程度。主要审核从事监理工作人员在数量和结构上的合理性。按照我国已完成监理工作的工程资料统计测算，在施工阶段，大中型建设工程每年完成100万元人民币的工程量所需监理人员至少1人，专业监理工程师、一般监理人员和行政文秘人员的结构比例为0.2∶0.6∶0.2。专业类别较多的工程的监理人员数量应适当增加。

③ 专业人员不足时采取的措施是否恰当。大中型建设工程由于技术复杂、涉及的专业面广，当监理单位的技术人员不足以满足全部监理工作要求时，对拟临时聘用的监理人员的综合素质应认真审核。

④ 派驻现场人员计划表。对于大中型建设工程，不同阶段对监理人员人数和专业等方面的要求不同，应对各阶段所派驻现场监理人员的专业、数量计划是否与建设工程的进度计划相适应进行审核；还应平衡正在其他工程上执行监理业务的人员，是否能按照预定计划进入本工程参加监理工作。

4.2.4.4 工作计划审核

在工程进展中各个阶段的工作实施计划是否合理、可行，审查其在每个阶段中如何控制建设工程目标以及组织协调的方法。

4.2.4.5 投资、进度、质量控制方法的审核

对三大目标的控制方法和措施应重点审查，看其如何应对组织、技术、经济、合同措施保证目标的实现，方法是否科学、合理、有效。

4.2.4.6 监理工作制度审核

主要审查监理的内、外工作制度是否健全。

4.3 工程监理实施细则

4.3.1 监理实施细则的概念与任务

监理实施细则（Detailed rules for project management）是监理工作实施细则的简称，是根据监理规划由专业监理工程师编制，并经总监理工程师批准，针对工程项目中某一专业或某一方面监理工作的操作性文件。对专业性较强、危险性较大的分部分项工程，项目监理机构应编制监理实施细则。

对大中型建设工程项目或专业性比较强的工程项目，项目监理机构应编制监理实施细则。监理实施细则应符合监理规划的要求，并应结合工程项目的专业特点，做到详细、具体、具有可操作性。

为了使编制的监理实施细则详细、具体、具有可操作性，根据监理工作的实际情况，监理实施细则应针对工程项目实施的具体对象、具体时间、具体操作、管理要求等，结合项目管理工作的监理工作目标、组织机构、职责分工，配备监理设备资源等，明确在监理工作过程中应当做哪些工作、由谁来做这些工作、在什么时候做这些工作、在什么地方做这些工作、如何做好这些工作。例如实施某项重要分项工程质量控制时，应明确该分项工程的施工工序组成情况，并把所有工序过程作为控制对象；明确由项目监理组织机构中具体哪一位监理员去实施监控；规定在施工过程中平行、巡视、检查方式；规定当承包商专业队组自检合格并进行工序报验时实施检查；规定到工序施工现场进行巡视、检查、核验；规定该工序或分项工程用什么测试工具、仪器、仪表检测；检查那些项目、内容；规定如何检查；检查后如何记录；如何与规范要求、设计要求的标准相比较做出结论等。

4.3.2 监理实施细则的编制程序、依据与主要内容

(1) 监理实施细则编制程序

监理实施细则应在相应工程施工开始前由专业监理工程师编制，并应报总监理工程师审批。

(2) 监理实施细则的编制依据

监理实施细则的编制应依据下列资料。

① 已批准的监理规划。

② 工程建设标准、工程设计文件。

③ 施工组织设计、(专项) 施工方案。

(3) 监理实施细则的主要内容

监理实施细则应包括下列主要内容。

① 专业工程特点。

② 监理工作流程。

③ 监理工作要点。

④ 监理工作的方法及措施。

监理实施细则的内容应体现出针对性强、可操作性强、便于实施的特点。可根据建设工程实际情况及项目监理机构工作需要增加其他内容。

(4) 监理实施细则的管理

对于一些小型的工程项目或大中型工程项目中技术简单，质量要求不高，便于操作和便于控制，能保证工程质量、投资的分部、分项工程或专业工程，若有比较详细的监理规划或监理规划深度满足要求时，可不再编制监理实施细则。监理实施细则在实施建设工程监理过程中，可根据实际情况进行补充、修改，并应经总监理工程师批准后实施。

监理实施细则是开展监理工作的重要依据之一，最能体现监理工作服务的具体内容、具体做法，是体现全面认真开展监理工作的重要依据。按照监理实施细则开展监理工作并留有记录、责任到人也是证明监理单位为业主提供优质监理服务的证据，是监理归档资料的组成部分，是建设单位长期保存的竣工验收资料内容，也是监理单位、城建档案管理部门归档资料内容。

4.3.3 监理大纲、监理规划和监理实施细则的关系

工程监理大纲和监理实施细则是与监理规划相互关联的两个重要监理文件，它们与监理规划一起共同构成监理规划系列性文件。三者之间既有区别又有联系。

(1) 区别

① 意义和性质不同。监理大纲：监理大纲是社会监理单位为了获得监理任务，在投标阶段编制的项目监理方案性文件，亦称监理方案。监理规划：监理规划是在监理委托合同签订后，在项目总监理工程师主持下，按合同要求，结合项目的具体情况制定的指导监理工作开展的纲领性文件。监理实施细则：监理实施细则是在监理规划指导下，项目监理机构的各专业监理的责任落实后，由专业监理工程师针对项目具体情况制定的具有可实施性和可操作性的业务文件。

② 编制对象不同。监理大纲：以项目整体监理为对象。监理规划：以项目单位工程监理为对象。监理实施细则：以某项专业具体监理工作为对象。

③ 编制阶段不同。监理大纲：在监理招投标阶段编制。监理规划：在建设工程监理合同签订后编制。监理实施细则：在监理规划编制后编制。

④ 编制的责任人不同。监理大纲：一般由监理企业的技术负责人组织经营部门或技术管理部门人编制，可能有拟定的总监理工程师参与，也可能没有拟定的总监理工程师参与。监理规划：由总监理工程师负责组织编制。监理实施细则：由现场监理机构各部门的专业监理工程师组织编制。

⑤ 目的和作用不同。监理大纲：目的是要使业主信服，如果采用本监理单位制定的

监理大纲，能够实现业主的投资目标和建设意图，从而使监理单位在竞争中获得监理任务。其作用是为社会监理单位经营目标服务。监理规划：自的是为了指导监理工作顺利开展，起着指导项目监理班子内部工作的作用。监理实施细则：目的是为了使各项监理工作能够具体实施，起到具体指导监理实务作业的作用。

(2) 联系

项目监理大纲、监理规划、监理实施细则又是相互关联的，它们都是项目监理规划系列性文件的组成部分，它们之间存在着明显的依据性关系。在编写项目监理规划时，一定要严格根据监理大纲的有关内容编写；在制定项目监理实施细则时，一定要在监理规划的指导下进行。

4.4 其他监理工作文件

其他监理文件主要有工程监理常用表格、监理日志、监理例会及纪要、监理月报、监理工作总结。

4.4.1 工程监理常用表格

根据《建设工程监理规范》的规定，构成监理报表体系的表格有三类。

① 工程监理单位用表　A.0.1 总监理工程师任命书；A.0.2 工程开工令；A.0.3 监理通知单；A.0.4 监理报告；A.0.5 工程暂停令；A.0.6 旁站记录；A.0.7 工程复工令；A.0.8 工程款支付证书。

② 施工单位报审、报验用表　B.0.1 施工组织设计/(专项) 施工方案报审表；B.0.2 工程开工报审表；B.0.3 工程复工报审表；B.0.4 分包单位资格报审表；B.0.5 施工控制测量成果报验表；B.0.6 工程材料、构配件、设备报审表；B.0.7 隐蔽工程、检验批、分项工程报验表及施工试验室报审表；B.0.8 分部工程报验表；B.0.9 监理通知回单；B.0.10 单位工程竣工验收报审表；B.0.11 工程款支付报审表；B.0.12 施工进度计划报审表；B.0.13 费用索赔报审表；B.0.14 工程临时/最终延期报审表。

③ 通用表　C.0.1 工作联系单、C.0.2 工程变更单、C.0.3 索赔意向通知书。

4.4.2 监理日志

监理日志是项目监理机构每日对建设工程监理工作及施工进展情况所做的原始记录。是在实施建设工程监理过程中每日形成的文件，由总监理工程师根据工程实际情况指定专业监理工程师负责记录。监理日志不等同于监理日记。监理日记是每个监理人员的工作日记。总监理工程师应定期审阅监理日志，全面了解监理工作情况。监理日志应包括下列主要内容。

① 天气和施工环境情况。

② 当日施工进展情况。

③ 当日监理工作情况，包括旁站、巡视、见证取样、平行检验等情况。

④ 当日存在的问题及处理情况。

⑤ 其他有关事项。

4.4.3 监理例会及纪要

监理例会是项目监理机构进行协调工作的重要手段之一，其中心议题主要是对工程实施过程所发生的安全、质量、进度、造价及合同执行等问题进行检查、分析、协调、纠偏与控制，明确相关问题的责任、处理措施及要求。

(1) 监理例会组织与主持

监理例会由项目监理机构负责组织定期召开，通常每周召开一次，由总监、总监代表，或总监授权的专业监理工程师主持。项目监理机构通知建设单位、施工单位（包括总包、分包单位）现场主要负责人和有关部门人员参加，视工程实施情况邀请设计、质量安全监督机构的代表参加。

(2) 监理例会准备

为了使监理例会开得更有成效，达到会议目的，项目监理机构应在会前与参建各方做必要的沟通，了解工程实施中遇到的问题和困难，及拟采取的措施等情况。并做好以下的准备工作。

① 项目监理机构内部对会议内容、问题处理的观点、措施等情况的沟通和统一。

② 准备协调、处理问题所需要引证的依据性相关资料、文件。

③ 检查并收集施工单位落实执行上次监理例会决议的情况。

④ 了解或收集参建各方需要监理协调解决的问题。

(3) 监理例会主要内容

① 检查上次监理例会议定事项的落实情况，分析未完事项原因。

② 检查分析工程项目进度计划完成情况，提出下一阶段进度目标及其落实措施。

③ 检查分析工程项目质量、施工安全管理状况，针对存在的问题提出改进措施。

④ 检查工程量核定及工程款支付情况。

⑤ 解决需要协调的有关事项。

⑥ 研究未决定的工程变更、延期、索赔、保险等问题。

⑦ 其他有关事宜。

(4) 会议纪要内容及整理

项目监理机构应指定专人作会议记录，并核对与会者签到表。监理例会结束后，监理应及时对记录内容作整理，形成监理例会纪要。

会议纪要内容一般包括以下内容。

① 到会单位与人员签名。

② 上次例会决定事项的完成情况及未完成事项的讲评与分析。

③ 各方提出的问题、需要协调解决的事项及处理意见。

④ 本次会议已达成的共识及其需要解决落实的事项及要求。

会议纪要应如实反映各方对有关问题的意见和建议，对已达成共识的问题则以会议决定体现。

(5) 召开监理例会注意事项

① 注意营造会议气氛。项目监理机构应注意在坚持遵纪守法与公平合理原则的基础上，营造、维系与各参建单位之间融洽、和谐的工作氛围。项目监理机构的协调工作任务就是为了在不断产生的矛盾中保持、维系各方的正常配合、协作，而不致影响工程的正常实施。监理人员应注意保持与各参建单位及其代表的融洽、和谐的工作关系，为自身开展工作预留充分的空间与平台，方能在监理例会等场合发挥协调、主持的作用。

② 始终抓住和控制会议主题，监理例会主持者在会议全过程中应注意控制议题、内容始终围绕中心主题。对于要求执行的指令、解决的问题、完成的任务，必须明确“做什么”“谁去做”“措施与条件”“完成期限”。

为避免会议陷入对无关主题的琐事、过程的过度陈述，因而分散其他与会者的注意力，主持者可适时利用插话、主题引导等方法进行控制。主持者的意见表述应客观、有理、有据，并应注意为其本身的协调工作预留充分的空间，切忌主观、粗暴，导致与会者之间不必要的争议。

监理工作虽然是以法律、法规、工程有关合同及设计文件为依据，项目监理机构的意见也很重要，但项目监理机构毕竟不是执法机构，故应特别注意以理服人，并应在工作中注意持续提高专业技术水平，使表述意见易为相关方所接受。

会议主持者还应掌握、控制好具体会议过程的细节，避免偏离主题而纠缠在细微、次要事情上，最终却没有具体结论。例如对经监理例会确定为“条件”不具备或不成熟所致计划延期问题，还要进一步明确施工单位及时办理临时延期申报审批手续，否则施工单位应承担延误的责任。

③ 与会各方要充分重视，并提前准备好开会的内容和资料。监理例会有它固定的议题和议程，与会各方要做好准备，同时还可准备自己特有的问题，以便适当时提出。为防各方提出无关紧要的问题，监理（会议主持方）要将例会需要研究、讨论的议题书面通知各方。

④ 树立会议的权威，例会要纪律严明，要确保取得实际成效。例会在规定内容后，一个关键是要在规定的时间内把会议的内容完成，因此例会的纪律至关重要，到会的时间、人员及会议过程的气氛、程序、发言的方式等都要严肃。不得迟到、早退、听电话、讲小话、说方言。例会切忌拖沓冗长、随意泛谈。要么不开，开就要开好会，开短会，开能解决问题的有用之会。

⑤ 发挥主持人主导作用，主动控制问题的讨论。在例会的议题要明确和有意义外，会议主持人（总监）的观点非常重要，一定要把握全局、旗帜鲜明、客观公正和具有导向

性。在主持人的思想中始终要有明确的会议目的。为此，主持人要熟悉工程建设过程中的各种情况，要将平时工作中的信息加以积累、加工。在会议过程中，对所分析、讨论的具体问题要有预测和判断本次会议能否解决的能力。对监理例会上无把握达成共识的问题，不宜在会议上过多讨论，应适可而止，放到会后通过与当事方沟通协调来处理解决。

⑥ 监理严格把握问题的分寸，力争协调、解决好问题。监理人员在针对问题发言时，要力求公正、合理，要谦虚、自信、不傲、不躁，要以诚相待，做到以法规为依据，以制度为原则，立场坚定、旗帜鲜明、处事有方。如遇到众多复杂的问题，一定要沉着冷静，先抓主要矛盾、突出重点与关键，抓大放小，力争解决首要问题，或解决部分问题。

⑦ 注意安排好会议的范围和内容。有时候参加会议的单位多，会议一定要先讨论涉及面广而深的问题，只涉及部分单位的问题可放到后面来讨论，解决问题要遵守少数服从多数，局部服从全局，次要服从重点的原则。如遇到相互矛盾较大，应该先引导各方坦诚相见、平等相待、互相体谅的会议氛围中来，然后力求寻找一定的共同与平衡点，以达成局部共识、解决部分问题。监理既要熟悉矛盾的表象，又要掌握矛盾的实质，才能发现和找到解决问题的方法。

⑧ 要重视写好会议纪要。会议纪要是会议内容和要求的反映，是参建各方会后的工作依据，因此，会议纪要应真实、准确、全面、及时，并具有可操作性和实效性。纪要的基本格式要统一，其起草、审核、签字和发文等要规范。《建设工程监理规范》规定监理方起草，各方代表签字。会议的决议要在民主的基础上集中，要公正、实效。

⑨ 会后狠抓会议精神的贯彻落实。要发挥监理例会的作用，除重视会、开好会、写好会议纪要外，很大一部分功夫还在于会后抓会议精神、决议的落实执行。一般人习惯于会上说说而已，会后说到的要做到就比较难，还有些人惯于讲空话、大话，甚至有意说谎，因此，会是不停地开，事情一直没有解决。监理要严格开好监理例会的同时，还要用铁的手段来抓会后的落实工作，充分运用组织、技术与经济措施，确保工作目标的实现。

4.4.4 监理月报

监理月报是项目监理机构每月向建设单位提交的建设工程监理工作及建设工程实施情况等分析总结报告。是记录、分析总结项目监理机构监理工作及工程实施情况的文档资料，是项目监理机构定期编制并向建设单位和工程监理单位提交的重要文件。它应具有可追溯性。监理月报应包括下列主要内容。

① 本月工程实施情况。

② 本月监理工作情况。

③ 本月施工中存在的问题及处理情况。

④ 下月监理工作重点。

4.4.5 监理工作总结

监理工作总结经总监理工程师签字后报工程监理单位。监理工作总结应包括下列主要内容。

① 工程概况。

② 监理组织机构。

③ 建设工程监理合同履行情况。

④ 监理工作成效。

⑤ 监理工作中发现的问题及其处理情况。

⑥ 说明和建议。

训练与思考题 ▶▶

一、单项选择题（每小题的备选答案中，只有 1 个选项最符合题意。）

1. 下列关于监理大纲、监理规划和监理实施细则之间关系的表述中，正确的是（　）。

A. 监理大纲的内容比监理规划的内容更全面、更翔实

B. 监理实施细则应在监理规划的基础上进行编写

C. 监理大纲应按监理规划的有关内容编写

D. 三者编写顺序为监理规划、监理大纲和监理实施细则

2. 监理规划内容要随着建设工程的展开不断地补充、修改和完善，这符合监理规划编写中（　）的要求。

A. 基本构成内容应力求统一　　B. 具体内容应具有针对性

C. 应当遵循建设工程的运行规律　　D. 一般要分阶段编写

3. 可以作为编制建设工程监理规划依据的是（　）。

A. 施工组织设计　B. 施工合同　C. 施工平面布置图　D. 施工进度计划

4. 监理大纲、监理规划和监理实施细则之间互相关联，下列表述中正确的是（　）。

A. 监理大纲和监理规划都应依据签订的委托监理合同内容编写

B. 监理单位开展监理工作均须编制监理大纲、监理规划和监理实施细则

C. 监理规划和监理实施细则均须经监理单位技术负责人签认

D. 建设工程监理工作文件包括监理大纲、监理规划和监理实施细则

5. 从监理大纲、监理规划和监理实施细则内容的关联性来看，监理规划的作用是（　）。

A. 指导项目监理机构全面开展监理工作　B. 指导监理企业全面开展监理工作

C. 作为业主确认监理单位履行合同的依据　D. 作为监理单位内部考核的依据

6. 由项目监理机构的专业监理工程师编写，并经总监理工程师批准实施的监理文件是（　）。

A. 监理大纲　B. 监理规划　C. 监理实施细则　D. 监理合同

7. 建设工程监理规划要随着建设工程的展开不断补充、修改和完善，这反映了监理

规划（　　）的编写要求。

A. 具体内容应具有针对性　　B. 应当遵循建设工程运行规律

C. 一般宜分阶段编写　　D. 应由总监理工程师主持编写

8. 建设工程监理规划的审核应侧重于（　　）是否与合同要求和业主建设意图一致。

A. 监理范围、工作内容及监理目标

B. 项目监理机构结构

C. 投资、进度、质量目标控制方法和措施

D. 监理工作制度

9. 下列关于建设工程监理规划的说法，不正确的是（　　）。

A. 监理规划在监理单位接受业主委托并签订委托监理合同后编制

B. 监理规划由总监理工程师批准实施

C. 监理规划的内容比监理大纲更翔实、更全面

D. 监理大纲、监理规划和监理实施细则之间存在依据性关系

10. 下列关于监理大纲、监理规划、监理实施细则的表述中，错误的是（　　）。

A. 它们共同构成了建设工程监理工作文件

B. 监理单位开展监理活动必须编制上述文件

C. 监理规划依据监理大纲编制

D. 监理实施细则经总监理工程师批准后实施

11. 下列属于监理规划编制依据的是（　　）。

A. 业主的要求　　B. 建设工程监理合同

C. 建设工程承包合同　　D. 监理实施细则

12. 监理规划应当在（　　）基础上制定。

A. 监理招标文件　　B. 监理大纲

C. 监理组织机构　　D. 监理实施细则

13. 对监理规划的审核，其审核内容包括（　　）。

A. 依据监理合同审核监理目标是否符合合同要求和建设单位建设意图

B. 审核监理组织机构、建设工程组织管理模式等是否合理

C. 审核监理方案中投资、进度、质量控制点与控制方法是否适应施工组织设计中的施工方案

D. 审查监理制度是否与工程建设参与各方的制度协调

14. 施工竣工验收阶段建设监理工作的主要内容不包括（　　）。

A. 受理单位工程竣工验收报告

B. 根据施工单位的竣工报告，提出工程质量检验报告

C. 组织工程预验收

D. 组织竣工验收

15. 业主提供满足监理工作需要的设施不包括（　　）。

A. 办公设施　　B. 交通设施　　C. 检查设施　　D. 通信设施

二、多项选择题（每小题的备选答案中，有2个或2个以上选项符合题意，但至少有1个错项。）

1. 就监理单位内部而言，监理规划的作用主要体现在（　　）。

A. 作为对项目监理机构及其人员工作进行考核的依据

B. 作为业主确认监理单位履行合同的依据

C. 作为监理主管部门对监理单位监督管理的依据

D. 指导项月监理机构全面开展监理工作

E. 作为监理单位的重要存档资料

2. 监理单位技术负责人审核监理规划时，主要审核（　　）。

A. 监理范围与工作内容是否包括了全部委托的工作任务

B. 监理组织形式、管理模式等是否合理

C. 监理的内、外工作制度是否健全

D. 项目监理机构是否有保证监理目标实现的充分依据

E. 监理工作计划是否符合国家强制性标准

3. 下列关于建设工程监理规划编写要求的表述中，正确的有（　　）。

A. 监理工作的组织、控制、方法、措施等是必不可少的内容

B. 由总监理工程师组织监理单位技术管理部门人员共同编制

C. 要随着建设工程的展开进行不断的补充、修改和完善

D. 可按工程实施的各阶段来划分编写阶段

E. 留有必要的时间，以便监理单位负责人进行审核签认

4. 监理规划中的投资、进度、质量目标控制方法和措施应包括（　　）等内容。

A. 风险分析　　B. 目标规划　　C. 动态比较

D. 协调分析　　E. 工作流程

5. 下列关于监理规划的说法中，正确的有（　　）。

A. 监理规划的表述方式不应该格式化、标准化

B. 监理规划具有针对性才能真正起到指导具体监理工作的作用

C. 监理规划要随着建设工程的展开不断地补充、修改和完善

D. 监理规划编写阶段不能按工程实施的各阶段来划分

E. 监理规划在编写完成后需进行审核并经批准后方可实施

6. 下列仅属于施工阶段监理工作制度的有（　　）。

A. 施工组织设计审核制度　　B. 合同条件拟定及审批制度

C. 对外行文审批制度　　D. 设计交底制度

E. 工程竣工验收制度

7. 建设工程监理规划的具体内容应具有针对性，其针对性应反映不同工程在（　　）等方面的不同。

A. 工程项目组织形式
B. 监理规划的审核程序
C. 目标控制措施、方法、手段
D. 监理规划构成内容
E. 监理规划的表达方式

8. 监理规划除基本作用外，还具有（　　）等方面的作用。

A. 指导项目监理机构全面开展监理工作
B. 监理单位内部考核依据
C. 监理单位的重要存档资料
D. 业主确认监理单位履行监理合同的依据
E. 政府建设主管机构对监理单位监督管理的依据

9. 建设工程监理规划的编写要求有（　　）。

A. 基本内容应力求统一
B. 具体内容应具有针对性
C. 满足监理实施细则的要求
D. 表达方式应格式化、标准化
E. 应遵循建设工程的运行规律

10. 监理单位编制监理大纲的作用有（　　）。

A. 使业主认可监理大纲中的监理方案，从而承揽到监理业务
B. 拟派往项目监理机构的监理人员情况介绍
C. 为项目监理机构今后开展监理工作制定基本的方案
D. 用来指导项目监理机构全面开展监理工作的指导性文件
E. 将提供给业主的阶段性监理文件

三、思考题

1. 根据《中华人民共和国招标投标法》和《工程建设项目招标范围和规模标准规定》的规定，哪些工程项目必须实行监理招标？
2. 监理大纲的编制由哪些基本要求？
3. 监理大纲的编制包括的内容是什么？
4. 什么是监理规划？它具有哪些作用？
5. 监理规划应包括哪些主要内容？
6. 建设工程监理规划的编写依据是什么？
7. 建设工程监理规划编写有何要求？
8. 什么是监理实施细则？它的主要内容是什么？
9. 监理大纲、监理规划和监理实施细则之间有何区别和联系？
10. 什么是监理日志？监理日志应包括哪些内容？
11. 什么是监理月报？监理月报应包括哪些内容？
12. 监理工作总结的主要内容是什么？

第5章

工程监理目标控制

5.1 目标控制基本原理

“控制论”一词最初来源希腊文“mberuhhtz”，原意为“操舵术”，就是掌舵的技术和方法的意思。控制的基础是信息，一切信息传递都是为了控制，而任何控制又都有赖于信息反馈来实现。控制是工程监理的重要管理活动。在管理学中，控制通常是指管理人员按计划标准来衡量所取得的成果，纠正所发生的偏差，使目标和计划得以实现的管理活动。管理首先开始于确定目标和制定计划，继而进行组织和人员配备，并进行有效的领导，一旦计划付诸实施或运行，就必须进行控制和协调，检查计划实施情况，找出偏差目标和计划的误差，确定应采取的纠正措施，以实现预定的目标和计划。

5.1.1 控制流程及其基本环节

5.1.1.1 控制流程

不同的控制系统都有区别于其他系统的特点，但同时又都存在许多共性。工程监理目标控制的流程可用图5.1表示。

由于工程建设的周期长，在工程实施过程中所受到的风险因素很多，因而实际状况偏离目标和计划的情况是经常发生的，往往出现投资增加、工期拖延、工程质量和功能未达到预定要求等问题。这就需要在工程实施过程中，通过对目标、过程和活动的跟踪，全面、及时、准确地掌握有关信息，将工程实际状况与目标和计划进行比较。如果偏离了目标和计划，就需要采取纠正措施，或改变投入，或修改计划，使工程能在新的计划状态下进行。而

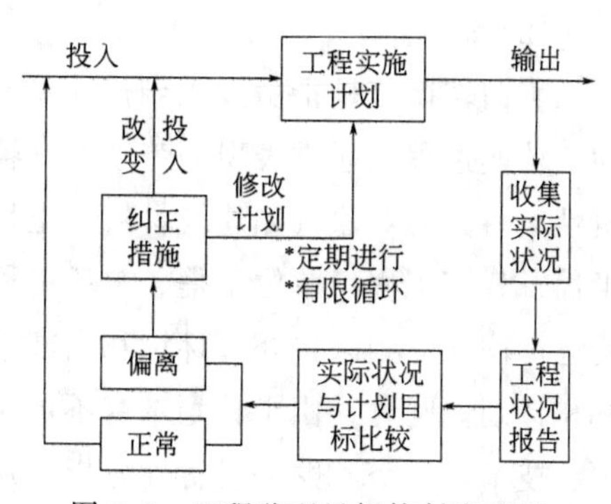

图5.1 工程监理目标控制流程图

任何控制措施都不可能一劳永逸，原有的矛盾和问题解决了，还会出现新的矛盾和问题，需要不断地进行控制，这就是动态控制原理。上述控制流程是一个不断循环的过程，直至工程建成交付使用，因而建设工程的目标控制是一个有限循环过程。

对于建设工程目标控制系统来说，由于收集实际数据、偏差分析、制定纠偏措施都主要是由目标控制人员来完成，都需要时间，这些工作不可能同时进行并在瞬间内完成，因而其控制实际上表现为周期性的循环过程。通常，在建设工程监理的实践中，投资控制、进度控制和常规质量控制问题的控制周期按周或月计，而严重的工程质量问题和事故，则需要及时加以控制。

动态控制的概念还可以从另一个角度来理解。由于系统本身的状态和外部环境是不断变化的，相应地就要求控制工作也随之变化。目标控制人员对建设工程本身的技术经济规律、目标控制工作规律的认识也是在不断变化的，他们的目标控制能力和水平也是在不断提高的，因而，即使在系统状态和环境变化不大的情况下，目标控制工作也可能发生较大的变化。这表明，目标控制也可能包含着对已采取的目标控制措施的调整或控制。

5.1.1.2 控制流程的基本环节

图5.1所示的控制流程可以进一步抽象为投入、转换、反馈、对比、纠正五个基本环节，如图5.2所示。对于每个控制循环来说，如果缺少某一环节或某一环节出现问题，就会导致循环障碍，就会降低控制的有效性，就不能发挥循环控制的整体作用。因此，必须明确控制流程各个基本环节的有关内容并做好相应的控制工作。

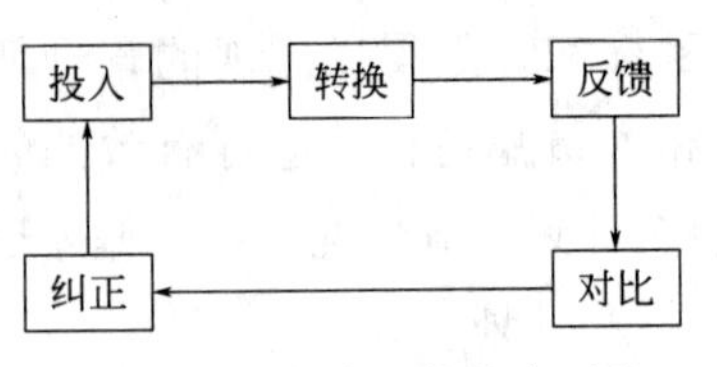

图5.2 控制流程的基本环节

(1) 投入

控制流程的每一循环始于投入。对于建设工程的目标控制流程来说，投入首先涉及的是传统的生产要素，包括人力（管理人员、技术人员、工人）、建筑材料、工程设备、施工机具、资金等；此外还包括施工方法、信息等。工程实施计划本身就包含着有关投入的计划。要使计划能够正常实施并达到预定的目标，就应当保证将质量、数量符合计划要求的资源按规定时间和地点投入到建设工程实施过程中去。

(2) 转换

所谓转换，是指由投入到产出的转换过程，如建设工程的建造过程，设备购置等活动。转换过程，通常表现为劳动力（管理人员、技术人员、工人）运用劳动资料（如施工机具）将劳动对象（如建筑材料、工程设备等）转变为预定的产出品，如设计图纸、分项工程、分部工程、单位工程、单项工程，最终输出完整的建设工程。在转换过程中，计划的运行往往受到来自外部环境和内部系统的多因素干扰，从而造成实际状况偏离预定的目标和计划。同时，由于计划本身不可避免地存在一定问题，例如，计划没有经过科学的资源、技术、经济和财务可行性分析，从而造成实际输出与计划输出之间发生偏差。

转换过程中的控制工作是实现有效控制的重要工作。在建设工程实施过程中，监理工程师应当跟踪了解工程进展情况，掌握第一手资料，为分析偏差原因、确定纠偏措施提供可靠依据。同时，对于可以及时解决的问题，应及时采取纠偏措施，避免“积重难返”。

(3) 反馈

即使是一项制定得相当完善的计划，其运行结果也未必与计划一致。因为在计划实施过程中，实际情况的变化是绝对的，不变是相对的，每个变化都会对目标和计划的实现带来一定的影响。所以，控制部门和控制人员需要全面、及时、准确地了解计划的执行情况及其结果，而这就需要通过反馈信息来实现。

反馈信息包括工程实际状况、环境变化等信息，如投资、进度、质量的实际状况，现场条件，合同履行条件，经济、法律环境变化等。控制部门和人员需要什么信息，取决于监理工作的需要以及工程的具体情况。为了使信息反馈能够有效地配合控制的各项工作，使整个控制过程流畅地进行，需要设计信息反馈系统，预先确定反馈信息的内容、形式、来源、传递等，使每个控制部门和人员都能及时获得他们所需要的信息。

信息反馈方式可以分为正式和非正式两种。正式信息反馈是指书面的工程状况报告之类的信息，它是控制过程中应当采用的主要反馈方式；非正式信息反馈主要指口头方式，如口头指令，口头反映的工程实施情况，对非正式信息反馈也应当予以足够的重视。当然，非正式信息反馈应当适时转化为正式信息反馈，才能更好地发挥其对控制的作用。

(4) 对比

对比是将目标的实际值与计划值进行比较，以确定是否发生偏离。目标的实际值来源于反馈信息。在对比工作中，要注意以下几点。

① 明确目标实际值与计划值的内涵。目标的实际值与计划值是两个相对的概念。随着建设工程实施过程的进展，其实施计划与目标一般都将逐渐深化、细化，往往还要作适当的调整。从目标形成的时间来看，在前者为计划值，在后者为实际值。以投资目标为例，有投资估算、设计概算、施工图预算、标底、合同价、结算价等表现形式，其中，投资估算相对于其他的投资值都是目标值；施工图预算相对于投资估算、设计概算为实际值，而相对于标底、合同价、结算价则为计划值；结算价则相对于其他的投资值均为实际值（注意不要将投资的实际值与实际投资两个概念相混淆）。

② 合理选择比较的对象。在实际工作中，最为常见的是相邻两种目标值之间的比较。在许多建设工程中，我国业主往往以批准的设计概算作为投资控制的总目标，这时，合同价与设计概算、结算价与设计概算的比较也是必要的。另外，结算价以外各种投资值之间的比较都是一次性的，而结算价与合同价（或设计概算）的比较则是经常性的，一般是定期（如每月）比较。

③ 建立目标实际值与计划值之间的对应关系。建设工程的各项目标都要进行适当的分解，通常，目标的计划值分解较粗，目标的实际值分解较细。例如，建设工程初期制定的总进度计划中的工作可能只达到单位工程，而施工进度计划中的工作却达到分项工程；投资目标的分解也有类似问题。因此，为了保证能够切实地进行目标实际值与计划值的比较，并通过比较发现问题，必须建立目标实际值与计划值之间的对应关系。这就要求目标

的分解深度、细度可以不同，但分解的原则、方法必须相同，从而可以在较粗的层次上进行目标实际值与计划值的比较。

④ 确定衡量目标偏离的标准。要正确判断某一目标是否发生偏差，就要预先确定衡量目标偏离的标准。例如，某建设工程的某项工作的实际进度比计划要求拖延了一段时间，如果这项工作是关键工作，或者虽然不是关键工作，但该项工作拖延的时间超过了它的总时差，则应当判断为发生偏差，即实际进度偏离计划进度。反之，如果该项工作不是关键工作，且其拖延的时间未超过总时差，则虽然该项工作本身偏离计划进度，但从整个工程的角度来看，则实际进度并未偏离计划进度。又如，某建设工程在实施过程中发生了较为严重的超投资现象，为了使总投资额控制在预定的计划值（如设计概算）之内，决定删除其中的某单项工程。在这种情况下，虽然整个建设工程投资的实际值未偏离计划值，但是，对于保留的各单项工程来说，投资的实际值可能均不同程度地偏离了计划值。

（5）纠正

对于目标实际值偏离计划值的情况要采取措施加以纠正（或称为纠偏）。根据偏差的具体情况，可以分为以下3种情况进行纠偏：

① 直接纠偏。所谓直接纠偏，是指在轻度偏离的情况下，不改变原定目标的计划值，基本不改变原定的实施计划，在下一个控制周期内，使目标的实际值控制在计划值范围内。例如，某建设工程某月的实际进度比计划进度拖延了一、二天，则在下个月中适当增加人力、施工机械的投入量即可使实际进度恢复到计划状态。

② 不改变总目标的计划值，调整后期实施计划。这是在中度偏离情况下所采取的对策。由于目标实际值偏离计划值的情况已经比较严重，已经不可能通过直接纠偏在下一个控制周期内恢复到计划状态，因而必须调整后期实施计划。例如，某建设工程施工计划工期为24个月，在施工进行到12个月时，工期已经拖延1个月，这时，通过调整后期施工计划，若最终能按计划工期建成该工程，应当说仍然是令人满意的结果。

③ 重新确定目标的计划值，并据此重新制定实施计划。这是在重度偏离情况下所采取的对策。由于目标实际值偏离计划值的情况已经很严重，已经不可能通过调整后期实施计划来保证原定目标计划值的实现，因而必须重新确定目标的计划值。例如，某建设工程施工计划工期为24个月，在施工进行到12个月时，工期已经拖延4个月（仅完成原计划8个月的工程量），这时，不可能在以后12个月内完成16个月的工作量，工期拖延已成定局。但是，从进度控制的要求出发，至少不能在今后12个月内出现等比例拖延的情况；如果能在今后12个月内完成原定计划的工程量，已属不易；而如果最终用26个月建成该工程，则后期进度控制的效果是相当不错的。

需要特别说明的是，只要目标的实际值与计划值有差异，就发生了偏差。但是，对于建设工程目标控制来说，纠偏一般是针对正偏差（实际值大于计划值）而言，如投资增加、工期拖延。而如果出现负偏差，如投资节约、工期提前，并不会采取“纠偏”措施，故意增加投资、放慢进度，使投资和进度恢复到计划状态。不过，对于负偏差的情况，要仔细分析其原因，排除假象。例如，投资的实际值存在缺项、计算依据不当、投资计划值中的风险费估计过高。对于确实是通过积极而有效的目标控制方法和措施而产生负偏差效果的情况，应认真总结经验，扩大其应用范围，更好地发挥其在目标控制中的作用。

5.1.2 控制原理

基本原理。在工程实施的过程中，通过对目标、过程和活动的跟踪，全面、及时、准确地掌握有关信息，将工程的实际情况与环境进行比较，发现偏差，就采取纠偏措施，或改变投入，或修改计划，使工程得以顺利进行。

动态控制原理。采取了纠偏措施后，仍继续对工程项目的实施进行跟踪，若发现新的偏差，就采取新的纠偏措施，直至完成项目。也就是说，目标控制是一个循环工程，可能包含对已经采取的措施进行调整或控制。这就是动态控制原理。

5.1.3 控制类型

根据划分依据的不同，可将控制分为不同的类型。例如，按照控制措施作用于控制对象的时间，可分为事前控制、事中控制和事后控制；按照控制信息的来源，可分为前馈控制和反馈控制；按照控制过程是否形成闭合回路，可分为开环控制和闭环控制；按照控制措施制定的出发点，可分为主动控制和被动控制。控制类型的划分是人为的（主观的），是根据不同的分析目的而选择的，而控制措施本身是客观的。因此，同一控制措施可以表述为不同的控制类型，或者说，不同划分依据的不同控制类型之间存在内在的同一性。

(1) 主动控制

所谓主动控制，是在预先分析各种风险因素及其导致目标偏离的可能性和程度的基础上，拟订和采取有针对性的预防措施，从而减少乃至避免目标偏离。

主动控制也可以表述为其他不同的控制类型。

主动控制是一种事前控制。它必须在计划实施之前就采取控制措施，以降低目标偏离的可能性或其后果的严重程度，起到防患于未然的作用。

主动控制是一种前馈控制。它主要是根据已建同类工程实施情况的综合分析结果，结合拟建工程的具体情况和特点，将教训上升为经验，用以指导拟建工程的实施，起到避免重蹈覆辙的作用。

主动控制通常是一种开环控制（见图5.4）。

综上所述，主动控制是一种面对未来的控制，它可以解决传统控制过程中存在的时滞影响，尽最大可能避免偏差已经成为现实的被动局面，降低偏差发生的概率及其严重程度，从而使目标得到有效控制。

(2) 被动控制

所谓被动控制，是从计划的实际输出中发现偏差，通过对产生偏差原因的分析，研究制定纠偏措施，以使偏差得以纠正，工程实施恢复到原来的计划状态，或虽然不能恢复到计划状态但可以减少偏差的严重程度。

被动控制也可以表述为其他的控制类型。

被动控制是一种事中控制和事后控制。它是在计划实施过程中对已经出现的偏差采取控制措施，它虽然不能降低目标偏离的可能性，但可以降低目标偏离的严重程度，并将偏差控制在尽可能小的范围内。

被动控制是一种反馈控制。它是根据本工程实施情况（即反馈信息）的综合分析结果进行的控制，其控制效果在很大程度上取决于反馈信息的全面性、及时性和可靠性。

被动控制是一种闭环控制（见图5.3）。闭环控制即循环控制，也就是说，被动控制表现为一个循环过程：发现偏差，分析产生偏差的原因，研究制定纠偏措施并预计纠偏措施的成效，落实并实施纠偏措施，产生实际成效，收集实际实施情况，对实施的实际效果进行评价，将实际效果与预期效果进行比较，发现偏差，……，直至整个工程建成。

综上所述，被动控制是一种面对现实的控制。虽然目标偏离已成为客观事实，但是，通过被动控制措施，仍然可能使工程实施恢复到计划状态，至少可以减少偏差的严重程度。不可否认，被动控制仍然是一种有效的控制，也是十分重要而且经常运用的控制方式。因此，对被动控制应当予以足够的重视，并努力提高其控制效果。

(3) 主动控制与被动控制的关系

由以上分析可知，在建设工程实施过程中，如果仅仅采取被动控制措施，出现偏差是不可避免的，而且偏差可能有累积效应，即虽然采取了纠偏措施，但偏差可能越来越大，从而难以实现预定的目标。另外，主动控制的效果虽然比被动控制好，但是，仅仅采取主动控制措施却是不现实的，或者说是不可能的。因为建设工程实施过程中有相当多的风险因素是不可预见甚至是无法防范的，如政治、社会、自然等因素。而且，采取主动控制措施往往要付出一定的代价，即耗费一定的资金和时间，对于那些发生概率小且发生后损失亦较小的风险因素，采取主动控制措施有时可能是不经济的。这表明，是否采取主动控制措施以及究竟采取什么主动控制措施，应在对风险因素进行定量分析的基础上，通过技术经济分析和比较来决定。在某些情况下，被动控制倒可能是较佳的选择。因此，对于建设工程目标控制来说，主动控制和被动控制两者缺一不可，都是实现建设工程目标所必须采取的控制方式，应将主动控制与被动控制紧密结合起来，如图5.4所示。

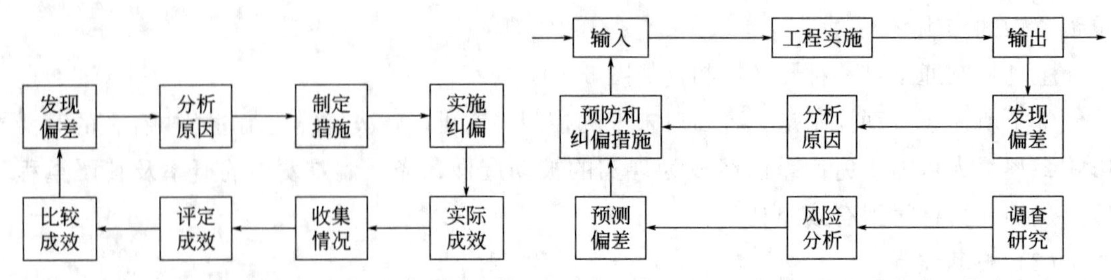

图5.3 被动控制的闭合回路

图5.4 主动控制与被动控制相结合

要做到主动控制与被动控制相结合，关键在于处理好以下两方面问题：一是要扩大信息来源，即不仅要从本工程获得实施情况的信息，而且要从外部环境获得有关信息，包括已建同类工程的有关信息，这样才能对风险因素进行定量分析，使纠偏措施有针对性；二是要把握好输入这个环节，即要输入两类纠偏措施，不仅有纠正已经发生的偏差的措施，而且有预防和纠正可能发生的偏差的措施，这样才能取得较好的控制效果。

需要说明的是，虽然在工程实施过程中仅仅采取主动控制是不可能的，有时是不经济的，但不能因此而否定主动控制的重要性。实际上，牢固确立主动控制的思想，认真研究并制定多种主动控制措施，尤其要重视那些基本上不需要耗费资金和时间的主动控制措施；如组织、经济、合同方面的措施，并力求加大主动控制在控制过程中的比例，对于提高建设工程目标控制的效果，具有十分重要而现实的意义。

5.2 工程监理四大目标的控制

工程监理的中心工作是对工程项目建设的目标进行控制，即投资、进度、质量、安全目标控制。监理工作的好坏主要是看能否将工程项目置于监理工程师的控制之下。监理的目标控制是建立在系统论和控制论的基础上的。从系统论的角度认识工程监理的目标，从控制论的角度理解监理目标控制的基本原理，对工程建设项目实施有效的控制是有意义的。

5.2.1 工程目标控制系统

(1) 工程监理的主要目标

投资、进度、质量、安全。

(2) 四大目标之间的关系

① 投资与进度　加快进度则要增加投资；加快进度可使项目提前动用，提高项目的投资效益。

② 投资与质量　提高质量一般需要增加投资，提高了质量则可减少维护的费用，延长项目使用寿命。

③ 进度与质量　为加快进度常常不得不牺牲一定的质量，而提高质量也往往要降低进度；然而质量好，无返工则进展顺利，方可确保进度。

④ 进度与安全　为加快进度若牺牲一定的安全，则适得其反，出了安全隐患或事故往往会停工整顿或整改。

5.2.2 工程目标的确定

(1) 依据

工程目标的确定依据是投资者的要求、环境要求、已完成类似工程的数据。

(2) 确定方法

工程目标的确定方法是对相似工程的目标数据进行修正，或根据工程实际和投资人的要求综合分析后确定。

5.2.3 工程目标的分解

(1) 分解的原则

工程目标的分解原则为：适用、合理、目标结构与组织结构统一、满足客观需要。

① 能分能合。

② 按工程部位分解。

③ 区别对待，有粗有细。

④ 数据可靠。

⑤ 目标分解结构与组织分解结构相一致。

(2) 目标分解的方式

进度目标：形象进度、投资进度（拟完工程的计划投资、已完工程的计划投资、已完工程的实际投资）。

质量目标：强度目标、抗渗目标、抗腐目标、抗震目标以及抗冲击目标。

投资目标：投资也可以有多种分解办法，但按工程内容分解是最基本的分解方式。

5.2.4 目标控制的主要措施

为了取得目标控制的理想成果，应当从多方面采取措施实施控制，通常可以将这些措施归纳为组织措施、技术措施、经济措施、合同措施四个方面。

(1) 组织措施

组织措施是指对被控对象具有约束功能的各种组织形式、组织规范、组织指令的集合。组织是目标控制的基本前提和保障。控制的目的是为了评价工作并采取纠偏措施，以确保计划目标的实现。监理人员必须知道，在实施计划的过程中，如果发生了偏差，责任由谁承担，采取纠偏行动的职责由谁承担，由于所有控制活动都是由人来实现的，如果没有明确的机构和人员，就无法落实各项工作和职能，控制也就无法进行。因此组织措施对控制是很重要的。

组织措施具有权威性和强制性，使被控对象服从一个统一的指令，这是通过相应的组织、形式、组织规范和组织命令体现的；组织手段还具有直接性，控制系统可以直接向被控系统下达指令，并直接检查、监督和纠正其行为。通过组织措施，采取一定的组织形式，能够把分散的部门或个人联成一个整体；通过组织的规范作用，能把人们的行为导向预定方向；通过一定的组织规范和组织命令，能使组织成员行为受到约束。

监理工程师在采取组织措施时，首先要采取适当的组织形式。因为，对于被控对象而言，任何组织形式都意味着一种约束和秩序，意味着其行为空间的缩小和确定。组织形式越完备、越合理，被控对象的可控性就越高，组织控制形式不同，其控制效果也不同。因此，采取组织措施，必须首先建立有效的组织形式。其次，必须建立完善配套的组织规范，完善监理组织的职责分工及有关制度。同组织形式一样，任何组织规范也都意味着一种约束。对于被控对象来说，组织规范是对其行为空间的限定，也表明了合理的行为规范。最后，要实行组织奖惩，对违反组织规范的行为人追究其责任。从控制角度看，奖励是对被控系统行为的正反馈，惩罚属于负反馈。它们都能有效地缩小被控对象的行为空间，提高他们行为调整和行为选择的正确性。

具体的组织措施包括落实目标控制的组织机构和人员，明确各级目标控制人员的任务和职能分工、权力和责任、改善目标控制的工作流程等。组织措施是其他各类措施的前提和保障。监理工程师在运用组织措施时，需要注意自身的职权范围，避免越权管理。

(2) 技术措施

监理单位和监理人员为业主提供的是技术咨询服务，而监理人员在进行目标控制时很多的问题都需要技术措施来配合解决，技术措施也是最容易为被控对象所接受的控制手段。技术措施不仅对解决建设工程实施过程中的技术问题是不可缺少的，而且对纠正目标偏差亦有相当重要的作用。技术措施在实际使用中有多种形式，如在投资控制方面，协助业主合理确定标底和合同价，通过审核施工组织设计和施工方案节约工程投资；在进度控制方面，采用网络计划技术，采用新工艺、新技术等；在质量控制方面，通过各种技术手段进行事前、事中和事后控制等。

(3) 经济措施

经济措施是把个人或组织的行为结果与其经济利益联系起来，用经济利益的增加或减少来调节或改变个人或组织行为的控制措施。常用的经济措施包括：对项目工程量的审核以及工程价款的结算，工程进度款的支付，对承包商违约的罚款以及对工期和进度提前的经济奖励等。

与组织措施、合同措施相比，经济措施的一个突出特点是非强制性，即它不像组织措施或合同措施那样要求被控对象必须做什么或不做什么；其次是它的间接性，即它并不直接干涉和左右被控对象的行为，而是通过经济杠杆来调节和控制人们的行为。采用经济手段，把被控对象那些有价值、有益处的正确行为或积极行为及其结果变换成它的经济收益，而把那些无价值、无益处的非正确行为或消极行为及其结果变换为它的经济损失，通过这种变换作用，就能有效地强化被控对象的正确行为或积极行为，而改变其错误行为或消极行为。在市场经济下，各方都很关心自己的利益，经济手段能发挥很大的作用。

(4) 合同措施

合同是建设项目各参与方签订的具有法律效力的文件，合同一旦生效，签订合同各方就必须严格遵守，否则就会受到相应的制裁。合同措施具有强制性和强大的威慑力量，它能使合同各方处于一个安定的位置。合同也是监理工程师执行监理任务的主要事依据。监理工程师应协助业主确定对目标控制有利的合同结构，分析不同合同之间的相互联系和影响，对每一个合同作总体和具体分析等。由于投资控制、进度控制和质量控制均要以合同为依据，因此合同措施就显得尤为重要，这些合同措施对目标控制更具有全局性的影响。另外，合同的形式和内容，直接关系到合同的履行和合同的管理，对监理工程师采取合同措施有很大的影响，在采取合同措施时要特别注意合同中所规定的业主和监理工程师的义务和责任。合同措施包括拟订合同条款、参加合同谈判、处理合同执行过程中的问题、防止和处理索赔等。

5.2.5 工程监理目标控制的程序

工程监理目标控制的程序框图如图5.5所示。

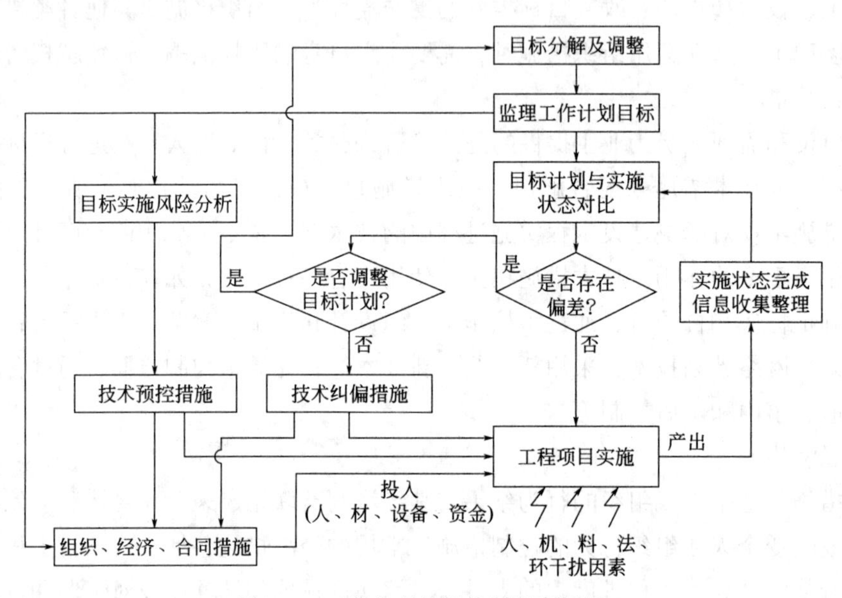

图5.5 工程监理目标控制程序框图

5.2.6 工程四大目标控制的意义

5.2.6.1 工程目标控制的系统性

四大目标的协调统一，实现系统的最优。

(1) 投资目标

满足进度、质量要求的前提下，实现投资目标，即实际投资不大于计划投资。投资的形成于从前期准备到建成交付的每一个建设阶段，但投资额最大的是施工阶段；对投资效果的影响最大的是前期准备阶段；投资节约的可能性最大的前期，尤其是设计阶段，如图5.6所示。

(2) 进度目标

满足质量和投资的前提下，实现进度目标，即实际进度不慢于计划进度。项目交付使用时间是进度控制的最基本目标，也是最终目标组织协调的关键。

(3) 质量目标

满足投资和进度的前提下，实现质量目标，即实际工程的质量不低于设计的质量要求。质量目标的内涵是项目的实体、功能和使用价值以及工作质量。

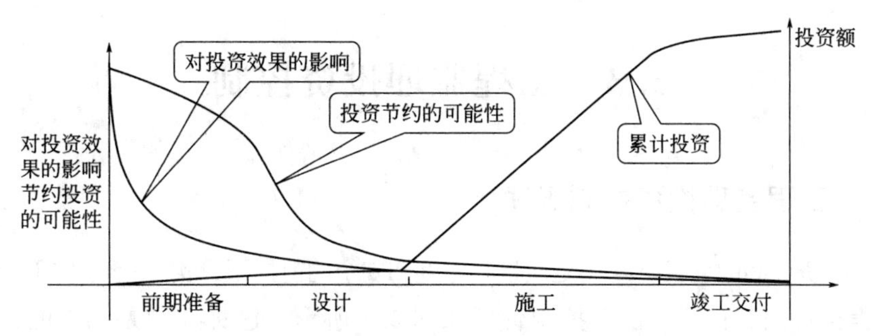

图5.6 各阶段对投资效果的影响和节约投资的可能性

(4) 安全目标

就是在工程建设的过程中，不发生安全事故，消除安全隐患。施工安全是指建造“实物”的人在建设“实物”过程中的生命安全和身体健康。没有建筑业的产品质量，建筑业就无法生存和发展；不能保证施工人员的安全和健康，就难以生产出质量好的产品。因此质量和安全是工程施工的永恒主题。

5.2.6.2 工程目标控制的全过程

工程建设是由一个一个建设阶段、一个一个建设环节构成的，建设周期是这些阶段或环节所占用时间之和。要想控制投资、控制进度、控制质量、控制安全，就必须在建设的全过程中控制好每一步。如图5.7所示，工程监理在项目管理中可采用的措施主要如下。

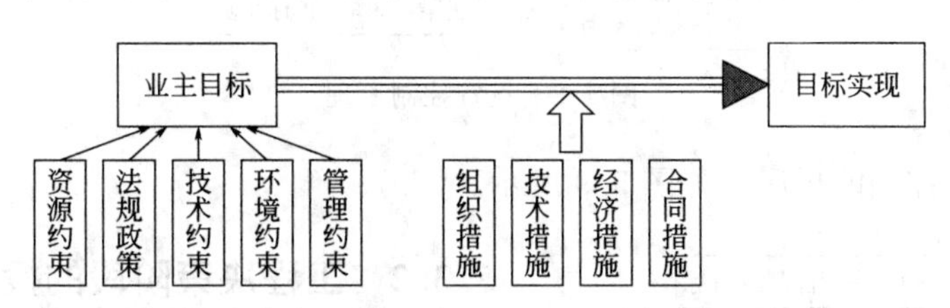

图5.7 工程监理在项目管理中可采取的措施

① 组织措施（当由业主的原因导致偏差时，组织措施是首选措施）

确认人选、确定职责、确定标准、人员考评。

② 技术措施（技术措施要多，要进行经济评价）

技术方案分析比较、材料设备试验测试、审查施工、组织设计、设计变更、技术分析。

③ 经济措施（最易被人接受的）

经济财务资源分析、设计变更、经济分析、审核概算、审核预算、编制使用、资金计划、审核检查、工程付款。

④ 合同措施（最有效的措施）

协助确定承包发包、合同结构、拟订条款、参加谈判、处理问题、防止赔款。

在实际工作中，监理工程师通常要从多方面采取措施进行控制，即将上述四种措施有机地结合起来，采取综合性的措施，以加大控制的力度，使工程建设整体目标得以实现。

5.3 工程监理投资控制

5.3.1 工程监理投资控制概述

① 工程投资控制的含义。在满足质量、进度和安全的前提下，实际投资不超过计划投资。

② 工程投资控制管理。投资控制管理如图5.8所示，这种控制是动态的，并贯穿于项目建设的始终。

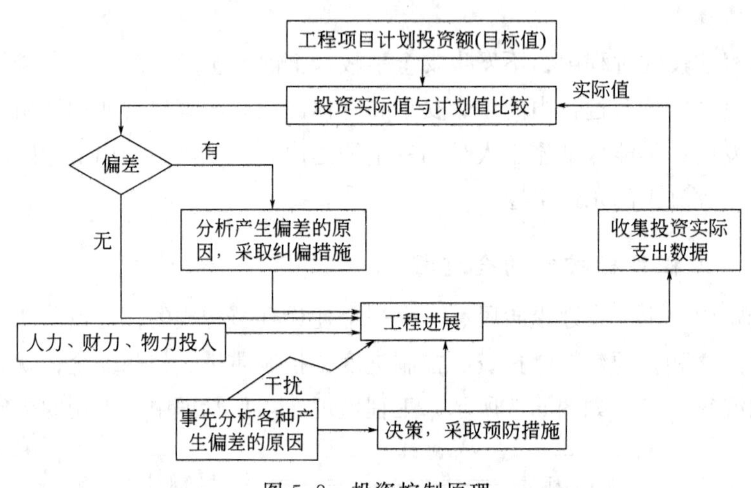

图5.8 投资控制原理

③ 工程投资控制的程序，如图5.9所示。

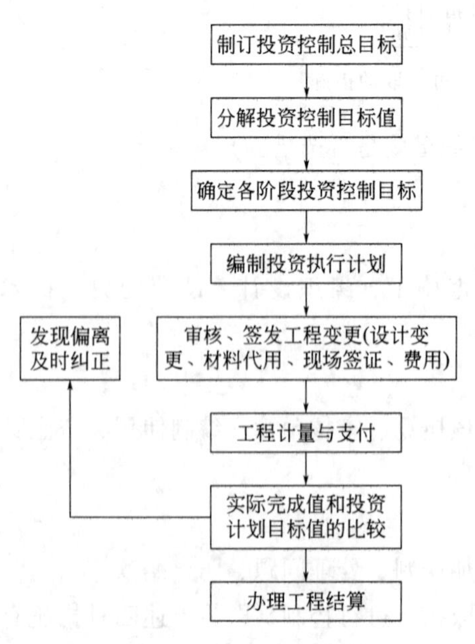

图5.9 投资控制的程序

5.3.2 工程决策阶段的投资控制

工程决策阶段的监理工作主要是对投资决策、立项决策和可行性决策的咨询。建设工程的决策咨询，既不是监理单位替建设单位决策，更不替政府决策，而是受建设单位或政府的委托选择决策咨询单位，协助建设单位或政府与决策咨询单位签订咨询合同，并监督合同的履行、对咨询意见进行评估。当然，监理工程师也不一定是去监督、管理他人的工作，往往也可能是自身直接完成可行性研究、项目评价、投资估算等方面的工作。

5.3.2.1 决策阶段监理的工作内容

(1) 投资决策咨询

投资决策咨询的委托方可能是建设单位（筹

备机构)，也可能是金融单位，还可能是政府。

① 协助委托方选择投资决策咨询单位，并协助签订合同书。

② 监督管理投资决策咨询合同的实施。

③ 对投资咨询意见进行评估，并提出监理报告。

(2) 建设工程立项决策咨询

建设工程立项决策主要是确定拟建工程项目建设的必要性和可行性（建设条件是否具备）以及拟建规模。这一阶段的监理人的工作内容如下。

① 协助委托方选择工程建设立项决策咨询单位，并协助签订合同书。

② 监督管理立项决策咨询合同的实施。

③ 对立项决策咨询方案进行评估，并提出监理报告。

(3) 工程建设可行性研究决策咨询

工程建设的可行性研究是根据确定的项目建议书在技术上、经济上和财务上对项目进行详细论证，提出优化方案。这一阶段的监理人工作内容如下：

① 协助委托方选择工程建设可行性研究单位，并协助签订可行性研究合同书。

② 监督管理可行性研究合同的实施。

③ 对可行性研究报告进行评估、并提出监理报告。

5.3.2.2 决策阶段监理工作要点

(1) 进行可行性研究咨询或监理

可行性研究是在项目未立项或投资前期，对一项投资或研究计划进行全面调查研究、分析比较，寻求可能实施的各种方案，并在进行最优化选择，进而对项目的可行性作出评价的一种活动。监理工程师的基本任务如下。

① 搜集项目建设依据，如国民经济长期规划、地区规划和行业规划等。

② 对项目的社会、经济和技术背景进行深入细致的调查研究，形成多个方案。

③ 对各方案进行全面的分析比较，进行优化和选择。

④ 提出可行性研究报告。

(2) 进行项目评价论证

项目评价主要包括经济评价、环境影响评价和社会评价等内容。

① 经济评价。项目的经济评价是项目可行性研究的有机组成部分和重要内容，是项目决策科学化的重要手段。经济评价的目的是根据国民经济和社会发展战略和行业、地区发展规划要求，在做好产品（服务）市场需求预测及厂址选择、工艺技术选择等工程技术研究的基础上，计算项目的效益和费用，通过多种方案的比较，对拟建项目的财务可行性和经济合理性进行分析论证，作出全面的经济评价，为项目的科学决策提供依据。

② 环境影响评价。工程项目一般会引起所在地自然环境、社会环境和生态环境的变化，对环境状况、环境质量产生不同程度的影响。环境影响评价是在确定厂址方案和技术方案中，调查研究环境条件、识别和分析拟建项目影响环境的因素、研究提出治理和保护

环境的措施、优选和优化环境保护方案。

③ 社会评价。社会评价是分析拟建项目对当地社会的影响和当地社会条件对项目的适应性和可接受程度、评价项目的社会可行性。

社会评价适应于那些社会因素复杂、社会影响较为显著、社会矛盾较为突出、社会风气较大的投资项目。

(3) 编制建设工程投资估算

工程项目的投资估算是进行项目决策的主要依据，是建设项目投资的最高限额，是资金筹资、设计招标、优选设计单位和设计方案的依据。在决策阶段应采用适当的估算方法，合理确定估算投资。工程项目的投资估算方法很多，例如，资金周转率法、生产能力利用率法、比例估算法、系数估算法、指标估算法等。

投资估算工作可分为项目建议书阶段的投资估算、初步可行性研究阶段的投资估算、详细可行性研究阶段的投资估算。不同阶段所具备的条件、掌握的资料和对投资估算的要求不同，因而投资估算的准确程度也不同。在项目建议书阶段投资估算的误差率可在±30%，在初步可行性研究阶段，投资估算的误差率在±20%；在详细可行性研究阶段，投资估算的误差率可在±10%以内。

5.3.3 工程设计阶段的投资控制

设计阶段的投资控制细则具体如下。

(1) 设计阶段投资控制的目标

① 促使设计在满足质量及功能要求的前提下，不超过计划投资，并尽可能地节约费用。

② 为了不超过计划投资，就要以初步设计开始前的项目计划投资（匡算和估算）为目标，使初步设计的概算不超过匡算。

③ 技术设计完成时，控制其修正概算不超过初步设计概算。

④ 施工图设计完成时，控制其施工图预算不超过修正概算。

(2) 实现设计阶段投资控制目标的方法

① 在设计过程中，监理工程师一方面要及时对设计图纸中的工程内容进行估价和设计跟踪。

② 监理工程师及时审查概算、修正概算和预算，如发现超投资，要向业主提出建议，在业主的指示下通知设计单位修改设计，以控制投资。

③ 监理工程师要对设计进行技术经济比较，通过比较寻求设计挖潜的可能性。

④ 监理工程师要督促、协助设计人员采用限额设计、优化设计及价值工程法等先进的有利于投资控制和节约项目费用的方法。

(3) 采用限额设计控制投资

① 限额设计就是在计划投资范围内进行设计，实现项目投资控制的目标。

② 限额设计决非限制设计人员的设计思想，而是要让设计人员把设计与经济二者统一结合起来，即监理工程师要求设计人员在设计过程中必须考虑经济性。

③ 监理工程师在设计进展过程中及各阶段设计完成时，要主动地对已完成的图纸内容进行估价，并与相应的概算、修正概算、预算进行比较对照，若发现超投资情况，找出其中原因，并向业主提出建议，从而在业主授权后，指示设计人员修改设计，使投资降低到投资额内。必须指出，未经过业主同意，监理工程师无权提高设计标准和设计要求。

(4) 实现限额设计的纵向投资控制

限额设计必须贯穿于设计的各个阶段，实现限额设计的投资纵向控制。

① 在初步设计阶段要重视方案选择，控制在设计任务书批准的投资限额内。

② 在施工图设计阶段要掌握施工图设计造价变化情况，严格按批准的初步设计确定的原则、内容、项目和投资额进行。在设计过程中，条件改变对设计局部修改、变更是正常现象，如果对初步设计有重大变更时，则需通过原初步设计审批部门重审，以重新批准投资控制额为准。

(5) 限额设计中采用动态管理

在设计概预算中引入“原值”“现值”“终值”三个不同概念。

① 原值是指在编制估算、概算时的工程造价，不包括价差因素。

② 现值是指工程批准开工年份，按当时的价格指数对原值进行调整后的工程造价，不包括以后年度的价差。

③ 终值是指工程开工后分年度投资各自产生的不同价差叠加到现值中去算得的工程造价。

④ 限额设计指标均以原值为准。

(6) 实现限额设计的横向控制

限额设计是健全和加强设计单位对业主（建设单位）以及设计单位内部的经济责任制，实现限额设计的横向控制。

① 明确设计单位内部各专业科室对限额设计的责任，建立各专业投资分配考核制；

② 设计开始前按估算、概算、预算不同阶段将工程投资按专业分配，分段考核。下一阶段指标不得突破上一阶段指标。哪一专业突破控制投资指标时，应首先分析突破原因，用修改设计的方法解决，在本阶段处理，责任落实到个人，建立限额设计的奖惩机制。

(7) 限额设计中设计单位应承担的责任范围

① 凡永久建筑、水电设备等项目的工程量增加、型号规格变动等造成的投资增加。

② 设计单位未经原审批部门同意，违反规定，擅自提高标准，增列初步设计范围以外的工程项目等原因造成的投资增加。

③ 由于初步设计深度不够或设计标准选用不当，未经原审查部门同意而导致下一设计阶段增加投资。

④ 未经原审批部门同意，其他部门要求设计单位提高工程建设标准，增加建设项目，并经设计单位出图增加的投资。

(8) 设计单位造成的项目投资增加不承担责任的情况

① 国家政策变动和设计调整。

② 工资、物价调整后的价差。

③ 与工程无关的不合理摊派。

④ 土地征用费标准、水库淹没处理补偿费标准的改变。

⑤ 建设单位和地方承包项目超出国家规定及初步设计审批意见需开支的费用。

⑥ 经原审批部门同意，超出已审批的初步设计范围以外的重大设计变动及工程项目增加。

⑦ 其他单位强行干预设计，而设计单位又提出不同的初步意见，并报送上级主管部门和投资方，仍然发生的项目投资增加。

⑧ 经原审批部门批准补充增加的勘察设计工作量相应增加的勘察设计科研费。

⑨ 审查单位对设计单位报审的初步设计中推荐的主要设计方案修改不当，使设计方案审定后在技术设计和施工图设计阶段又有较大的修改，致使投资增加。

⑩ 其他特殊情况，如施工过程中发生超标准洪水和地震等所增加的投资。

(9) 应用价值工程法对设计进行技术经济比较

① 在设计过程中，监理工程师要应用价值工程法进行项目全寿命费用分析，不仅考虑一次性投资，还要考虑到项目使用后的经常维修和管理费用。

② 监理工程师对设计的经济型要全面考虑、权衡分析。限额设计相对应的是过分设计（即安全系数过大的设计），这种保守设计对设计的经济型考虑得不多。

③ 监理工程师有必要对结构形式、重要配筋、材料选用等进行核对分析，并考察设计的经济性，尽量减少过分设计以降低投资。

④ 在设计应用价值工程法既可提高工程功能，又可降低项目投资。通过设计的多方案技术经济比较和价值工程进行分析，或在保证工程功能不变的情况下，降低项目投资；或在项目投资不变的情况下提高工程功能，因而最终降低建设项目投资；或在工程主要功能不变、次要功能略有下降的情况下，使项目投资大幅度降低；或在项目投资略有上升情况下，使工程功能大幅度提高。以上情况均是提高工程的“价值”，在建筑工程设计中应用是大有可为的，已创造有许多成功的实例。

(10) 监理工程师在设计监理中要控制设计变更

① 监理工程师在审查设计时若发现超投资现象，要通过代换结构形式或设备，或请求业主降低装修等标准来修改设计，从而降低设计所需投资。

② 在设计进展过程中，经常会因业主要求变更设计。对此，监理工程师要慎重对待，认真分析，要充分研究设计变更对投资和进度带来的影响，并把分析结果提交给业主，由业主最后审定是否要变更设计。

③ 监理工程师要认真做好设计变更记录，并向业主提供月（季）设计变更报告。

(11) 监理工程师要控制主要材料、设备的选用

① 主要设备、材料的投资约占整个工程投资的70%，其对投资控制极为重要，必须

谨慎从事。

② 监理工程师要充分研究主要材料、设备的用途和功能，了解业主的需求，以使主要材料、设备的选用及采购经济实惠，既能满足业主的功能要求，又价格较低。

(12) 推广标准设计

① 推广标准设计有益于较大幅度降低工程造价，可节约设计费用，大大加快提供设计图纸的速度（一般可加快设计速度1～2倍），缩短设计周期。

② 构件预制厂生产标准件，能使工艺定型，容易提高工人技术，且易使生产均衡和提高劳动生产率以及统一配料，节约材料，有利于构配件生产成本的大幅度降低。例如，标准构件的木材消耗仅为非标准构件的25%。

③ 可以使施工准备工作和定制预制构件等工作提前，并能使施工速度大大加快，既有利于保证工作质量，又能降低建筑安装工程费用（约可降低16%）。

④ 标准设计是按通用性编制的，是按规定程序批准的，可提供大量重复使用，既经济又优质。标准设计能较好地贯彻执行国家的技术经济政策，密切结合自然条件和技术发展水平，合理利用能源、资源和材料设备，较充分考虑施工、生产、使用和维修的要求，便于工业化生产。因而，标准设计的推广，一般都能使工程造价低于个别设计工程造价。

5.3.4 工程施工招标阶段的投资控制

5.3.4.1 施工招标阶段的投资控制的任务

① 协助业主编制招标文件，为本阶段和施工阶段投资控制目标打好基础。施工招标文件是工程施工招标工作的纲领性文件，又是投保人编制投标书的依据和评标的依据。监理工程师在编制施工招标文件时，应当根据工程建设项目的特点，为选择符合要求的施工单位打下基础，为合同价不超过计划投资、合同工期满足建设单位总计划工期、施工质量满足设计要求和施工质量验收规范打好基础，为将来的合同管理和信息管理打好基础。

② 协助业主编制标底。通过协助编制标底，可以减少标底的不合理或错误，使标底控制在工程概算或预算之内，并用其控制合同价，减少以后的索赔。

③ 做好投标资格预审或资格后审工作。通过投标资格预审或资格后审，抓好第一轮筛选工作，有助于择优选择承包单位。

④ 组织开标、评标和定标工作。通过开标、评标和定标，特别是评标工作，协助业主选择报价合理，技术水平高，社会信誉好，能保证工作质量、工期、安全和银行财务信誉好有较高管理水平的承包单位来承建所监理的工程项目。

5.3.4.2 施工招投标阶段的投资控制的措施

(1) 组织措施

① 编制招标、评标和发包阶段投资控制的详细工作流程图。

② 在项目监理班子中落实投资控制角度参加招标、评标、合同谈判工作的人员，并

落实这些人员的具体任务和管理职能分工。

(2) 经济措施

① 编制/审核标底（将标底与计划投资额比较）。

② 审核招标文件中与投资有关的内容（如工程量清单、合同条款中有关造价的约定等）。

(3) 技术措施

技术措施主要是对各投标文件的施工组织措施及主要项目施工方法、方案做必要的技术经济论证，是否能满足投资控制目标的实现。

(4) 合同措施

主要是参与合同谈判，把握合同类型、合同价款的调整原则、付款方式等。

5.3.5 工程施工阶段的投资控制

施工阶段投资控制的工作如下。

(1) 进行项目结构分解

(2) 编制资金使用计划（按时间、按工程子项）

(3) 科学公正地计量工程量

① 计量合同内且验收合格的工作量

② 计量有合法变更的，且验收合格的工作量

③ 计量程序

a. 承包商向监理提交已完的经验收的工程量报告；

b. 监理接到报告后7日内计量，并在计量前24小时通知承包人（收到通知后不参加计量，计量结果有效，但若监理未按约定时间通知承包人参加计量，则计量无效）；

c. 若监理收到承包人报告后7日内未进行计量，则承包人报告中开列的工程量即视为被确认。

(4) 严格审核工程款支付

① 工程预付款。

a. 内涵（动员预备费、材料预付费）；

b. 支付比例（含材料，一般不超过30%）；

c. 扣回方式［一次性扣回、按月平均扣回、从起扣点开始扣回（合同总价－预付材料款/造价中材料款比重)]。

② 工程进度款。

a. 内涵，即应付进度款包括合同内已完工程部分的价款、追加合同款（变更费用、确定的理赔额）；应扣回的预付款、保修金、代支的劳保统筹及水电费等；

b. 支付方式（按月完成量、按形象进度、按目标结款）；

c. 进度款在确认计量结果后14日内支付，不能支付的应付商签延期付款协议，并从应付之日起计算同期贷款利息；

d. 工程进程款支付程序。

(a) 专业监理工程师进行现场计量，按施工合同的约定，审核工程量清单和工程款支付申请表，并报总监理工程师审定。

(b) 总监理工程师签署工程款支付证书，并报建设单位。

(c) 未经监理人员质量验收合格的工程量，或不符合施工合同规定的工程量，监理人员应拒绝计量和该部分的工程款支付申请。

(5) 工程竣工结算。

① 竣工结算内容。合同价款方式不同，结算的内容不同。

a. 总价合同。

(a) 固定总价合同 (合同价、变更合同价、理赔额、奖惩额，扣除保修金、预付款、甲供材、代付费用)。

(b) 可调总价合同 (在固定总价结算的基础上，考虑物价的调整)。

b. 单价合同。

(a) 固定单价合同 (按合同单价和实际完成的工程量结算，并计算变更合同条款、理赔额、奖惩额，扣除保修金、预付款、甲供材、代付费用)。

(b) 可调单价合同 (与上面不同的是结算时的合同单价要考虑价格的变化)。

c. 成本加酬金合同 (按实际成本及约定的酬金计算)。

② 结算程序。

a. 工程竣工验收报告被认可后的 28 日内，承包人递交竣工结算报告及完整的结算资料，进行工程竣工结算。

b. 发包人收到结算报告后的 28 日内给予答复，或支付工程结算款，否则从第 29 日起按承包人同期贷款利率支付拖欠工程价款的利息，并承担违约责任。

c. 工程竣工验收报告被认可后的 28 日内，承包人未能向发包人递交竣工结算报告及结算资料，造成竣工结算不能正常进行或工程竣工结算价款不能及时支付，发包人要求交付工程的，承包人应当交付。

d. 发包人收到竣工结算报告及结算资料后的 28 日内不支付工程竣工结算价款，承包人可催发包人支付；56 日内不支付的，双方可协议将该工程折价，承包人也可申请人民法院将该工程依法拍卖，并从所卖价款中优先受偿。

5.3.6 竣工验收阶段的投资控制

① 专业监理工程师审核承包单位报送的竣工结算报表。

a. 竣工结算价款：合同内的价款、工程变更、索赔费用、奖惩。

b. 审核内容：计算内容、计算方法、准确性以及与合同的符合性。

② 总监理工程师审定竣工结算报表，与建设单位、承包单位协商一致后，签发竣工结算文件和最终的工程款支付证书报建设单位。

5.4 工程监理进度控制

5.4.1 进度控制的概念

如图5.10所示，进度控制是指对工程项目建设各阶段的工作内容、工作程序、持续时间和衔接关系根据进度总目标及资源优化配置的原则编制计划并付诸实施，然后在进度计划的实施过程中经常检查实际进度是否按计划要求进行，对出现的偏差情况进行分析，采取补救措施或调整、修改原计划后再付诸实施，如此循环，直到建设工程竣工验收交付使用。工程进度控制的最终目的是确保工程项目按预定的时间动用或提前交付使用。工程进度控制的总目标是符合规定工期。

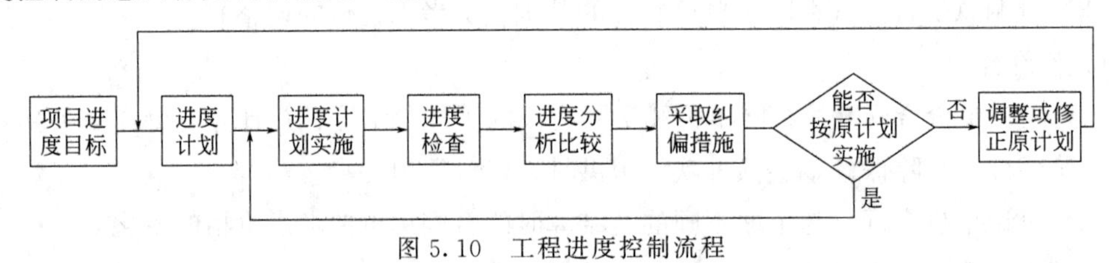

图5.10 工程进度控制流程

5.4.2 影响工程建设进度的因素

影响建设工程进度的不利因素有很多，如人为因素，技术因素，设备、材料及构配件因素，机具因素，资金因素，水文、地质与气象因素，以及其他自然与社会环境等各方面的因素。其中，人为因素是最大的干扰因素。从产生的根源看，有的来源于建设单位及其上级主管部门；有的来源于勘察设计、施工及材料、设备供应单位；有的来源于政府、建设主管部门、有关协作单位和社会；也有的来源于各种建设监理单位本身。在工程建设过程中，常见的影响因素如下。

(1) 业主因素

如业主使用要求改变而进行设计变更；应提供的施工场地条件不能及时提供或所提供的场地不能满足工程正常需要；不能及时向施工承包单位或材料供应商付款等。

(2) 勘察设计因素

如勘察资料不准确，特别是地质资料错误或遗漏；设计内容不完善，规范应用不恰当，设计有缺陷或错误；设计对施工的可能性未考虑或考虑不周；施工图纸供应部及时、不配套，或出现重大差错等。

(3) 施工技术因素

如施工工艺错误；不合理的施工方案；施工安全措施不当；不可靠技术的应用等。

(4) 自然环境因素

如复杂的工程地质条件；不明的水文气象条件；地下埋藏文物的保护、处理；洪水、地震、台风等不可抗力等。

(5) 社会环境因素

如外单位临近工程施工干扰；节假日、市容整顿的限制；临时停水、停电、断路；以及在国外常见的法律及制度变化，经济制裁，战争、骚乱、罢工、企业倒闭等。

(6) 组织管理因素

如向有关部门提出各种申请审批手续的延误；合同签订时遗漏条款、表达失当；计划安排不周密，组织协调不力，导致停工待料，相关作业脱节；领导不力，指挥失当，使参加工程建设的各个单位、各个专业、各个施工过程之间交接、配合上发生矛盾等。

(7) 材料、设备因素

如材料、构配件、机具、设备供应环节的差错，品种、规格、质量、数量、时间不能满足工程的需要；特殊材料及新材料的不合理使用；施工设备不配套，选型失当，安装失误，有故障等。

(8) 资金因素

如有关防拖欠资金，资金不到位，资金短缺，汇率浮动和通货膨胀等。

5.4.3 进度控制的方法和措施

5.4.3.1 进度控制的方法

(1) 分解进度目标

① 工程项目建设总计划。

② 单位工程施工组织计划。

③ 分部分项工程施工进度计划。

④ 工程项目年度建设计划。

(2) 审定进度保障措施

① 收集和掌握工期信息。包括已建类似工程的工期信息、在建工程的实际进度信息、影响进度的资源及环境信息。

② 审查施工组织设计。主要是施工方案、人员与设备的配备、进度安排（横道图、网络计划）。

③ 核实进场的人员设备材料。主要是实际进场的人员设备材料与施工组织计划的吻合性。

(3) 监督承包人实现计划的工期目标

(4) 工程变更时工期的变更管理

① 监理必须根据实际情况、设计变更文件格其他相关资料，按照施工合同的有关条款核定变更项目的工期。

② 利用网络计划技术，根据计划进度和实际进度分析工程变更对目标工期的影响。

③ 就工程变更费用及工期的评估情况与承包单位和建设单位协调。

④ 总监理工程师签发工程变更单，明确工期变更量。

(5) 预防与处理工期索赔

① 分析可能延误工期的原因，并加以控制。

② 分析工期延误的责任。

③ 核定承包商工期索赔值。

④ 参与索赔谈判，协助签订索赔协议。

5.4.3.2 进度控制的措施

建设工程进度控制的措施应包括组织措施、技术措施、经济措施及合同措施。

(1) 组织措施

进度控制的组织措施主要如下。

① 建立进度控制的目标体系，明确建设工程现场监理组织机构中进度控制人员及其职责分工。

② 建立工程进度报告制度及进度信息沟通网络。

③ 建立进度计划审核制度和进度计划实施中的检查分析制度。

④ 建立进度协调会议制度，包括协调会议举行的时间、地点，协调会议的参加人员等。

⑤ 建立图纸审查、工程变更和设计变更管理制度。

(2) 技术措施

进度控制的技术措施主要如下。

① 审查承包商提交的进度计划，使承包商能在合理的状态下施工。

② 编制进度控制工作细则，指导监理人员实施进度控制。

③ 采用网计划技术及其他科学适用的计划方法。并结合电子计算机的应用，对建设工程进度实施动态控制。

(3) 经济措施

进度控制的经济措施主要如下。

① 及时办理工程预付款及工程进度款支付手续。

② 对应急赶工给予优厚的赶工费用。

③ 对工期提前给予奖励。

④ 对工程延误收取误期损失赔偿金。

(4) 合同措施

进度控制的合同措施主要如下。

① 推行CM承发包模式，对建设工程实行分段设计、分段发包和分段施工。

② 加强合同管理，协调合同工期与进度计划之间的关系，保证合同中进度目标的实现。

③ 严格控制合同变更，对各方提出的工程变更和设计变更，监理工程师应严格审查后再补入合同文件之中。

④ 加强风险管理，在合同中应充分考虑风险因素及其对进度的影响以及相应的处理方法。

⑤ 加强索赔管理，公正地处理索赔。

5.4.4 施工进度控制

施工进度控制应以实现合同约定的竣工日期为最终目标。

(1) 项目进度控制总目标应进行分解

可按单位工程分解为交工分目标，可按承包的专业或施工阶段分解为完工分目标，亦可按年、季、月计划期分解为时间目标。

(2) 项目进度控制应建立以项目经理为责任主体，由子项目负责人、计划人员、调度人员、作业队长及班组长参加的项目进度控制体系。

(3) 项目经理部应按下列程序进行项目进度控制

① 根据施工合同确定的开工日期、总工期和竣工日期确定施工进度目标，明确计划开工日期、计划总工期和计划竣工日期。并确定项目分期分批的开工、竣工日期。

② 编制施工进度计划，施工进度计划应根据工艺关系、组织关系、搭接关系、起止时间、劳动力计划、材料计划、机械计划及其他保证性计划等因素综合确定。

③ 审核承包商提出的开工申请报告，并及时下达开工令。

④ 施工进度计划实施过程检查，当出现进度偏差（不必要的提前或延误）时，应及时进行调整，并应不断预测未来进度状况。

⑤ 全部任务完成后应进行进度控制总结并编写进度控制报告。

(4) 具体做法

① 制定完善、科学的计划。

a. 计划是进度的保证，是避免盲目施工的有效措施。一般情况下，监理工程师要根据业主的建设工期目标编制总体目标计划，并要求各承包单位编制所承担施工标段的总体进度计划。同时在此计划的基础上，横向上分解成总体工程，单项工程，关键单位工程三个层次的控制计划，以单位工程的进度计划保单项工程的进度计划，以单项工程的进度计划保总体工程的进度计划；在纵向上，分解成年进度计划、季进度计划和月进度计划，以月计划保季计划，以季计划保年计划，以年计划保总体计划。在各类计划编制过程中要确定关键路线，设置明确的里程碑控制节点。

b. 计划中的工序分解。即确定计划中要表达的施工过程的内容，划分的粗细程度应根据计划的性质决定，即不能太粗也不宜太细。业主的一级计划中要反映的是项目各个大项的里程碑控制点安排，细度较粗；监理的二级进度计划是项目的总体目标计划，是项目实施和控制的依据，既要对承包单位的三级进度计划有切实的指导作用，又不能过于约束承包单位的计划编制和承包单位发挥各自施工优势的机会，如承包单位的劳动力充足且技术熟练，施工机具充足，有类似工程施工经验等，因此该计划的细度应根据项目的性质适度编制；三级进度计划是各个承包单位的分标段总体目标进度计划，细度要低于二级计划的细度，且在可能的情况下尽量细化。

c. 计划的分析和判断。监理工程师要对各承包单位的三级计划在时间和资源（包括甲供物资）上进行分析和判断，利用施工网路计划，通过计算，找出关键路线，看是否符合预定的条件，如设计图纸、设备材料、工序工期、劳动力、施工机械等因素，找出计划薄弱环节和相互矛盾的方面，及早采取措施进行处理。同时必须强调指出，在物资供应、机械设备进场、设计图纸等因素与施工计划无法统一一致时，对计划进行调整和修订；对可能突破的工作必须确定施工计划的龙头地位，即各项工作的开展必须以确保各个里程碑控制点实现为前提，以此带动整个项目的进展。

d. 做好计划的平衡工作。监理工程师要围绕计划中的进度目标，处理好各承包单位之间、装置与装置之间、核心装置与系统工程之间的进度关系，使之在进度计划上做到相互衔接，协调一致，平衡发展。

② 加强对进度计划的控制和检查。

a. 计划执行情况的检查，监理工程师要抓住以下三个方面的工作，一是抓好对计划完成情况的检查，正确估测完成的实际量，计算已完成计划的百分率；二是分析比较，将已完成的百分率及已过去的时间与计划进行比较，每月组织召开一次计划分析会，发现问题，分析原因，及时提出纠正偏差的措施，必要时进行计划的调整，以使计划适应变化了的新条件，以保证计划的时效性，从而保证整个项目工期目标的实现；三是认真搞好计划的考核，工程进度动态通报和信息反馈，为领导决策和项目宏观管理协调提供依据。

b. 施工进度的检查实行“三循环滚动”的控制方法，即第一循环以周保月，第二循环以月保季，第三循环以季保年。其检查、控制程序示意图如图5.11所示。

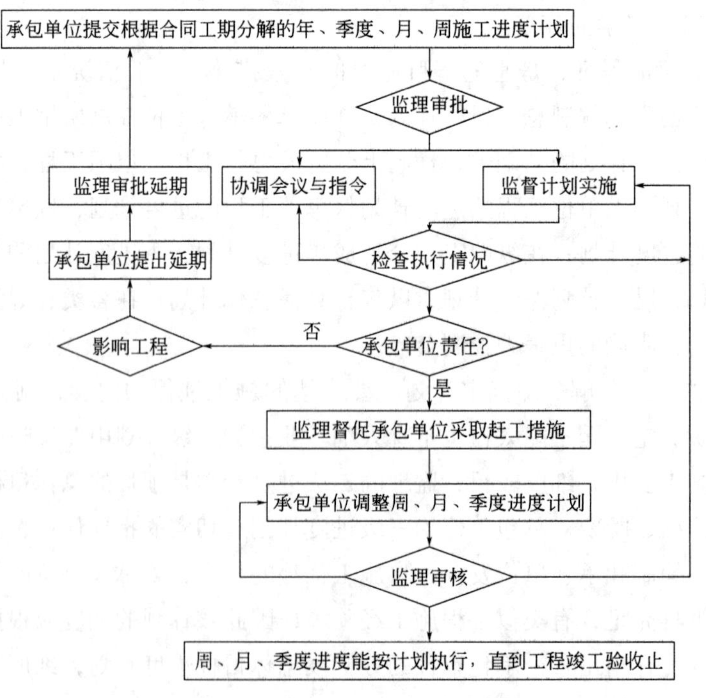

图5.11 “三循环滚动”控制流程

各考核周期（周、月、季）的监理工程师工作内容如下。

(a) 统计考核周期（周、月、季）的完成情况并与该考核周期计划、上一级考核周期计划（月、季、年）进行比较，计算该考核周期完成百分数。

(b) 当考核周期完成情况与上一级考核周期的计划要求不吻合或发现有进度拖延时，及时进行原因分析，如施工人员或施工机具不足，施工组织不恰当；设计图纸交付拖延或材料供应不及时；自然或天气的原因影响等。

(c) 根据分析的原因，采取适当的纠偏措施，并调整下一个考核周期的作业计划，以保证上一级的完成，如要求承包单位增加资源或组织突击；催交设计及供应。

(d) 在该考核周期统计的基础上，汇总上一级季完成的实物工程量，提出统计表。

c. 大型工业项目监理部一般设有几个监理小组，周计划的审查及现场检查、落实和控制由监理小组完成较好，而月、季计划和的控制纳入监理工程师控制范围从实践效果来看比较理想。

d. 在编制和审查各类作业计过程中，要严禁脱离上一级计划的指导而主观臆断自行编制，使计划之间失去应有的指导和保证相互作用，从而造成即使一级计划每次考核都按量或超量完成，上一级计划仍不能得到保证的局面，解决这一问题最好的办法就是将三级计划的细度分解足够细，或采用近细远粗的原则逐步细化，用过滤和筛选等软件工具来制定各类作业计划。

③ 督促、帮助施工单位搞好施工组织。

a. 抓好施工组织设计的审核工作。进度控制主要审核施工总体部署及进度安排，包括施工总部署、施工组织机构、施工进度网络计划、主要里程碑控制点、工程施工所需劳动力的计划、进度考核管理制度等。通过审查施工组织设计，要对施工总体部署作出安排，对分阶段完成的建安量做出规划，采用先进的施工技术及施工方案，对人力、机具、材料作统筹计划，监理工程师要必须对承包单位的施工组织做到心中有数。

b. 工业项目中大型设备安装就位是项目建设的关键，监理工程师要牢牢抓紧大型设备的施工进度，对整个项目的施工工序和作业流向合理地作出安排，合理组织项目的施工，平衡项目的施工节奏，使施工进度平衡推进。

c. 在工业项目工程施工中，要本着“先地下，后地上；先土建，后安装；先超大设备，后一般设备；先主要结构，后一般结构；先管廊配管，后设备配管”的原则，组织平行流水、主体交叉作业，从而合理安排施工顺序。确定施工顺序注意考虑以下因素。

(a) 技术因素。技术关系是技术规程约束下的各项目（专业）之间的先后顺序关系，只有尊重这种关系，才能确保进度。

(b) 组织因素。组织关系是由于劳动力、施工机械、设备材料等因素的组织和安排而形成的各项目（专业）之间的先后施工顺序，由于组织关系是可变的，必须要对其进行优化和适时调整。

(c) 流水作业。是指工序之间的关系，能保证劳动力或机械连续作业，减少停歇时间，以便使施工资源均衡施工有节奏，有良好的组织效果。

(d) 施工顺序。不同的施工顺序，会导致不同的施工工期，因此要通过合理的排序，以得到理想的工序工期。

④ 施工进度控制的组织协调。

现场协调的主要任务是按照计划的要求对现场进行日常的、系统的、全面的控制，及时消除进度计划执行中的各种障碍和矛盾，协调各方面的工作，进行综合平衡，从而保证进度计划的实现。

a. 工业项目设计图纸很多时候不能一次到位，即存在“边设计，边施工”的局面，监理工程师要根据施工进度的安排，及时向设计部门提出各阶段必须交付的专业施工图纸及有关的设计资料，确保现场所需。积极组织好设计现场服务，根据施工进度制定合理的设计人员现场服务计划，发挥设计人员的技术优势，对现场施工技术进行指导，同时迅速处理施工中出现的设计问题，保证施工进度。

b. 工业项目所需的设备采购难度大，制造周期长，监理工程师要根据施工进度，及时向采购部门提出到货要求，并根据供应部门的信息向承包单位反馈供应动态，以利于承包单位的施工部署。积极组织好制造厂技术人员的现场服务，充分利用制造厂的技术水平。解决施工中出现的安装，调试或焊接等方面的难题。

c. 平衡好各装置的施工进度，按照设定的里程碑控制点，按系统进行指挥，统一计划中各“关联点”的施工节奏，有效地控制装置的施工进度以及总体的施工进度。

d. 除此之外，监理工程师尚需做好以下几项工作。

(a) 要健全各单位的协调机构和落实具体人员，制定工作制度，明确工作方案、工作方法、工作流程，抓好预测和预防，要抓日常、抓动态、抓倾向、抓重点和关键。

(b) 督促检查现场道路、水、电及动力使用情况，监理良好的施工秩序。

(c) 迅速、准确的传递有关施工信息，沟通各方面的情况。

(d) 做好天气预报的收听，以及早采取预防措施，减少气候对进度计划的不良影响。

(e) 及时召开现场调度或碰头会，进行日常进度中问题的调节，保证问题及时解决。

e. 工业项目要保证最终里程碑控制点的实现，必须要求水、电、气、风等公用系统工程及早建成投用，以保证生产装置能及时进行单机试车和联运试车，因此在工业项目中要协调好必要的系统工程施工。

⑤ 利用合同措施控制施工进度。

a. 在合同签约阶段，监理工程师应协助业主制定出合同中有关进度的条款，明确合同工期及确定工期延期或延误的条件，规定承包单位对项目施工进度的责任及相应的经济条款，以减少在合同执行中的纠纷。

b. 在合同执行阶段，严格按合同的条件对施工进度进行检查，有效地督促承包单位按期完成各阶段施工任务。严格进度款拨付签署制度，核定进度报表中的完成情况，确保进度款拨付数额与实际完成相吻合，既要保证承包单位的合理收益，又要防止超报、重报。

c. 严格合同管理，正确区分工期延误或延期的条件和责任，合情合理的办理工程延期申请。

d. 严格执行工程合同中的进度奖惩条件，根据设定的进度目标奖励政策，当实现目标后及时兑现，予以鼓励，以促进工程的施工进度。在施工高峰阶段适时组织劳动竞赛，激励施工人员的劳动热情；根据工程的具体进展情况，必要时组织一些突击性活动，以保证关键路线上的各项工程正点“到达”。

⑥ 加强技术管理，加快施工进度。

a. 及时组织好设计交底和图纸会审，使施工人员做到事先心中有数，尽可能的消除设计缺陷，尽量减少施工过程中的设计修改，有效地保障施工的连续性。

b. 优化施工技术方案，提高劳动生产率。要求承包单位应在施工组织设计的基础上及时编写施工技术方案。承包单位必须按批准的施工技术方案进行施工，在施工中不得随意改变。

c. 加深、扩大现场施工金属结构、混凝土结构、配件及工艺管道等预制深度，以尽量减少施工现场的工作量，缩短现场施工、安装的时间。

d. 积极推广先进的施工技术和施工工艺，提高施工技术水平，依靠技术进步，加快施工进度。积极为承包单位提供新技术信息、技术指导和技术服务，组织专题技术研究，攻克技术难关；协助解决技术难题，同时检查技术培训、上岗人员的技术水平和实际操作能力，提高技能，以全员技术素质保证施工进度。

⑦ 加大对承包单位的施工进度信息管理。

a. 要求承包单位根据项目监理部的进度管理模式建立符合性、适宜性的进度管理体系。

b. 承包单位的工程施工进度计划（三级进度计划）应根据项目监理部的施工总体进度计划（二级进度计划）和 WBS 编码制定。

c. 承包单位的年、季、月进度报表按项目监理部统一制定的格式、标准上报。

d. 承包单位在工程开工前需将大型机具进场时间及主要人力资源安排上报项目监理部。

e. 承包单位每月根据项目监理部的要求格式、标准上报人工时曲线、主要施工机械安排等详细资料。

一个项目进度控制成败的影响因素很多，其所需应对的措施和对策也会更多，但是万变不离其宗，只要监理工程师因地、因事制宜，采取切合实际的控制方法和手段，就会使工程进度始终处于受控状态，从而最终圆满地实现建设的工期目标。

5.5 工程监理质量控制

5.5.1 工程质量控制概述

工程质量的优劣对工程能否安全正常运行关系重大，它不仅影响承包商的声誉，而且也反映监理工作的好坏。因此，工程质量问题是参与建设各方共同利益之所在。监理工程师要有效地控制工程质量，必然熟悉工程图纸，领会设计意图，熟练掌握有关施工技术规范规程，帮助承包商制定出切实可行的质量管理措施，建立健全质量体系，并合理地运用合同赋予的权力，保证和提高工程质量，使其符合设计要求和合同规定的质量标准，保证所提供的全部技术文件满足今后业主对工程项目维修、扩建和改建的要求。

5.5.1.1 施工阶段质量监理的工作要求

① 项目监理机构应要求承包单位必须严格按照批准的（或经过修改后重新批准的）施工组织设计（方案）组织施工。在施工过程中，当承包单位对已批准的施工组织设计进行调整、补充或变动时，应经专业监理工程师审查，并应由总监理工程师签认。

② 专业监理工程师应要求承包单位报送重点部位、关键工序的施工工艺和确保工程质量的措施，审核同意后予以签认。工程项目的重点部位、关键工序应由项目监理机构与承包单位协商后共同确认。

③ 当承包单位采用新材料、新工艺、新技术、新设备时，专业监理工程师应要求承包单位报送相应的施工工艺措施和证明材料，组织专题论证，经审定后予以签认。

④ 项目监理机构应对承包单位在施工过程中报送的施工测量放线成果进行复验和确认。

⑤ 专业监理工程师应对承包单位的试验室进行考核。

⑥ 专业监理工程师应对承包单位报送的拟进场工程材料、构配件和设备的报审表及其质量证明资料进行审核，并对进场的实物按照委托监理合同约定或有关工程质量管理文件规定的比例采用平行检验或见证取样方式进行抽检。对未经监理人员验收或验收不合格的工程材料、构配件、设备，监理人员应拒绝签认，并应签发监理工程师通知单，书面通知承包单位限期将不合格的工程材料、构配件、设备撤出现场。

⑦ 项目监理机构应定期检查承包单位直接影响工程质量的计量设备的技术状况。计量设备是指施工中使用的衡器、量具、计量装置等设备。监理人员应经常地、有目的地对承包单位的施工过程进行巡视检查、检测，主要检查内容如下。

a. 是否按照设计文件、施工规范和批准的施工方案施工；

b. 是否使用合格的材料、构配件和设备；

c. 施工现场管理人员，尤其是质检人员是否到岗到位；

d. 施工操作人员的技术水平、操作条件是否满足工艺操作要求，特种操作人员是否持证上岗；

e. 施工环境是否对工程质量产生不利影响；

f. 已施工部位是否存在质量缺陷。

对施工过程中出现的较大质量问题或质量隐患，监理工程师宜采用照相、摄影等手段予以记录。

⑧ 对隐蔽工程的隐蔽过程，下一道工序施工完成后难以检查的重点部位，专业监理工程师应安排监理员进行旁站。

专业监理工程师应根据承包单位报送的隐蔽工程报验申请表和自检结果进行现场检查，符合要求予以签认。对未经监理人员验收或验收不合格的工序，监理人员应拒绝签认，并要求承包单位严禁进行下一道工序的施工。

⑨ 专业监理工程师应对承包单位报送的分项工程质量验评资料进行审核，符合要求后予以签认；总监理工程师应组织监理人员对承包单位报送的分部工程和单位工程质量验评资料进行审核和现场检查，符合要求后予以签认。签认工作应按国家工程施工质量验收标准检查分项、分部及单位工程质量。

对施工过程中出现的质量缺陷，专业监理工程师应及时下达监理工程师通知书，要求承包单位整改，并检查整改结果。

监理人员发现施工存在重大质量隐患，可能造成质量事故或已经造成质量事故时，应通过总监理工程师及时下达工程暂停令，要求承包单位停工整改。整改完毕，并经监理人员复查符合规定要求后，总监理工程师应及时签署工程复工报审表。总监理工程师下达工程暂停令和签署工程复工报审表，宜事先向建设单位报告。

对需要返工处理或加固补强的质量事故，总监理工程师应责令承包单位报送质量事故调查报告和经设计单位等相关单位认可的处理方案，项目监理机构应对质量事故的处理过程和处理结果进行跟踪检查和验收。

总监理工程师应及时向建设单位及本监理单位提交有关质量事故的书面报告，并应将完整的质量事故处理记录整理归档。

5.5.1.2 施工阶段质量控制的依据

施工阶段质量控制的依据如下。

① 合同文件及其技术规范规程，以及根据合同文件规定编制的设计文件、图纸和技术要求及规定。

② 合同规定采用的有关施工规范、操作规程、安装规程和验收规程。

③ 工程中所用的新材料、新工艺、新技术、新结构的试验报告和具有权威性的技术检验部门或相应部门的技术鉴定书。

④ 工程所使用的有关材料和产品的技术标准。

⑤ 有关试验取样的技术标准和试验操作规程。

5.5.1.3 施工阶段质量控制的内容

工程项目是通过投入材料、经过施工和安装逐步建成的，而工程质量就是在这个系统过程中逐步形成的，所以施工阶段监理工程师对工程质量的控制是全过程的控制，质量控制的具体内容详见表5.1。

表5.1 质量控制的具体内容

施工前质量控制	施工过程质量控制	竣工验收质量控制
建立监理单位的质量控制体系。 施工队伍技术资质的审核。 原材料、半成品、构配件的质量控制。 生产设备采购、订货、加工制作的质量控制。 施工机械设备的质量控制。 新材料、新结构、新工艺、新技术的审核。 组织设计图纸会审及技术交底。 施工组织设计及施工方案的复核。 测量标点、水准点、测量放线的复核。 开工报告审核	工序质量控制。 质量资料和质量控制图表审核。 设计变更和图纸修改审核。 施工作业监督和检查。 隐蔽工程、分项工程、分部工程的检查验收。 组织质量信息反馈	工程质量文件的审核。 单位工程、单项工程的验收。 竣工图的审批。 组织工程项目的试运行。 组织竣工验收

5.5.1.4 施工阶段质量控制的工作程序

施工阶段质量控制的工作程序如图5.12所示。

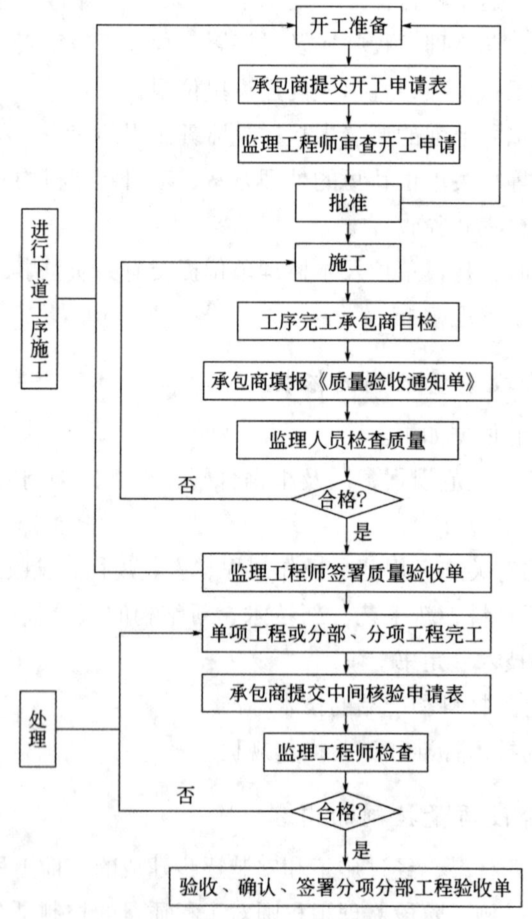

图5.12 施工阶段质量控制流程图

(1) 施工阶段质量控制的组织形式

施工阶段质量控制，根据建设规模、工程特点和技术要求，可有以下不同的几种形式。

① 项目设专职质量监理工程师，按单项工程配备现场质量监理组或质量监理员。

② 项目设专职质量监理工程师，按专业工程（如结构工程、给排水工程、空调工程、电气设备安装工程等）配备现场质量监理组或质量监理员。

③ 综合管理模式（混合形式），即项目设专职质量监理工程师，既有按单项工程，也有按专业工程配备现场质量监理组或质量监理员。

④ 对于特别复杂的单项工程、专业工程，可将该部分的质量监理分包或委托其他专门机构负责监理。

（2）监理责任制和工作制度

为了做好施工阶段的质量控制，除了有一定的组织形式外，还应相应地建立一套监理责任制和监理工作制度，明确每个监理人员的职责，使监理工作制度化、规范化。

监理责任制包括总监理工程师岗位责任制、监理工程师岗位责任制、监理人员岗位责任制以及相关部门责任制，并力求做到分工合理、责任明确、考核严格。

要建立一套完善的质量控制监理制度，保证质量控制工作有章可循。诸如图纸会审、技术交底、材料检验、隐蔽工程验收、设计质量整改、质量事故处理等项制度。这些制度的建立和实施，无疑对提高质量控制的效果具有重要作用。

5.5.1.5 几个重要的质量术语

（1）质量方针和质量目标

质量方针是指由组织的最高管理者正式颁布的该组织总的质量宗旨和质量方针。而质量目标则是指为实施该组织的质量方针，管理者应规定与性能、适用性、安全性、可靠性等关键质量要素有关的目标。就工程质量方针和目标而言，监理工程师及建设单位、承建单位都是共同和一致的。

（2）质量管理和质量体系

质量管理是指制定和实施质量方针的全部管理职能。而质量体系则是为实施质量管理的组织结构、职责、程序、过程和资源。人们常说的质量保证体系和质量管理体系按规范化的提法应该是质量体系。在质量体系中提到的“资源”一词是指：①人才资源和专业技能；②科研和设计工器具；③制造或施工设备；④检验和试验设备；⑤仪器、仪表和电子计算软件。

（3）质量保证和质量控制

质量保证是指对某一产品或服务能满足规定质量要求，提供适当信任所必需的全部有计划、有系统的活动，是企业在产品质量方面给用户的一种担保，一般以“质量保证书”形式出现。为了使这种保证落到实处，企业建立完善的质量保证体系，对产品或服务实行全过程的质量管理活动。

质量控制是指为达到质量要求所采取的作业技术和活动。它的目的在于，在质量形成过程中控制各个过程和工序，实现以“预防为主”的方针，采取行之有效的技术工具和技术措施，达到规定要求，提高经济效益。

(4) 质量检验和质量监督

质量检验是指对产品或服务的一种或多种特性进行测量、检查、试验和度量，并将这些特性与规定的要求进行比较以确定其符合性活动。而质量阶段是指为确保满足规定的质量要求，按有关规定对程序、方法、条件、过程、产品和服务以记录分析的状态所进行的连续监视和验证。检验为监督提供了依据，监督又促进了检验手段和检验活动的发展。就工程产品而言，检验与监督存在着两个方面，三个体系。两个方面是指企业内部的质量检验和监督，以及企业外部的质量检验和监督，即政府的工程质量监督站和建设单位或建设单位委托的工程建设监理公司；三个体系是指承建单位质量保证体系、政府的质量监督体系、社会建设监理体系。

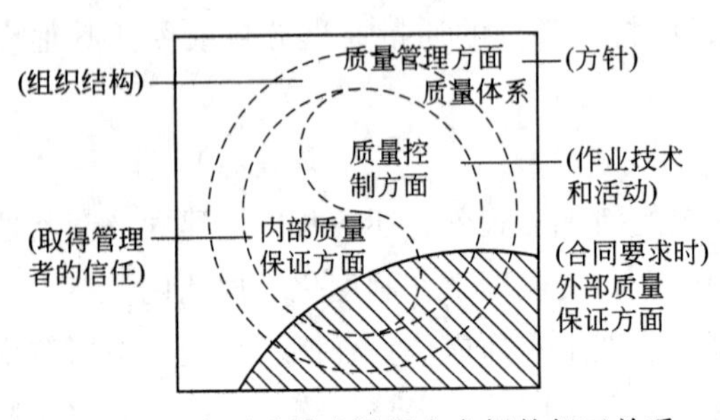

图 5.13 主要质量术语概念之间的相互关系

上述几个重要质量述语概念之间的相互关系如图 5.13 所示。

5.5.1.6 工程质量特点

工程产品（含建筑产品，以下同）质量与工业产品质量形成有显著的不同，工程产品位置固定，施工安装工艺流动，结构类型复杂，质量要求不同，操作方法不一，体形大，整体性强，特别是露天生产，受气像等自然条件制约因素大，建设周期比较长，所有这些特点，导致了工程质量控制难度较大，具体表现如下。

① 制约工程质量的因素多。

② 产生工程质量波动性大。

③ 产生工程质量变异性强。

④ 核定判断工程质量的难度大。

⑤ 技术检测手段不完善。

⑥ 产品检查很难拆卸解体。

所以，对工程质量应加倍重视、一丝不苟、严加控制，使质量控制贯彻于建设的全过程，特别是施工过程量大面广尤为重要。

5.5.2 施工阶段的质量控制

5.5.2.1 影响工程施工质量的因素（4M1E）

4M1E 是指人（Man）、材料（Material）、设备（Machine）、技术方法（Method）和环境（Environment）。

(1) 人（Man）

人，是工程项目建设的实施者，工程实体质量形成是施工中各类组织者、指挥者、操作者和监理工程师共同努力下建立起来的，人的因素是4M1E的首要因素，它决定了其他几个因素，人的素质、管理水平、技术、操作水平高低将最终影响工程实体质量的好坏。因此，监理工程师在质量事前控制中对人的因素控制，必须对中标施工单位人的管理水平、技术、操作水平进行审查，对特殊作业人员的技术资质审查，防止无证上岗情况发生，做到对现场施工人员的素质心中有数，针对不同情况分别采取不同的控制手段。

(2) 材料 (Material)

材料是工程实体组成的基本单元，基本单元质量构成工程实体质量，每一单元材料的质量均应满足设计、规范的要求，工程实体质量就是能够得到充分保证。因此材料事前控制就十分重要，监理工程师应督促施工单位建立完善材料控制制度，建立监理项目机构材料监理控制细则。必须对材料质量标准、材料性能、材料适用范围有充分的了解，对进场原材料、成品、半成品供应商的营业执照、生产（经营）许可证等资质进行审查，必要时可到生产厂现场考察，对进场原材料、成品、半成品按有关规定检验和见证取样和送检或开箱检查，认真审查材料的合格证和试验报告是否符合设计、规范的要求，杜绝不合格材料在工程上使用的现象。

(3) 设备 (Machine)

施工机械设备是工程建设必不可少的，机械设备的性能、数量对工程质量也将产生影响。如混凝土振动仪器好坏对混凝土质量有一定影响，钢筋加工设备、焊接设备将影响对钢筋的制作和钢筋接头质量。在实施事前控制时，监理工程师必须考虑施工现场条件、工程特点、结构形式、机械设备性能、施工工艺和方法、施工组织管理能力，使施工单位的机械设备能够合理装备、配套使用、有机联系，并处于完好的可用状态，使施工机械、设备的配置计划及使用能够而满足工程质量及进度的要求。

(4) 技术方法 (Method)

技术方法是指在建设工程实体建设中所采用的施工手段和监理手段，它通过施工单位质量管理体系、施工组织设计、施工方案和监理单位的监理规划、监理细则来体现。

① 审查施工质量管理体系是否建立。质量管理体系是保障工程质量的一个完善系统，它阐明了施工单位总体管理要求、工程项目管理机构的工作要求以及专项工作要求。监理工程师审查重点是工程项目管理机构设置、各类管理人员的配备、质量保证管理制度的制定。

工程项目管理机构制定的质量管理制度的审查要注意其必须符合工程的特点和实际需要，符合有关工程建设的质量管理方面的法律、规范、法规性文件，各项管理制度要配套、完善、不留漏洞，各项工作要求明确，符合工程质量目标，制度之间不互相矛盾，并有针对性和可操作性。通过对质量管理体系的审查，使其能发挥指导工程施工、提高施工效率和经济效益的作用。

② 审查施工组织设计。施工组织设计是工程施工的指导性纲领文件。施工组织设计编制好坏将直接影响工程的质量、进度、投资的目标实现。施工组织设计的主要内容是：工程特点、工期要求、工程造价、质量目标；施工部署与方案；季节性施工技术；新工

艺、新技术、新材料的施工技术措施等。每一个内容都对工程质量有影响。监理工程师在对施工组织设计进行审查时，要分析其工期、造价、质量的三者之间关系是否合理，有否质量预控措施以及针对质量通病的技术措施，施工部署与方案能否满足工程实体质量要求，季节性施工采用的措施是否合理，采用的新工艺、新技术、新材料能否符合设计和规范要求。总之，监理工程师必须严格审查施工组织设计，保证工程施工中有可靠的技术和组织措施来保证工程质量。

③ 审查施工方案。施工方案是为了保证工程质量而做出的更详细的施工措施，是对工程中具体技术问题确定明确的施工步骤、控制工程质量的方法以及做出如何选用材料、如何检验材料的具体要求。监理工程师在工程施工前应熟悉设计文件及规范要求，在重要或关键部分施工前及早协助和督促施工单位做好施工方案，并对其进行审查。在审查时，监理工程师必须结合工程实际，从技术、组织、管理、经济等全面进行分析、综合考虑，促使施工方案在技术上可行、工艺上先进、经济上合理，符合国家有关施工规范和质量检验评定标准，有利于确保工程质量。只有这样监理工程师才能对工程进行预控，使工程质量建立在一个可靠的基础上，使施工技术人员、操作人员和监理工程师有保证工程质量共同指导文件，能够共同把好质量关。

④ 编制监理规划。监理规划是对监理机构开展监理工作做出全面、系统的组织和安排，是指导监理工作的纲领文件。它包括监理工作范围和依据、监理工作内容和目标、监理工作程序、监理机构组织形式和人员配备、监理工作方法和措施、监理工作制度等。因而，监理工程师在编制监理规划时，应按工程特点、工程要求有针对性地编制监理规划，并使其具有可操作性和指导性。在监理规划中应确定监理机构的工作目标，建立监理工作制度、程序方法和措施，明确监理机构在工程监理实施中应当做哪些工作，由谁来做这些工作，在什么时间和什么地点做这些工作，如何做好这些工作。只有这样，监理机构的各项工作才有依据，工程质量控制才能达到预期目标。

⑤ 编制监理细则。监理细则是在监理规划基础上，结合工程项目的具体专业特点和掌握工程信息制定的指导具体监理工作实施的文件。因而，监理细则必须做到详细具体、针对性强、具有可操作性。监理工程师在编制监理细则时要抓住影响本专业质量主要因素，制定相应的控制措施，建立工程质量见证点和停止点，根据控制点和质量评定要求，确定相应检验方法和检测手段，明确检测手段的时间和方式。监理细则编制完成后，监理工程师应明确告诉施工单位工程质量见证点和停止点，施工单位应提前通知监理工程师，监理工程师应在约定时间内对施工过程按监理细则规定方法和手段实施监理。只有这样，监理工程师才能有效地对工程质量进行控制。

综上所述，环境的因素对工程影响涉及范围较广，复杂而多变，监理工程师在编制监理细则时，必须根据工程特点全面考虑，综合分析，制度行之有效的监理细则，才能达到控制的目的。

(5) 环境 (Environment)

环境是指施工现场的工程技术环境、工程管理环境、劳动环境等，其对工程项目质量影响因素较多，有时将对质量产生重大影响，且具有复杂多变的特点。如在混凝土施工工程中，如气候条件和地下水位发生变化，又未预先准备预防措施，将影响混凝土工程的质量。因此，监理工程师应根据工程特点和现场环境的具体情况，对影响工程质量的环境因素，采取有效预防控制措施。对环境因素进行控制与施工方案控制是紧密相关的。所以说监理工程师在审查时要注意施工方案中是否考虑了环境对质量的影响，施工单位针对不同的环境变化是否有相应预防措施。如在雨季混凝土施工时，混凝土浇筑时应密切注意天气变化，尽可能避免在大雨中施工。在阴天，混凝土施工过程如突遇大雨，应立即采用事前准备好的措施，防止造成对工程质量的影响。

5.5.2.2 质量控制的过程

① 对投入品的质量控制。

② 对工艺工程的质量控制。

③ 对产出产品的质量控制。

5.5.2.3 控制方法

控制方法包括事前质量控制、事中质量控制和事后质量控制。

(1) 事前质量控制

① 施工准备工程（图纸、现场、环境)。

② 开工申请的审批（进场人员、设备、材料、分包资质、施工组织设计)。

(2) 事中质量控制

① 设计文件使用过程中的检查。

② 检查工序的质量。

③ 检查工序之间的质量。

④ 审核设计变更和图纸修改。

⑤ 正确行使质量否决权（停工令、复工令)。

(3) 事后质量控制

① 施工工序的质量验收。

② 分部分项工程的质量验收。

③ 组织联动试车。

④ 审核承包商的质量检验报告和有关技术资料。

⑤ 审核承包商提供的竣工图。

5.5.2.4 质量的检验方法

① 目测法：看、摸、敲、照。

② 实测法：靠、吊、量、套、开膛。

③ 试验法。

5.5.2.5 监理质量控制的实务（内容、控制权）

① 审查、签认承包单位报送的施工组织设计以及重点单位、关键工序的施工工艺和确保工程质量的措施。

② 审定承包单位采用新材料、新工艺、新技术、新设备时提交的相应的施工工艺措施和证明材料。

③ 复验和确认承包单位在施工过程中报送的施工测量放线成果。

④ 审核承包单位报送的拟进场工程材料、构配件和设备的工程材料、构配件、设备报审表及其质量证明资料，并对进场的实物按照委托监理合同约定或有关工程质量管理文件规定的比例采用平行检验或见证取样方式进行抽检。

⑤ 定期检查承包单位的直接影响工程质量的计量设备的技术状况。

⑥ 施工过程中进行巡视和检查，对隐蔽工程的隐蔽过程、下道工序施工完成后难以检查的重点部位，专业监理工程师应安排监理员进行旁站。

⑦ 现场检查隐蔽工程报验申请表和签认自检结果。

⑧ 审核承包单位报送的分项工程质量验评资料。

⑨ 对施工过程中出现的质量缺陷，应及时下达监理工程师通知，要求承包单位整改，并检查整改结果。

⑩ 施工存在重大质量隐患，可能造成质量事故或已经造成质量事故的，总监理工程师应及时下达工程暂停令，要求承包单位停工整改。下达工程暂停令和签署工程复工报审表，宜事先向建设单位报告。

⑪ 对需要返工处理或加固补强的质量事故，总监理工程师应责令承包单位报送质量事故调查报告和经设计单位等相关单位认可的处理方案，项目监理机构应对质量事故的处理过程和处理结果进行跟踪检查和验收。

5.5.2.6 监理的质量控制权

① 对未经监理人员验收或验收不合格的工程材料、构配件、设备，不得用于工程上，并应尽快撤出现场。

② 对未经监理人员验收或验收不合格的工序，严禁进行下一道工序的施工。

5.5.3 工程施工质量验收

5.5.3.1 工程施工质量验收流程

工程施工质量验收流程如图5.14所示。

5.5.3.2 建筑工程质量验收的划分

建筑工程一般施工周期较长，从开工到竣工交付使用，要经过若干工序、若干专业工种的共同配合，故工程质量合格与否，取决于各工序和各专业工种的质量。为确保工程竣

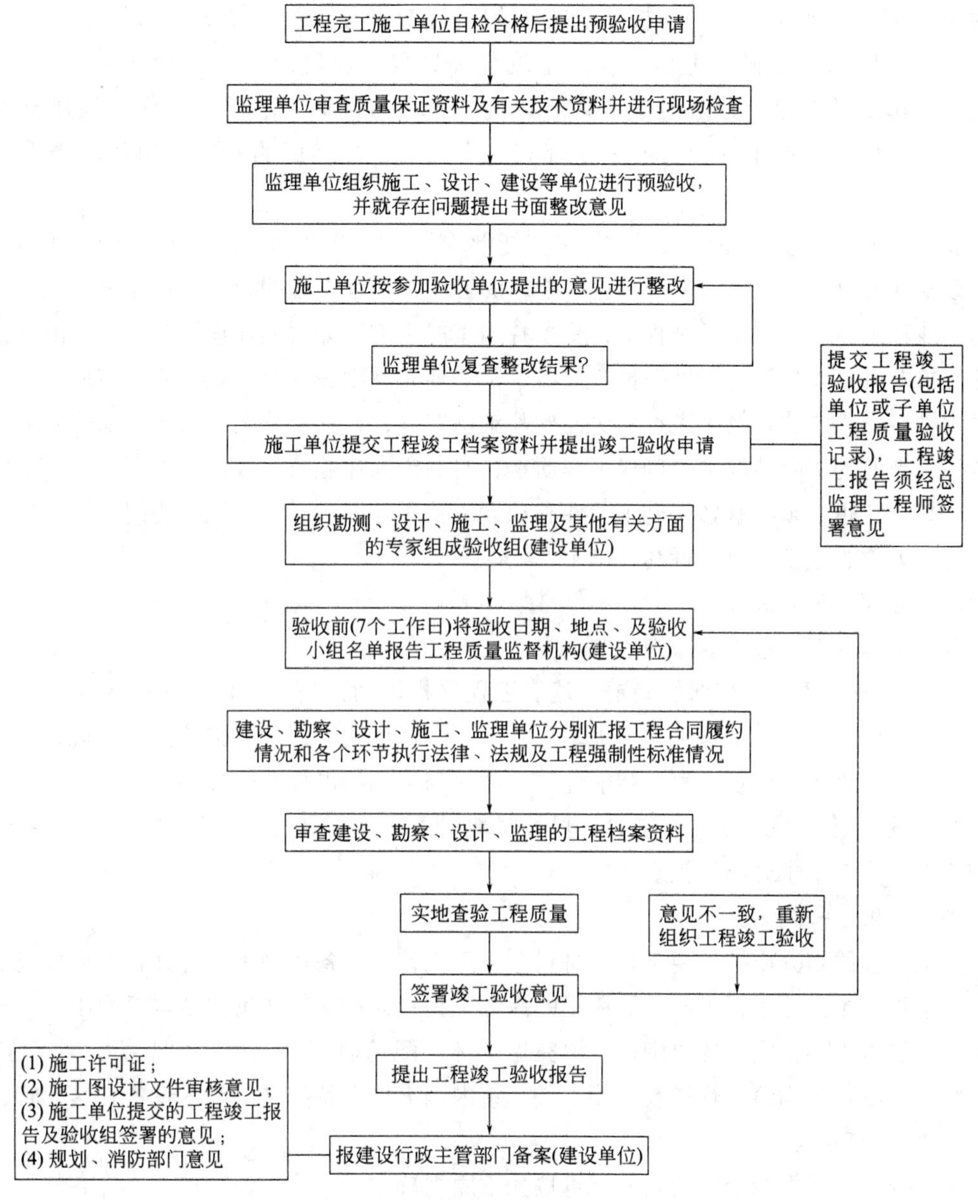

图 5.14　工程施工质量验收流程图

工质量达到合格的标准，有必要把工程项目进行细化，划分为分项、分部、单位工程进行质量管理和控制。分项工程是工程的最小单位，也是质量管理的基本单元。但验评的最小单位是检验批，把分项工程划分成检验批进行验收，有助于及时纠正施工中出现的质量问题，确保工程质量，也符合实际的需要。

(1) 单位工程的划分

单位工程的划分按下列原则确定。

① 具备独立施工条件并能够形成独立使用功能的建筑物及构筑物为一个单位工程。

建筑物及构筑物的单位工程是由土建工程和建筑设备安装工程共同组成。如住宅小区建筑群中的一栋住宅楼，学校建筑群中的一栋教学楼、办公楼等。单位工程由九个分部组成：地基与基础、主体结构、建筑装饰装修、建筑屋面四个分部为土建工程；建筑给水排水及采暖、建筑电气、智能建筑、通风与空调、电梯五个分部为建筑设备安装工程。但在单位工程中，不一定都有九个分部，如多层的一般民用住宅楼没有电梯分部。

② 建筑规模较大的单位工程，可将其能形成独立使用功能的部分为一个子单位工程。

改革开放以来，经济的发展和施工技术的进步，单体工程的建筑规模越来越大，综合使用功能越来越多，在施工过程中，受多种因素的影响，如后期建设资金缺口、部分停建缓建等情况时有发生。为了发挥投资效益，常需要将其中一部分已建成的提前使用，再加之对规模特别大的建筑物，进行一次性检验难以实施，显然根据上一条作为划分原则，已不能适应当前的实际情况。为确保工程质量，有利于强化验收，故作了如下原则：子单位工程的划分，也必须具有独立施工条件和独立的使用功能。子单位工程的划分，由建设单位、监理单位、施工单位自行商议确定。

(2) 分部工程的划分

分部工程的划分按下列原则确定。

① 按专业性质、建筑部位确定。建筑工程（构筑物）是由土建工程和建筑设备安装工程共同组成的。建筑工程可分为地基与基础、主体结构、建筑装饰装修、建筑屋面、建筑给水排水及采暖、建筑电气、智能建筑、通风与空调、电梯九个分部。

② 当分部工程较大或较复杂时，可按材料种类、施工特点、施工程序、专业系统及类别等划分为若干子分部工程。

(3) 分项工程的划分

分项工程的划分应按主要工种、材料、施工工艺、设备类别等进行划分。如按瓦工的砖砌体工程、木工的模板工程、油漆工的涂饰工程；如按材料在砌体结构工程中，可分为砖砌体、混凝土小型空心砖块砌体、填充墙砌体、配筋砖砌体工程；如设备安装工程中，室内给水系统可分为给水管道及配件安装、室内消火栓系统安装、给水设备安装、管道防腐、绝热等分项工程。

关于分项工程中检验批的划分，可按如下原则确定。

① 工程量较少的分项工程可统一划为一个检验批，地基基础分部工程中的分项工程一般划为一个检验批，安装工程一般按一个设计系统或设备组别划分为一个检验批，室外工程统一划为一个检验批；

② 多层及高层建筑工程中主体分部的分项工程可按楼层或施工划分检验批；

③ 单层建筑工程的分项工程可按变形缝等划分检验批；

④ 有地下层的基础工程可按不同地下层划分检验批；

⑤ 屋面分部工程中的分项工程可按不同楼层屋面划分不同的检验批；

⑥ 其他分部工程中的分项工程一般按楼层划分检验批；

⑦ 散水、台阶、明沟等工程含在地面检验批中。

(4) 室外单位（子单位）工程、分部工程的划分

室外单位（子单位）工程、分部工程的划分，可根据专业类别和工程规模进行划分。

5.5.3.3 建筑工程施工质量验收

建筑工程的验收是按照检验批→分项工程→分部工程→单位工程的顺序进行，因为前者是后者验收的基础。

(1) 检验批的验收

检验批是分项工程中最小基本单元，是分项工程质量检验的基础。检验批的划分是根据施工过程中条件相同，并有一定数量的材料、构配件或安装项目，其质量基本均匀一致。通过对检验批的检验，能比较准确地反映出分项工程的质量。

① 主控项目和一般项目的质量。主控项目是建筑工程中对安全、卫生、环境保护和公众利益起决定性作用的检验项目。主控项目的合格与否，是决定检验批合格与否的关键。主控项目必须全部符合相关专业工程验收规范的规定。一般项目的子项也必须符合给予明确确定的质量要求。合格的检验批质量是主控项目和一般项目的质量经抽样检验合格；

② 完整的施工操作依据、质量检查记录。在施工的工序过程中，质量资料必须完整。因资料真实地反映了从原材料到形成实体的全过程的控制。为了能确保资料的完整性和质量检查记录的真实性，还必须检查其质量管理制度。资料完整，可以证实全过程都受控，这项检查内容，是检验批合格的前提条件。

检验批的质量验收记录由施工项目专业质量检查员填写，监理工程师或建设单位项目专业技术负责人组成的项目专业质量检查员进行验收。

(2) 分项工程的验收

分项工程是由若干个检验批组成的。分项工程的验收是在检验批的基础上进行的。检验批的检验汇总资料，就能反映分项工程的质量。故只要构成分项工程的各检验批验收资料完整，并均已验收合格，则分项工程验收合格。

分项工程质量验收合格的规定如下。

① 分项工程所含的检验批均应符合合格质量的规定；

② 分项工程所含检验批的质量验收记录应完整。分项工程质量应由监理工程师（建设单位专业技术负责人）组织项目专业技术负责人等进行验收。

(3) 分部工程的验收

分部工程是由若干个分项工程构成的。分部工程验收是在分项工程验收的基础上进行的，这种关系类似检验批与分项工程的关系，都具有相同或相近的性质。故分项工程验收合格且有完整的质量控制资料，是检验分部工程合格的前提。

分部工程质量验收合格的规定如下。

① 分部（子分部）工程所含分项工程的质量均应验收合格；

② 质量控制资料应完整；

③ 地基与基础、主体结构和设备安装等分部工程的有关安全及功能的检验和抽样检测结果应符合有关规定；

④ 观感质量验收应符合要求。

分部（子分部）工程质量应由总监理工程师（建设单位项目专业负责人）组织施工项目经理和有关勘察、设计单位项目负责人进行验收。

(4) 单位（子单位）工程的验收

单位（子单位）工程质量验收，是工程建设最终的质量验收，也称竣工验收，是全面检验工程建设是否符合设计要求和施工技术标准的终验。

单位（子单位）工程是由若干个分部工程构成的。单位（子单位）工程验收合格的前提：资料完整，构成单位工程各分部工程的质量必须达到合格。

对涉及安全和使用功能分部工程的检验资料要进行复检，全面检查其完整性，不得有漏检缺项。

对主要使用功能项目还要进行抽查。对主要功能的综合质量检验，应由验收的各方人员商定，按有关专业工程施工质量验收标准进行。

建筑工程的观感质量的检查，由参与验收的各方共同参加，最后共同确定是否予以验收通过。

单位（子单位）工程质量验收合格的规定如下。

① 单位（子单位）工程所含分部（子分部）工程的质量均应验收合格；

② 质量控制资料应完整；

③ 单位（子单位）工程所含分部工程有关安全和功能的检测资料应完整；

④ 主要功能项目的抽查结果应符合相关专业质量验收规范的规定；

⑤ 观感质量验收应符合要求。

5.5.3.4 建筑工程施工质量验收不符合要求的处理

对不符合要求的处理如下。

① 经返工更换器具、设备的检验批，应重新验收；

② 经有资质的检测鉴定能够达到设计要求的检验批应予以验收；

③ 经有资质的检测单位检测鉴定达不到设计要求，但经原设计单位审核认可能够满足结构安全和使用功能的验收批，可予以验收；

④ 经返修加固处理的分项、分部工程，虽然改变外形尺寸但仍能满足安全使用要求，可按处理技术方案和协商文件进行二次验收；

⑤ 通过返修或加固处理仍不能满足安全使用要求的部分工程，严禁验收。

5.5.4 建筑工程质量验收程序和组织

① 检验批及分项工程应由监理工程师（建设单位项目技术负责人）组织施工单位项目专业质量（技术）负责人等进行验收。

② 分部工程应由总监理工程师（建设单位项目负责人）组织施工单位项目负责人和技术、质量负责人等进行验收；地基与基础、主体结构分部工程的勘察、设计单位工程项目负责人和施工单位技术、质量部门负责人也应参加相关分部工程验收。

③ 单位工程完工后，施工单位应自行组织有关人员进行检查评定，并向建设单位提出工程验收报告。

④ 建设单位受到工程验收报告后，应由建设单位（项目）负责人组织施工（包含分分单位）、设计、监理等单位（项目）进行单位（子单位）工程验收。

⑤ 单位工程有分包单位施工时，分包单位对所承包的工程项目应按本标准规定的程序检查评定，总包单位应派人参加。分包工程完成后，应将工程有关资料交总包单位。

⑥ 当参加验收各方对工程质量验收意见不一致时，可请当地建设行政主管部门或工程质量监督机构协调处理。

⑦ 单位工程质量验收合格后，建设单位应在规定时间内将工程竣工验收报告和工程施工许可证、设计文件审查意见、质量检测功能性试验资料、工程质量保修书及法规所规定的其他文件，报建设行政管理部门备案。

5.5.5 工程质量问题与质量事故处理

(1) 工程质量不合格、工程质量问题和质量事故

根据国际标准化组织（ISO）和我国有关质量、质量管理和质量保证标准的定义，凡工程产品质量没有满足某个规定的要求，就称之为质量不合格。

根据1989年建设部第3号令颁布的《工程建设重大事故报告和调查程序规定》和1990年建设部建工字第55号文件关于部第3号令有关问题的说明，凡是工程质量不合格，必须进行返修、加固或报废处理，由此造成直接经济损失低于5000元的称为质量问题；直接经济损失在5000元（含5000元）以上的称为工程质量事故。

(2) 常见工程质量问题发生的原因

① 违背建设程序。

② 违反法规行为。

③ 地质勘查失真。

④ 设计差错。

⑤ 施工与管理不到位。

⑥ 使用不合格的原材料、制品及设备。

⑦ 自然环境因素。

⑧ 使用方法用不当。

(3) 工程质量问题处理的程序

当发现工程质量问题，监理工程师应按以下程序进行处理：

① 当发生工程质量问题时，监理工程师应首先判断其严重程度。对可以通过返修或

返工弥补的质量问题可签发《监理通知》，责任施工单位写出质量问题调查报告，提出处理方案，填写《监理通知回复单》报监理工程师审核后，批复承包单位处理，必要时应经建设单位和设计单位认可，处理结果应重新进行验收。

② 对需要加固补强的质量问题，或质量问题的存在影响下道工序和分部工程的质量时，应签发《工程暂停令》，指令施工单位停止有质量问题部位和与其有关联部位及下道工序的施工。必要时，应要施工单位采取防护措施，责成施工单位写出质量问题调查报告，由设计单位提出处理方案，并征得建设单位同意，批复承包单位处理，处理结果应重新进行验收。

③ 施工单位接到《监理通知》后，在监理工程师的组织参与下，尽快进行质量问题调查并完成报告编写。

④ 监理工程师审核、分析质量问题调查报告，判断和确认质量问题产生的原因。

⑤ 在原因分析的基础上，认真审核签认质量问题处理方案。

⑥ 指令施工单位按既定的处理方案实施处理并进行跟踪检查。

⑦ 质量问题处理完毕，监理工程师应组织有关人员对处理的结果进行严格的检查、鉴定和验收，写出质量问题处理报告，报建设单位和监理单位存档。

(4) 工程质量事故的特点、分类和处理的权限范围

① 工程质量事故具有复杂性、严重性、可变性和多发性的特点。

② 国家现行对工程质量通常采用按造成损失严重程度进行分类，其基本分类如下。

a. 一般质量事故。

b. 严重质量事故。

c. 重大质量事故。

d. 特别重大事故。

特别重大质量事故由国务院按有关程序和规定处理；重大质量事故由国家建设行政主管部门归口管理；严重质量事故由省、自治区、直辖市建设行政主管部门归口管理；一般质量事故由市、县级建设行政主管部门归口管理。

(5) 工程质量事故处理的依据

进行工程质量事故处理的主要依据有四个方面：质量事故的实况资料；具有法律效力的，得到有关当事各方认可的工程承包合同、设计委托合同、材料或设备购销合同以及监理合同或分包合同等合同文件；有关的技术文件、档案和相关的建设法规。

(6) 对工程质量事故原因进行分析的基本步骤和原理

① 基本步骤

a. 进行细致的现场调查研究，观察记录全部实况，充分了解与掌握引发质量事故的现象和特征。

b. 收集调查与质量事故有关的全部设计和施工资料，分析摸清工程在施工或使用过程中所处的环境及面临的各种条件和情况。

c. 找出可能产生质量事故的所有因素。

d. 分析、比较和判断，找出最可能造成质量事故的原因。

e. 进行必要的计算分析或模拟试验予以论证确认。

② 基本原理。分析的要领是逻辑推理法，其基本原理如下。

a. 确定质量事故的初始点，即所谓原点，它是一系列独立原因集合起来形成的爆发点，因其反映出质量事故的直接原因，而在分析过程中有具有关键性作用。

b. 围绕原点对现场各种现象和特征进行分析，区别导致同类质量事故的不同原因，逐步揭示质量事故萌生、发展和最终形成的过程。

c. 综合考虑原因复杂性，确定诱发质量事故的起源点即真正原因。

(7) 工程质量事故处理的程序

工程质量事故发生后，监理工程师可按以下程序进行处理。

① 工程质量事故发生后，总监理工程师应签发《工程暂停令》，并要求停止进行质量缺陷部位和与其有关联部位及下道工序施工，应要求施工单位采取必要的措施，防止事故扩大并保护好现场。同时，要求质量事故发生单位迅速按类别和等级向相应的主管部门上报，并于24小时内写出书面报告。

② 监理工程师在事故调查组展开工作后，应积极协助，客观地提供相应证据，若监理方无责任，监理工程师可应邀参加调查组，参与事故调查；若监理方有责任，则应予以回避，但应配合调查组工作。

③ 当监理工程师接到质量事故调查组提出的技术处理意见后，可组织相关单位研究，并责成相关单位完成技术处理方案，并予以审核签认。

④ 技术处理方案核签后，监理工程师应要求施工单位制定详细的施工方案设计，必要时应编制监理实施细则，对工程质量事故技术处理施工质量进行监理，技术处理过程中的关键部位和关键工序应进行旁站，并会同设计、建设等有关单位共同检查认可。

⑤ 对施工单位完工自检后报验结果，组织有关各方进行检查验收，必要时应进行处理结果鉴定。要求事故单位整理编写质量事故处理报告，并审核签认，组织将有关技术资料归档。

⑥ 签发《工程复工令》，恢复正常施工。

工程质量事故处理流程如图5.15所示。

(8) 工程质量事故处理方案确定的一般原则和基本要求

工程质量事故处理方案的一般处理原则是：正确确定事故性质，是表面性还是实质性、是结构性还是一般性、是迫切性还是可缓性；正确确定处理范围，除直接发生部位，还应检查处理事故相邻影响作用范围的结构部位或构件。

处理的基本要求是：满足设计要求和用户的期望；保证结构安全可靠，不留任何质量隐患；符合经济合理的原则。

(9) 工程质量事故处理可能采取的处理方案的分类以及适用条件

① 修补处理。通常当工程的某个检验批、分项或分部的质量虽未达到规定的规范、

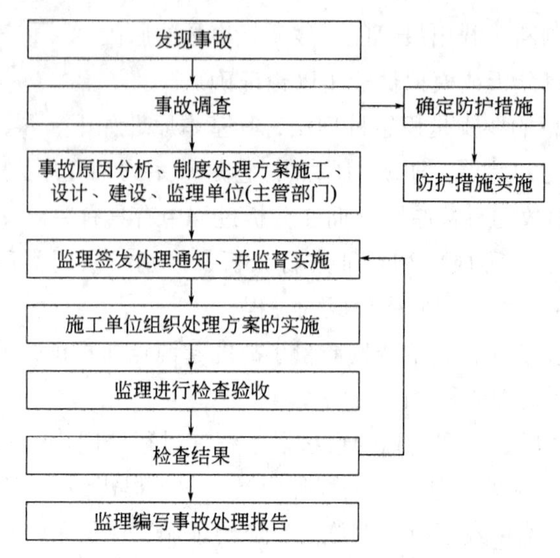

图 5.15　工程质量事故处理流程图

标准或设计要求，存在一定缺陷，但通过修补或更换器具、设备后还可达到要求的标准，又不影响使用功能和外观要求，在此情况下，可以进行修补处理。

② 返工处理。当工程质量未达到规定的标准和要求，存在的严重质量问题，对结构的使用和安全构成重大影响，且又无法通过修补处理的情况下，可对检验批、分项、分部甚至整个工程返工处理。

③ 不做处理。某些工程质量问题虽然不符合规定的要求和标准构成质量事故，但视其严重情况，经过分析、论证、法定检测单位鉴定和设计等有关单位认可，对工程或结构使用及安全影响不大，也可不做专门处理。

(10) 监理工程师选择最适用工程质量事故处理方案的方法

选择工程质量事故处理方案是复杂而重要的工作，它直接关系到工程的质量、费用和工期。

下面给出一些可采取的选择工程质量事故处理方案的辅助决策方法。

① 实验验证。

② 定期观测。

③ 专家论证。

④ 方案比较。

(11) 监理工程师对工程质量事故处理进行鉴定与验收

① 检查验收。工程质量事故处理完成后，监理工程师在施工单位自检合格报验的基础上，应严格按施工验收标准及有关规范的规定进行，结合监理人员的旁站、巡视和平行检验结果，依据质量事故技术处理方案设计要求，通过实际量测，检查各种资料数据进行验收，并应办理施工验收文件，组织各有关单位会签。

② 必要的鉴定。为确保工程质量事故的处理效果，凡涉及结构承载力等使用安全和

其他重要性能的处理工作，常需做必要的试验和检验鉴定工作。质量事故处理施工过程中建筑材料及构配件保证资料严重缺乏，或对检查验收结果各参与单位有争议时。常见的检验工作有：混凝土钻芯取样，用于检查密实性和裂缝修补效果，或检测实际强度；结构荷载试验，确定其实际承载力；超声波检测焊接或结构内部质量；池、罐、箱柜工程的渗漏检验等。检测鉴定必须委托政府批准的有资质的法定检测单位进行。

5.6 工程监理安全控制

工程监理安全控制，就是指在监理工作中对安全生产进行的一系列管理活动，以达到安全生产的目标。安全控制是我国工程监理理论实践中不断完善、提高和创新的体现和产物。《建设工程安全生产管理条例》第十四条规定，工程监理单位应当审查施工组织设计中的安全技术措施或者专项施工方案是否符合工程建设强制性标准。工程监理单位在实施监理过程中，发现存在安全事故隐患的，应当要求施工单位整改；情况严重的，应当要求施工单位暂时停止施工，并及时报告建设单位。施工单位拒不整改或者不停止施工的，工程监理单位应当及时向有关主管部门报告。工程监理单位和监理工程师应当按照法律、法规和工程建设强制性标准实施监理，并对建设工程安全生产承担监理责任。第五十七条规定，违反本条例的规定，工程监理单位有下列行为之一的，责令限期改正；逾期未改正的，责令停业整顿，并处10万元以上30万元以下的罚款；情节严重的，降低资质等级，直至吊销资质证书；造成重大安全事故，构成犯罪的，对直接责任人员，依照刑法有关规定追究刑事责任；造成损失的，依法承担赔偿责任：①未对施工组织设计中的安全技术措施或者专项施工方案进行审查的；②发现安全事故隐患未及时要求施工单位整改或者暂时停止施工的；③施工单位拒不整改或者不停止施工，未及时向有关主管部门报告的；④未依照法律、法规和工程建设强制性标准实施监理的。由此，安全控制不仅是工程监理的重要组成部分，是工程建设领域中重要任务和内容，是促进工程施工安全管理水平提高，控制和减少安全事故发生的有效方法，也是建设工程管理体制改革中必然实现的一种新模式、新理念。因此，监理工程师必须熟悉工程安全控制，并在实施监理中对建设工程安全生产承担监理责任。

5.6.1 工程监理安全控制概述

安全是指免除不可接受的损害风险的状态。安全生产是指使生产过程处于避免人身伤害、设备损坏及其他不可接受的损害风险（危险）的状态。我国安全生产的方针是“安全第一，预防为主”。

安全控制是为满足生产安全，涉及对生产过程中的危险进行控制的计划、组织、监控、调节和改进等一系列管理活动。安全控制的目标是减少和消除生产过程中的事故，保证人员健康安全和财产免受损失。

（1）施工安全控制的特点

① 控制面广。由于建设工程规模较大，生产工艺复杂、工序多，在建造过程中流动作业多，高处作业多，作业位置多变，遇到的不确定因素多，安全控制工作涉及范围大，控制面广。

② 控制的动态性。建设工程项目的单件性，使得每项工程所处的条件不同，所面临的危险因素和防范措施也会有所改变；员工转移工地后，熟悉一个新的工作环境需要一定的时间，有些工作制度和安全技术措施也会有所调整，员工同样有个熟悉的过程。由于建设工程项目施工的分散性，尽管有各种规章制度和安全技术交底的环节，但是面对具体的生产环境时，仍然 需要自己的判断和处理，有经验的人员还必须适应不断变化的情况。

③ 控制系统交叉性。建设工程项目是开放系统，受自然环境和社会环境影响很大，安全控制需要把工程系统与环境系统及社会系统相结合。

④ 控制的严谨性。安全状态具有触发性，其控制措施必须严谨，一旦失控，就会造成损失和伤害。

（2）施工安全控制的程序

工程项目施工安全控制的程序如图5.16所示。

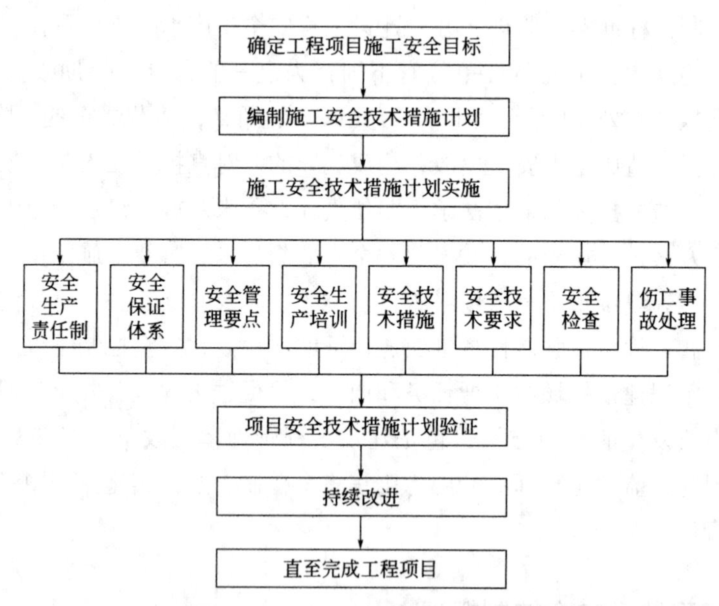

图5.16 工程项目施工安全控制程序

① 确定建设工程项目施工的安全目标。按“目标管理”方法，在以项目经理为首的项目管理系统内进行分解，从而确定每个岗位的安全目标，实现全员安全控制。

② 编制建设工程项目施工安全技术措施计划。对生产过程中的安全风险进行识别和评价，对其不安全因素用技术手段加以消除和控制，并形成文件。施工安全技术措施计划是进行工程项目施工安全控制的指导性文件。

③ 安全技术措施计划的实施。包括建立健全安全生产责任制，设置安全生产设施，进行安全教育和培训，沟通和交流信息，通过安全控制使生产作业的安全状况处于受控状态。

④ 施工安全技术措施计划的验证。包括安全检查、纠正不符合情况，并做好检查记录工作。根据实际情况补充和修改安全技术措施。

⑤ 持续改进，直至完成建设工程项目的所有工作。由于建设工程项目的开放性，在项目实施过程中，各种条件可能有所变化，以致造成对安全风险评价的结果失真，使得安全技术措施与变化的条件不相适应，此时应考虑是否对安全风险重新评价和是否有必要更改安全技术措施计划。

(3) 工程施工安全控制的基本要求

① 施工单位在取得安全行政主管部门颁发的“安全施工许可证”后才可开工。

② 总承包单位和每一个分包单位都应经过安全资格审查认可。

③ 各类作业人员和管理人员必须具备相应的执业资格才能上岗。

④ 所有新员工必须经过三级安全教育，即进厂、进车间和进班组的安全教育。

⑤ 特殊工种作业人员必须持有特种作业操作证，并严格按规定定期进行复查。

⑥ 对查出的安全隐患要做到“五定”，即定整改责任人、定整改措施、定整改完成时间、定整改完成人、定整改验收人。

⑦ 必须把好安全生产“六关”，即措施关、交底关、教育关、防护关、检查关、改进关。

⑧ 施工现场安全设施齐全，并符合国家及地方有关规定。

⑨ 施工机械（特别是现场安设的起重设备等）必须经安全检查合格后方可使用。

⑩ 保证安全技术措施费用的落实，不得挪作他用。

(4) 施工方案中安全措施的主要内容

建筑工程的结构复杂多变，各施工工程所处地理位置、环境条件不尽相同，无统一的安全技术措施，编制施工方案时应结合本企业的经验教训、工程所处位置和结构特点，以及既定的安全目标，抓住六种伤害的防患（防高空坠落、防物体打击、防坍塌、防触电、防机械伤害、防中毒事故），制定相应的措施。

一般工程安全技术措施主要考虑以下内容。

① 从建筑或安装工程整体考虑施工期内对周围道路、行人及邻近居民、设施的影响，采取相应的防护措施（全封闭防护或部分封闭防护）；平面布置应考虑施工区与生活区分隔，以及自己的施工排水、安全通道、高处作业对下部和地面人员的影响；临时用电线路的整体布置、架设方法；安装工程中的设备、构配件吊运，起重设备的选择和确定，起重半径以外安全防护范围等，复杂的吊装工程还应考虑视角、信号、步骤等细节。

② 对深基坑、基槽的土方开挖，应了解土壤种类，选择土方开挖方法、放坡坡度或固壁支撑的具体做法，总的要求是防坍塌。人工挖孔桩基础工程还须有测毒设备和防中毒措施。

③ 30m 以上脚手架或设置的挑架、大型混凝土模板工程，还应进行架体和模板承重强度、荷载计算，以保证施工过程中的安全。安全平网、立网的架设要求，架设层次段落，做好严密的随层安全防护。龙门、井架等垂直运输设备的拉结、固定方法及防护措施。

④ 施工过程中的“四口”（即楼梯口、电梯口、通道口、预留洞口）应有防护措施。如楼梯、通道口应设置 1.2m 高的防护栏杆并加装安全立网；预留孔洞应加盖；大面积孔洞，如吊装孔、设备安装孔、天井孔等应加周边栏杆并安装立网。交叉作业应采取隔离防护，如上部作业应满铺脚手板，外侧边沿应加挡板和网等防物体下落措施。

⑤“临边”防护措施。施工中未安装栏杆的阳台（走台）周边，无外架防护的屋面（或平台）周边，框架工程楼层周边，跑道（斜道）两侧边，卸料平台外侧边等均属于临边危险地域，应采取防人员和物料下落的措施。

⑥ 当外用电线路与在建工程（含脚手架具）的外侧边缘之间达到最小安全操作距离时，必须采取屏障、保护网等措施；如果小于最小安全距离时，还应设置绝缘屏障，并悬挂醒目的警示标志。根据施工总平面的布置和现场临时用电需要量，制定相应的安全用电技术措施和电气防火措施，如果临时用电设备在 5 台及 5 台以上或设备总容量在 50kW 及 50kW 以上者，应编制临时用电组织设计。

⑦ 施工工程、暂设工程、井架门架等金属构筑物，凡高于周围原有避雷设备，均应有防雷设施；易燃易爆作业场所必须采取防火防爆措施。

⑧ 季节性施工的安全措施。如夏季防止中暑措施，包括降温、防热辐射、调整作息时间、疏导风源等措施；雨季施工要制定防雷防电、防坍塌措施；冬季防火、防大风等。

5.6.2 工程监理安全控制的内容、程序和方法

建设工程安全监理可以适用于工程建设投资决策阶段、勘察设计阶段和施工阶段，目前主要是工程施工阶段。

5.6.2.1 工程安全监理的内容

监理单位应当按照法律、法规和工程建设强制性标准及监理委托合同实施监理，对所监理工程的施工安全生产进行监督检查，具体内容如下。

(1) 施工准备阶段安全监理的主要工作内容

① 监理单位应根据国家的规定，按照工程建设强制性标准和相关行业监理规范的要求，编制包括安全监理内容的项目监理规划，明确安全监理的范围、内容、工作程序和制度措施，以及人员配备计划和职责等。

② 对中型及以上项目和危险性较大的分部分项工程，监理单位应当编制专项安全监理实施细则。实施细则应当明确安全监理的方法、措施和控制要点，以及对施工单位安全技术措施的检查方案。

安全监理实施细则是根据监理规划的安全监理要求，由专业监理工程师编写，并经总监理工程师批准，针对工程项目中某一专业或某一方面安全监理工作的操作性文件。安全

监理实施细则应结合工程项目的专业特点，做到详细具体，具有可操作性。在监理工作实施过程中，安全监理实施细则应根据实际情况进行补充、修改和完善。

安全监理实施细则的主要内容如下。

a. 专业工程的安全生产特点。

b. 安全监理工作的流程。

c. 安全监理工作的控制要点和目标值。

d. 安全监理工作的方法和措施。

③ 审查施工单位编制的施工组织设计中的安全技术措施和危险性较大的分部分项工程安全专项施工方案是否符合工程建设强制性标准要求。

《建设工程安全生产管理条例》第二十六条规定，施工单位应当在施工组织设计中编制安全技术措施和施工现场临时用电方案，对下列达到一定规模的危险性较大的分部分项工程编制专项施工方案，并附具安全验算结果，经施工单位技术负责人、总监理工程师签字后实施，由专职安全生产管理人员进行现场监督。

a. 基坑支护与降水工程。

b. 土方开挖工程。

c. 模板工程。

d. 起重吊装工程。

e. 脚手架工程。

f. 拆除、爆破工程。

g. 国务院建设行政主管部门或者其他有关部门规定的其他危险性较大的工程。

对所列工程中涉及深基坑、地下暗挖工程、高大模板工程的专项施工方案，施工单位还应当组织专家进行论证、审查。本条第一款规定的达到一定规模的危险性较大工程的标准，由国务院建设行政主管部门会同国务院其他有关部门制定。

建设部建质［2003］82 号《建筑工程预防坍塌事故若干规定》第七条规定，施工单位应编制深基坑（槽）、高切坡、桩基和超高、超重、大跨度模板支撑系统等专项施工方案，并组织专家审查。规定所称深基坑（槽）是指开挖深度超过 5m 的基坑（槽），或深度未超过 5m 但地质情况和周围环境较复杂的基坑（槽）。高切坡是指岩质边坡超过 30m，或土质边坡超过 15m 的边坡。超高、超重、大跨度模板支撑系统是指高度超过 8m、或跨度超过 18m、或施工总荷载大于 $10kN/m^2$、或集中线荷载大于 15kN/m 的模板支撑系统。

监理工程师审查的主要内容如下。

a. 施工单位编制的地下管线保护措施方案是否符合强制性标准要求。

b. 基坑支护与降水、土方开挖与边坡防护、模板、起重吊装、脚手架、拆除、爆破等分部分项工程的专项施工方案是否符合强制性标准要求。

c. 施工现场临时用电施工组织设计或者安全用电技术措施和电气防火措施是否符合强制性标准要求。

d. 冬期、雨期等季节性施工方案的制定是否符合强制性标准要求。

e. 施工总平面布置图是否符合安全生产的要求，办公、宿舍、食堂、道路等临时设施设置以及排水、防火措施是否符合强制性标准要求。

④ 检查施工单位在工程项目上的安全生产规章制度和安全监管机构的建立、健全及专职安全生产管理人员配备情况，督促施工单位检查各分包单位的安全生产规章制度的建立情况。

⑤ 审查施工单位资质和安全生产许可证是否合法有效。

⑥ 审查项目经理和专职安全生产管理人员是否具备合法资格，是否与投标文件相一致。

⑦ 审核特种作业人员的特种作业操作资格证书是否合法有效。

⑧ 审核施工单位应急救援预案和安全防护措施费用使用计划。

(2) 施工阶段安全监理的主要工作内容

① 监督施工单位按照施工组织设计中的安全技术措施和专项施工方案组织施工，及时制止违规施工作业。

② 定期巡视检查施工过程中危险性较大的工程作业情况。

③ 核查施工现场施工起重机械、整体提升脚手架、模板等自升式架设设施和安全设施的验收手续。

④ 检查施工现场各种安全标志和安全防护措施是否符合强制性标准要求，并检查安全生产费用的使用情况。

⑤ 督促施工单位进行安全自查工作，并对施工单位自查情况进行抽查，参加建设单位组织的安全生产专项检查。

5.6.2.2 工程安全监理的程序

(1) 安全控制的工作程序

① 监理单位按照相关行业监理规范要求，编制含有安全监理内容的监理规划和安全监理实施细则。

② 在施工准备阶段，监理单位应审查核验施工单位提交的有关技术文件及资料，并由项目总监理工程师在有关技术文件报审表上签署意见；审查未通过的，安全技术措施及专项施工方案不得实施。

为进一步做好安全监理的工作，监理单位应进行工程项目安全施工风险评估，包括施工安全危险源的识别和评价、安全风险跟踪控制措施的制订和安全风险管理相关报告的编写等工作，以实现施工安全的有效控制。

③ 在施工阶段，监理单位应对施工现场安全生产情况进行巡视检查，对发现的各类安全事故隐患，应书面通知施工单位，并督促其立即整改；情况严重的，监理单位应及时下达工程暂停令，要求施工单位停工整改，并同时报告建设单位。安全事故隐患消除后，监理单位应检查整改结果，签署复查或复工意见。施工单位拒不整改或不停工整改的，监理单位应当及时向工程所在地建设行政主管部门或工程项目的行业主管部门报告，以电话

形式报告的，应当有通话记录，并及时补充书面报告。检查、整改、复查、报告等情况应记载在监理日志、监理月报中。

监理单位应核查施工单位提交的施工起重机械、整体提升脚手架、模板等自升式架设设施和安全设施等验收记录，并由安全监理人员签收备案。

④ 工程竣工后，监理单位应将有关安全生产的技术文件、验收记录、监理规划、监理实施细则、监理月报、监理会议纪要及相关书面通知等按规定立卷归档。

(2) 发现安全隐患的处理程序

监理工程师在监理过程中，对发现的施工安全隐患应按照一定的程序进行处理，如图 5.17所示，保证工程生产顺利开展。

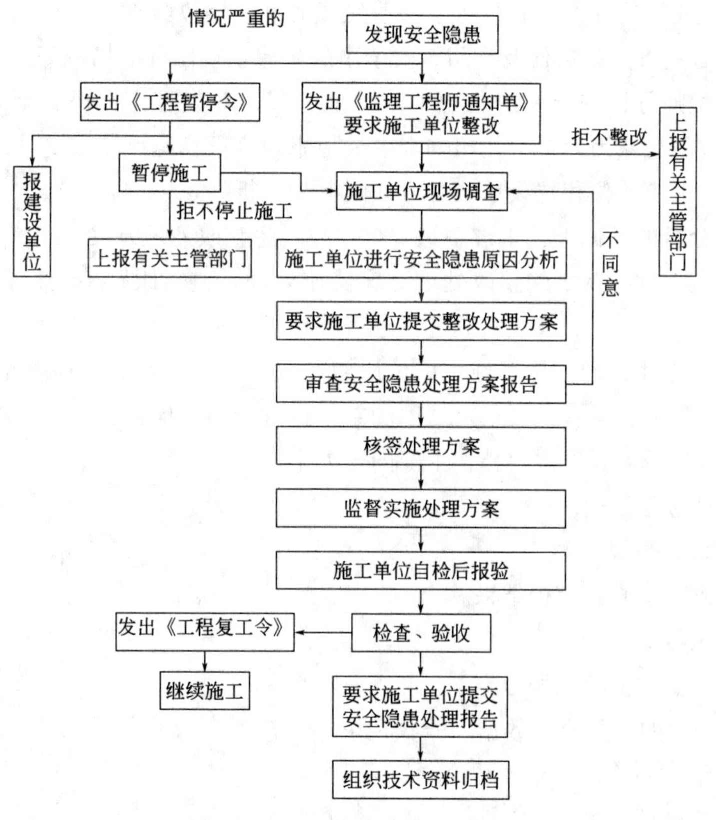

图 5.17 工程安全隐患处理程序

① 当发现工程施工安全隐患时，监理工程师首先应判断其严重程度。当存在安全事故隐患时，应签发《监理工程师通知单》，要求施工单位进行整改，施工单位提出整改方案，填写《监理工程师通知回复单》报监理工程师审核后，批复施工单位进行整改处理，必要时应经设计单位认可，处理结果应重新进行检查、验收。

② 当发现严重安全事故隐患时，总监理工程师应签发《工程暂停令》，指令施工单位暂时停止施工，必要时应要求施工单位采取安全防护措施，并报建设单位。监理工程师应要求施工单位提出整改方案，必要时应经设计单位认可，整改方案经监理工程师审核后，

施工单位进行整改处理，处理结果应重新进行检查、验收。

③ 施工单位接到《监理工程师通知单》后，应立即进行安全事故隐患的调查，分析原因，制定纠正和预防措施，制定安全事故隐患整改处理方案，并报总监理工程师。

安全事故隐患整改处理方案内容如下。

a. 存在安全事故隐患的部位、性质、现状、发展变化、时间、地点等详细情况。

b. 现场调查的有关数据和资料。

c. 安全事故隐患原因分析与判断。

d. 安全事故隐患处理的方案。

e. 是否需要采取临时防护措施。

f. 确定安全事故隐患整改责任人、整改完成时间和整改验收人。

g. 涉及的有关人员和责任及预防该安全事故隐患重复出现的措施等。

④ 监理工程师分析安全事故隐患整改处理方案。对处理方案进行认真深入的分析，特别是安全事故隐患原因分析，找出安全事故隐患的真正起源点。必要时，可组织设计单位、施工单位、供应单位和建设单位各方共同参加分析。

⑤ 在原因分析的基础上，审核签认安全事故隐患整改处理方案。

⑥ 指令施工单位按既定的整改处理方案实施处理并进行跟踪检查，总监理工程师应安排监理人员对施工单位的整改实施过程进行跟踪检查。

⑦ 安全事故隐患处理完毕，施工单位应组织人员检查验收，自检合格后报监理工程师核验，监理工程师组织有关人员对处理的结果进行严格的检查、验收。施工单位写出安全隐患处理报告，报监理单位存档，主要内容如下。

a. 整改处理过程描述。

b. 调查和核查情况。

c. 安全事故隐患原因分析结果。

d. 处理的依据。

e. 审核认可的安全隐患处理方案。

f. 实施处理中的有关原始数据、验收记录、资料。

g. 对处理结果的检查、验收结论。

h. 安全隐患处理结论。

(3) 安全事故处理程序

工程安全事故发生后，监理工程师一般按以下程序进行处理，如图5.18所示。

① 建设工程安全事故发生后，总监理工程师应签发《工程暂停令》，并要求施工单位必须立即停止施工，施工单位应立即实行抢救伤员、排除险情，采取必要的措施，防止事故扩大，并做好标识，保护好现场。同时，要求发生安全事故的施工总承包单位迅速按安全事故类别和等级向相应的政府主管部门上报，并及时写出书面报告。

② 监理工程师在事故调查组展开工作后，应积极协助，客观地提供相应证据，若监理方无责任，监理工程师可应邀参加调查组，参与事故调查；若监理方有责任，则应回

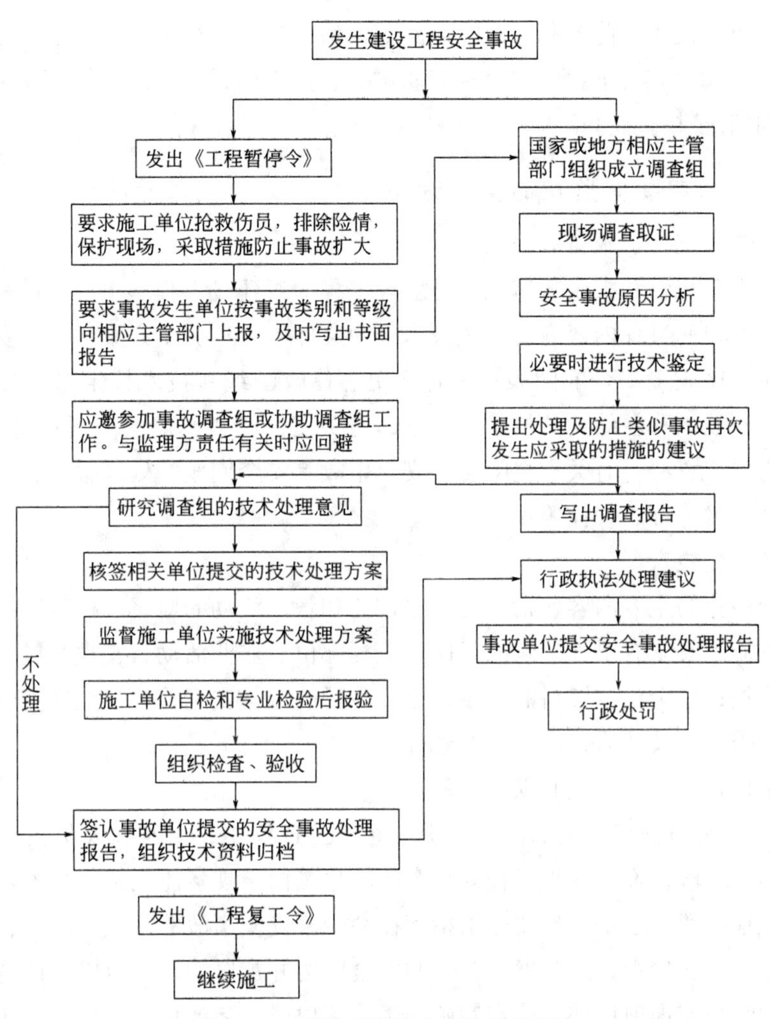

图 5.18 建设工程安全事故处理程序

避，但应配合调查组工作。

③ 监理工程师接到安全事故调查组提出的处理意见涉及技术处理时，可组织相关单位研究，并要求相关单位完成技术处理方案。必要时，应征求设计单位意见，技术处理方案必须依据充分，应在安全事故的部位、原因全部查清的基础上进行，必要时组织专家进行论证，以保证技术处理方案可靠、可行，保证施工安全。

④ 技术处理方案核签后，监理工程师应要求施工单位制定详细的施工方案，必要时监理工程师应编制监理实施细则，对工程安全事故技术处理的施工过程进行重点监控，对于关键部位和关键工序应派专人进行监控。

⑤ 施工单位完工自检后，监理工程师应组织相关各方进行检查验收，必要时进行处理结果鉴定。要求事故单位整理编写安全事故处理报告，并审核签认，进行资料归档。

⑥ 签发《工程复工令》，恢复正常施工。

为做好安全生产管理工作，事故发生单位应当认真吸取事故教训，落实防范和整改措施，防止事故再次发生。防范和整改措施的落实情况应当接受工会和职工的监督。安全生产监督管理部门和负有安全生产监督管理职责的有关部门，应当对事故发生单位落实防范和整改措施的情况进行监督检查。

5.6.2.3 工程安全监理的主要方法

(1) 审核技术文件、报告和报表

对技术文件、报告和报表的审核，是监理工程师对建设工程施工安全进行检查和控制的重要途径，审核的具体内容有：有关技术证明文件；专项施工方案；有关安全物资的检验报告；反映工序施工安全的图表；设计变更、修改图纸和技术核定书；有关应用新工艺、新材料、新技术和新结构的技术鉴定书；有关工序检查与验收资料；有关安全设施、施工机械验收核查资料；有关安全隐患、安全事故等安全问题的处理报告；与现场施工作业有关的安全技术签证、文件等。

(2) 现场安全检查

现场安全检查的主要内容包括：施工中作业和管理活动的监督、检查与控制；对于重要的和对工程施工安全有重大影响的工序、工程部位、作业活动，在现场施工过程中安排监理员进行监控；安全记录资料的检查；施工现场的日常安全检查、定期安全检查、专业性安全检查、季节性及节假日后安全检查等。

现场安全检查的主要方式有以下三种。

① 旁站　旁站是指在关键部位或关键工序施工过程中，由监理人员在现场进行的监督活动。在施工阶段，许多建设工程安全事故隐患是由于现场施工或操作不当或不符合标准、规范、规程所致，违章操作或违章指挥往往带来安全事故的发生。因此，通过监理人员的现场旁站监督和检查，及时发现存在的安全问题并加以控制，可以保证施工安全。除了规范规定的旁站监理项目外，确定旁站的工程部位或工艺或作业活动，还应根据每个工程的特点、施工单位安全管理水平等因素综合决定。

② 巡视　巡视是监理人员对正在施工的部位及工序现场进行的定期及不定期的巡查活动。巡视不限于某一部位及工艺过程，其检查范围为施工现场所有安全生产活动。

③ 平行检验　平行检验是监理人员利用一定的检查或检测手段，在施工承包单位自检的基础上，按照一定的比例独立进行检查或检测的活动。平行检验在安全技术复核及复验工作中采用较多，是监理人员对安全设施、施工机械等进行安全验收核查的主要手段。

(3) 举行工地例会和安全专题会议

① 工地例会是施工过程中参加建设工程各方沟通情况，解决分歧，形成共识，作出决定的主要渠道。通过工地例会，监理工程师检查分析施工过程的安全状况，指出存在的安全问题，提出整改的措施，要求施工单位限期整改完成。由于参加工地例会的人员的层次较高，会上容易就安全问题的解决达成共识。

② 针对某些专门安全问题，监理工程师还应组织专题会议，集中解决较重大或普遍存在的安全问题。

（4）对安全隐患的处理方法

① 监理工程师应对检查出的安全事故隐患立即发出安全隐患整改通知单。施工单位应对安全隐患原因进行分析，制定纠正和预防措施。安全事故整改措施经监理工程师确认后实施。监理工程师对安全事故整改措施的实施过程和实施效果应进行跟踪检查，保存验证记录。

② 对在施工现场违章指挥和违章作业的工作人员，监理工程师应当场向责任人指出，立即纠正。

除以上几种方法之外，监理工程师还可以通过执行安全生产协议书中的安全生产奖惩制度来约束施工单位的安全生产行为，确保施工安全，促进施工安全生产顺利开展。

训练与思考题 ▶▶

一、单项选择题（每小题的备选答案中，只有 1 个选项最符合题意。）

1. 在计划实施过程中，控制部门和控制人员需要全面、及时、准确地了解计划的执行情况及其结果，这要求表明监理工程师应做好（　　）环节的控制工作。

A. 投入　　B. 转换　　C. 反馈　　D. 对比

2. 按控制措施制定的出发点分类，控制类型可分为（　　）。

A. 事前控制、事中控制、事后控制　　B. 前馈控制、反馈控制

C. 开环控制、闭环控制　　D. 主动控制、被动控制

3. 下列关于工程项目目标之间关系的表述中，反映统一关系的是（　　）。

A. 建设工程的功能和质量要求提高，需要投入较多资金，也会需要较长的建设时间

B. 加快进度以缩短工期，会使工程投资增加且会对工程质量产生不利影响

C. 降低投资，会迫使工程功能和使用要求降低，影响工程进度的加快

D. 缩短工期虽会增加一定的投资，但可以使工程提前投入使用，从而提早发挥投资效益

4. 下列关于目标分解结构与组织分解结构深度、层次的表述中，正确的是（　　）。

A. 目标分解结构较细、层次较多，组织分解结构较粗、层次较少，目标分解结构在较细的层次上应当与组织分解结构一致

B. 目标分解结构较细、层次较多，组织分解结构较粗、层次较少，目标分解结构在较粗的层次上应当与组织分解结构一致

C. 目标分解结构较粗、层次较少，组织分解结构较细、层次较多，目标分解结构在较细的层次上应当与组织分解结构一致

D. 目标分解结构较粗、层次较少，组织分解结构较细、层次较多，目标分解结构在较粗的层次上应当与组织分解结构一致

5. 建设工程质量控制要避免不断提高质量目标的倾向，确保基本质量目标的实现，并尽量发挥其对投资目标和进度目标实现的积极作用，这表明对建设工程质量应进行

（　　）控制。

A. 前馈　　B. 系统　　C. 全过程　　D. 全方位

6. 决定建设工程价值与使用价值的主要阶段是（　　）阶段。

A. 设计　　B. 施工　　C. 竣工验收　　D. 工程保修

7. 下列关于主动控制的表述中，正确的是（　　）。

A. 主动控制是在输出环节之前就要采取预防和纠偏措施来减少偏差发生的控制活动

B. 主动控制是基于第一次循环之后所发现的偏差，在下一次循环开始之前主动采取预防和纠偏措施的控制活动

C. 主动控制是在预先分析各种风险因素及其导致目标偏离的可能性和程度的基础上，采取有针对性的预防措施，从而减少甚至消除目标偏离的控制活动

D. 主动控制可以使工程实施保持在计划状态

8. 由于目标控制通常表现为一个有限的周期性循环过程，因此，目标控制是一种（　　）。

A. 动态控制　　B. 主动控制　　C. 被动控制　　D. 实时控制

9. 监理单位是从（　　）的角度出发对工程进行质量控制。

A. 建设工程生产者　　B. 社会公众

C. 业主或建设工程需求者　　D. 项目的贷款方

10. 在建设工程实施阶段，对投资实行全过程控制的任务主要集中在（　　）。

A. 可行性研究阶段对设计阶段、招标阶段

B. 设计阶段、招标阶段、施工阶段

C. 可行性研究阶段、设计阶段、施工阶段

D. 设计阶段、施工阶段、竣工验收阶段

11. 下列目标控制措施中，属于合同措施的是（　　）。

A. 调整控制人员的分工

B. 协助业主确定工程发包方式

C. 要求施工单位增加施工机械，并给予合理的补偿

D. 修改技术方案加快进度

12. 对由于业主原因所导致的目标偏差，可能成为首选措施的是（　　）。

A. 组织措施　　B. 技术措施　　C. 经济措施　　D. 合同措施

13. 建设工程目标分解最基本的方式是按（　　）分解。

A. 总投资构成内容　　B. 工程内容　　C. 资金使用时间　　D. 工程进度

14. 从主动控制是事前控制的角度来理解，主动控制的主要作用在于（　　）。

A. 防患于未然　　B. 及时纠偏

C. 避免重蹈覆辙　　D. 降低目标偏离的严重程度

15. 功能好、质量优的工程投入使用后的收益往往较高，这表明（　　）。

A. 质量目标与进度目标之间存在统一关系

B. 质量目标与进度目标之间存在对立关系

C. 质量目标与投资目标之间存在统一关系

D. 质量目标与投资目标之间存在对立关系

16. 在建设工程实施过程中，如果仅仅采取被动控制措施，出现偏差是不可避免的，而且（　　），从而难以实现工程预定的目标。

A. 采取纠偏措施是不可能的　　B. 采取纠偏措施是不经济的

C. 偏差可能有累积效应　　D. 不能降低偏差的严重程度

17. 下列属于建设工程目标控制经济措施的是（　　）。

A. 明确目标控制人员的任务和职能分工

B. 提出多个不同的技术方案

C. 分析不同合同之间的相互联系

D. 投资偏差分析

18. 下列工作中，属于施工阶段进度控制任务的是（　　）。

A. 做好对人力、材料、机械、设备等的投入控制工作

B. 审查确认施工分包单位

C. 审查施工组织设计

D. 做好工程计量工作

19. 在监理工作中，监理工程师对质量控制的技术措施是（　　）。

A. 制定质量监督制度　　B. 落实技术控制责任制

C. 加强质量检查监督　　D. 制定协调控制程序

20. 下列关于建设工程各目标之间关系的表述中，体现质量目标与投资目标统一关系的是（　　）。

A. 提高功能和质量要求，需要适当延长工期

B. 提高功能和质量要求，需要增加一定的投资

C. 提高功能和质量要求，可能降低运行费用和维修费用

D. 增加质量控制的费用，有利于保证工程质量

二、多项选择题（每小题的备选答案中，有 2 个或 2 个以上选项符合题意，但至少有 1 个错项。）

1. 下列内容中，属于施工阶段特点的有（　　）。

A. 施工阶段是决定建设工程价值和使用价值的主要阶段

B. 施工阶段是实现建设工程价值和使用价值的主要阶段

C. 施工质量对建设工程质量起保证作用

D. 施工质量对建设工程质量起决定性影响

E. 施工阶段是资金投入量最大的阶段

2. 下列内容中，属于施工阶段进度控制任务的是（　　）。

A. 审查施工单位的施工组织设计

B. 审查施工单位的施工进度计划

C. 协调各单位关系

D. 预防并处理好工期索赔

E. 审查确认施工分包单位

3. 在对建设工程投资进行全方位控制时，应注意（　　）。

A. 按总投资构成内容分解

B. 认真分析建设工程及其投资构成的特点，了解各项费用的变化趋势和影响因素

C. 强调早期控制的重要性

D. 抓主要矛盾，有所侧重

E. 根据各项目费用的特点选择适当的控制方式

4. 下列表述中，反映工程项目三大目标之间对立关系的是（　　）。

A. 加快进度虽然要增加投资但可提早发挥项目的投资效益

B. 提高功能和质量标准虽然要增加投资但可节约项目动用后的运营费

C. 加快进度需要增加投资且可能导致质量下降

D. 提高功能和质量标准需要增加投资且可能导致工期延长

E. 减少投资一般要降低功能和质量标准

5. 建设工程目标分解应遵循（　　）等原则。

A. 能分能合

B. 区别对待，有粗有细

C. 有可靠的数据来源

D. 按工种分解，不按工程部位分解

E. 目标分解结构与组织分解结构相对应

6. 为了进行有效的目标控制，必须做好的重要前提工作是（　　）。

A. 调查研究

B. 目标规划和计划

C. 动态控制

D. 目标控制的组织

E. 制定措施

7. 在将目标的实际值与计划值进行比较时，要注意（　　）。

A. 明确目标实际值与计划值的内涵

B. 合理选择比较对象

C. 确定比较工作的人员

D. 建立目标实际值与计划值的对应关系

E. 确定衡量目标偏离的标准

8. 建设工程进度控制就是在满足投资和质量要求的前提下，力求（　　）。

A. 使工程实际工期不超过计划工期

B. 使整个建设工程按计划的时间使用

C. 建设工期最短

D. 对民用项目来说，就是要按计划时间交付使用

E. 对工业项目来说，就是要按计划时间达到负荷联动试车成功

9. 下列关于目标规划和计划与目标控制的表述中，正确的有（　　）。

A. 目标规划和计划与目标控制都具有动态性

B. 目标规划和计划与目标控制之间存在交替出现的循环关系

C. 目标控制的效果直接取决于目标规划和计划的质量

D. 目标控制的效果在很大程度上取决于目标规划和计划的质量

E. 目标规划和计划越明确、越具体、越全面，目标控制的效果越好

10. 监理工程师在目标控制中采取的合同措施有（　　）。

A. 严格按合同规定审核结算报告并付款

B. 在拟订合同条款时注意严密性和全面性

C. 协助业主确定对目标控制有利的建设工程组织管理模式

D. 分析不同合同之间的相互联系和影响

E. 落实合同管理的机构和人员

三、思考题

1. 简述目标控制的基本流程。

2. 什么是主动控制和被动控制，如何认识它们之间的关系？

3. 什么是建设工程目标控制的四大目标，它们之间的关系？

4. 简述建设工程目标分解的原则和方式。

5. 简述建设工程施工阶段投资、进度、质量、安全控制的方法和措施。

6. 施工阶段质量控制的依据是什么？

7. 影响工程施工质量的因素有哪些？

8. 简述建设工程质量验收的程序。

9. 当发现工程质量问题时，监理工程师应怎样进行处理？

10. 什么是工程安全控制？施工安全控制具有哪些特点？

11. 施工方案中安全措施应包括哪些主要内容？

12. 监理工程师审查的专项施工方案包括哪些方面？

13. 安全监理实施细则的主要内容是什么？

14. 施工阶段安全监理的主要工作内容有哪些？

15. 监理工程师在施工过程安全监理中所使用的主要方法有哪些？

第6章

工程监理的合同管理

6.1 建设工程合同管理概述

6.1.1 建设工程合同的概念

(1) 建设工程合同的概念

根据《中华人民共和国合同法》的规定，建设工程合同是承包人进行工程建设，发包人支付价款的合同。而进行工程建设的五方行为责任主体一般包括建设、监理、勘察、设计、施工。因此，建设工程合同就是指在工程建设过程中，发包人与承包人依法订立的，明确双方权利义务关系的协议，承包人进行工程建设，发包人支付价款的合同。它包括工程勘察、设计、施工合同。实行监理的，发包人也应当与监理人签订工程监理合同。

《合同法》规定，建设工程合同是一种要式、诺成合同，也是一种双务、有偿合同，实质上就是一种广义的承揽合同，建设工程合同应当采用书面形式，建设工程合同中没有规定的，适用承揽合同的有关规定。

(2) 建设工程合同的特征

① 合同主体的严格性。建设工程合同主体一般只能是法人。发包人一般只能是经过批准进行工程项目建设的法人，必须有国家批准的建设项目，落实投资计划，并且应当具备相应的协调能力；承包人必须具备法人资格，而且应当具备相应的从事勘察设计、施工、监理等资质。无营业执照或无承包资质的单位不能作为建设工程合同的主体，资质等级低的承包单位不能越级承包建设工程。

② 合同标的的特殊性。建设工程合同的标的是各类建筑产品，建筑产品通常是与大地相连的，建筑形态往往是多种多样的，就是采用同一张施工图纸的建筑产品往往也是各不相同的（价格、位置等）。建筑产品的单件性及固定性等自身的特性，决定了建设工程合同标的的特殊性，相互之间具有不可代替性。

③ 合同履行期限的长期性。建设工程由于结构复杂、体积大、建筑材料类型多、工

作量大、投资巨大，使得建筑工程的生产周期与一般的工业产品的生产相比比较长，这导致了建设工程合同履行期限比较长。而且，由于投资的巨大，建设工程合同的订立和履行一般都需要较长的准备时间。同时，在合同的履行过程中，还可能因为不可抗力、工程变更、材料供应不及时等原因导致合同期限的延长。所有这些情况，决定了建设工程合同的履行期限具有长期性。

④ 投资和程序上的严格性。由于工程建设对国家的经济发展、国民生产和生活都有重大的影响。因此，国家对工程建设在投资和程序上有严格的管理制度。订立建设工程合同也必须以国家批准的投资计划为前提。即使是国家投资以外的、以其他方式筹集的投资也要受到当年的贷款规模和批准限额的限制，纳入当年投资规模的平衡，并经过严格的审批程序。建设工程合同的订立和履行还必须遵守国家有关基本建设程序的规定。

(3) 建设工程合同的种类

建设工程合同可从不同的角度进行分类。

① 按承发包的范围和数量分类。建设工程合同可以分为总承包合同、承包合同、分包合同。发包人将工程建设的全过程发包给一个承包人的合同即为建设工程总承包合同。发包人如果将建设工程的勘察、设计、施工等的每一项分别发包给一个承包人的合同即为建设工程承包合同。经合同约定和发包人认可，从工程承包人的工程中承包部分工程而订立的合同即为建设工程分包合同。

② 按完成承包的内容分类。建设工程合同可以分为建设工程勘察合同、设计合同和施工合同三类。建设工程勘察、设计合同，是指勘察、设计人（承包人）根据发包人的委托，完成对建设工程项目的勘察、设计工作，由发包人支付报酬的合同。勘察、设计合同的内容包括提交有关基础资料和文件（包括概预算）的期限、质量要求、费用以及其他协作条件等条款。建设工程施工合同，是指施工人（承包人）根据发包人的委托，完成建设工程项目的施工工作，发包人接受工作成果并支付报酬的合同。施工合同的内容包括工程范围、工程质量、安全文明施工与环境保护、工期和进度、材料与设备、试验与检验、变更、价格调整、合同价格、计量与支付、验收和工程试车、竣工结算、缺陷责任与保修、违约、不可抗力、保险、索赔和争议解决等条款。

③ 按计价方式分类。业主与承包商所签订的合同，按计价方式不同，可以划分为总价合同、单价合同和成本加酬金合同三大类。建设工程勘察、设计合同和设备加工采购合同一般为总价合同；建设工程委托监理合同大多数为成本加酬金合同；建设工程施工合同则根据招标准备情况和工程项目特点不同，可选择其适用的一种合同。

6.1.2 建设工程合同管理的主要内容

建设工程合同管理的目的是项目管理机构通过自身在工程项目合同订立和履行过程中所进行的计划、组织、指挥、监督和协调等工作，促使项目内部各部门、各环节相互衔接、密切配合，形成合格的工程项目。建设工程合同管理的过程是一个动态的过程，是工程项目管理机构和管理人员为实现预期的管理目标，运用管理职能和管理方法对工程合同的订立和履行行为实施管理活动的过程。全过程包括合同订立前的管理、合同订立中的管理、合同履行中的管理和合同纠纷管理。

（1）合同订立前的管理

合同订立前的管理也称为合同总体策划。合同签订意味着合同生效和全面履行，所以，必须采取谨慎、严肃、认真的态度，做好签订前的准备工作。具体内容包括市场预测、资信调查和决策以及订立合同前行为的管理。

作为业主方，主要应通过合同总体决策对以下几个方面内容作出决策：与业主签约的承包商的数量、招标方式的确定、合同种类的选择、合同条件的选择、重要合同条款的确定以及其他战略性问题。

作为承包商，其合同策划应服从于其基本目标（取得利润）和企业经营战略。具体内容包括投标方向的选择、合同风险的总评价、合作方式的选择等。

（2）合同订立时的管理

合同订立阶段，意味着当事人双方经过工程招标投标活动，充分酝酿、协商一致，从而建立起建设工程合同法律关系。订立合同是一种法律行为，双方应当严肃认真的拟订会谈条款，作到合同合法、公平、有效。

（3）合同履行中的管理

合同依法订立后，当事人应当作好履行过程中的组织和管理工作，严格按照合同条款，享有权利和履行义务。

这阶段合同管理人员（无论是业主方还是承包方）的主要工作有以下几个方面的内容：建立合同实施的保证体系、对合同实施情况进行跟踪并进行诊断分析、进行合同变更管理等。

（4）合同发生纠纷时的管理

在合同履行过程中，当事人之间有可能发生纠纷，当争议纠纷发生时，有关双方应该首先从整体、全局利益的目标出发，做好有关的合同管理工作。在我国，合同争议解决方式主要有和解、调解、仲裁和诉讼四种。

6.1.3 建设工程合同管理的任务

在监理企业与建设单位签订的工程监理合同中，监理单位受建设单位委托对工程的投资、质量、进度、安全与环保五大目标进行控制和监理，对工程的合同和信息进行管理，对建设工程的参与各方及相关事务进行协调。《建设工程监理合同（示范文本）》中所明确的监理单位的大部分义务和权利，在建设单位与施工企业签订的建设工程施工合同中无处不在地得到了充分的反映和具体细化。所以，监理对《建设工程施工合同（示范文本）》的管理，是《建设工程监理合同（示范文本）》约定的监理企业本身应尽的义务及职责所在。

6.1.3.1 《建设工程监理合同（示范文本）》的主要内容

(1) 监理的工作内容

除专用条件另有约定外，监理工作内容如下。

① 收到工程设计文件后编制监理规划，并在第一次工地会议7天前报建设单位。根据有关规定和监理工作需要，编制监理实施细则；熟悉工程设计文件，并参加由建设单位主持的图纸会审和设计交底会议；参加由建设单位主持的第一次工地会议；主持监理例会并根据工程需要主持或参加专题会议。

② 审查施工企业提交的施工组织设计，重点审查其中的质量安全技术措施、专项施工方案与工程建设强制性标准的符合性；审查施工企业提交的施工进度计划，核查承包人对施工进度计划的调整。

③ 检查施工企业工程质量、安全生产管理制度及组织机构和人员资格；检查施工企业专职安全生产管理人员的配备情况；在巡视、旁站和检验过程中，发现工程质量、施工安全存在事故隐患的，要求施工企业整改并报建设单位。

④ 检查施工企业的试验室；审查施工企业报送的工程材料、构配件、设备质量证明文件的有效性和符合性，并按规定对用于工程的材料采取平行检验或见证取样方式进行抽检；验收隐蔽工程、分部分项工程；审查施工企业提交的采用新材料、新工艺、新技术、新设备的论证材料及相关验收标准。

⑤ 审核施工分包人资质条件。

⑥ 查验施工企业的施工测量放线成果。

⑦ 审查工程开工条件，对条件具备的签发开工令；经建设单位同意，签发工程暂停令和复工令。

⑧ 审核施工企业提交的工程款支付申请，签发或出具工程款支付证书，并报建设单位审核、批准；审查施工企业提交的工程变更申请，协调处理施工进度调整、费用索赔、合同争议等事项；审查施工企业提交的竣工结算申请并报建设单位。

⑨ 审查施工企业提交的竣工验收申请，编写工程质量评估报告；参加工程竣工验收，签署竣工验收意见；编制、整理工程监理归档文件并报建设单位。

(2) 监理人的义务

① 监理人应组建满足工作需要的项目监理机构，配备必要的检测设备。项目监理机构的主要人员应具有相应的资格条件。监理人可根据工程进展和工作需要调整项目监理机构人员。监理人更换总监理工程师时，应提前7天向建设单位书面报告，经建设单位同意后方可更换；监理人更换项目监理机构其他监理人员，应以相当资格与能力的人员替换，并通知建设单位。监理人应遵循职业道德准则和行为规范，严格按照法律法规、工程建设有关标准及本合同履行职责。

② 在监理与相关服务范围内，建设单位和承包人提出的意见和要求，监理人应及时提出处置意见。当建设单位与承包人之间发生合同争议时，监理人应协助建设单位、承包

人协商解决。当建设单位与承包人之间的合同争议提交仲裁机构仲裁或人民法院审理时，监理人应提供必要的证明资料。

③ 监理人应在专用条件约定的授权范围内，处理建设单位与承包人所签订合同的变更事宜。如果变更超过授权范围，应以书面形式报建设单位批准。在紧急情况下，为了保护财产和人身安全，监理人所发出的指令未能事先报建设单位批准时，应在发出指令后的24小时内以书面形式报建设单位。

④ 在本合同履行期内，监理人应在现场保留工作所用的图纸、报告及记录监理工作的相关文件。工程竣工后，应当按照档案管理规定将监理有关文件归档。

⑤ 监理人无偿使用由建设单位派遣的人员和提供的房屋、资料、设备。除专用条件另有约定外，建设单位提供的房屋、设备属于建设单位的财产，监理人应妥善使用和保管，在本合同终止时将这些房屋、设备的清单提交建设单位，并按专用条件约定的时间和方式移交。

(3) 建设单位的义务

① 建设单位应在建设单位与承包人签订的合同中明确监理人、总监理工程师和授予项目监理机构的权限。如有变更，应及时通知承包人。

② 建设单位应无偿向监理人提供工程有关的资料。在本合同履行过程中，建设单位应及时向监理人提供最新的与工程有关的资料。

③ 建设单位按照约定应为监理人派遣相应的人员，提供房屋、设备，供监理人无偿使用；建设单位应负责协调工程建设中所有外部关系，为监理人履行本合同提供必要的外部条件。

④ 建设单位应授权一名熟悉工程情况的代表，负责与监理人联系。建设单位应在双方签订本合同后7天内，将建设单位代表的姓名和职责书面告知监理人。当建设单位更换建设单位代表时，应提前7天通知监理人。

⑤ 在本合同约定的监理与相关服务工作范围内，建设单位对承包人的任何意见或要求应通知监理人，由监理人向承包人发出相应指令。建设单位应在专用条件约定的时间内，对监理人以书面形式提交并要求作出决定的事宜，给予书面答复。逾期未答复的，视为建设单位认可。

⑥ 建设单位应按本合同约定，向监理人支付酬金。监理人应在本合同约定的每次应付款时间的7天前，向建设单位提交支付申请书。支付申请书应当说明当期应付款总额，并列出当期应支付的款项及其金额。支付的酬金包括正常工作酬金、附加工作酬金、合理化建议奖励金额及费用。

(4) 监理人的违约责任

① 因监理人违反本合同约定给建设单位造成损失的，监理人应当赔偿建设单位损失。赔偿金额的确定方法在专用条件中约定。监理人承担部分赔偿责任的，其承担的赔偿金额由双方协商确定。

② 监理人向建设单位的索赔不成立时，监理人应赔偿建设单位由此发生的费用。

(5) 建设单位的违约责任

① 建设单位违反本合同约定造成监理人损失的，建设单位应予以赔偿。

② 建设单位向监理人的索赔不成立时，应赔偿监理人由此引起的费用。

③ 建设单位未能按期支付酬金超过 28 天，应按专用条件约定支付逾期付款利息。

6.1.3.2 工程监理对施工合同的管理任务

(1) 监理工程师本身应尽职尽责

监理工程师对《建设工程施工合同（示范文本）》中所有明示与监理人有关的条款进行分析研究，尽职尽责地完成其相应的工作，并保证发包人免于承担因监理工作失职而引起承包人索赔造成的损失及任何责任。

(2) 对承包人履约行为及结果实施监督管理

监理工程师对承包人履行合同的管理是合同管理的主要任务。在建设工程实施的全过程中，对合同中明确的承包人应履行的义务进行监控、检查、管理；重点加强对承包人违约情形的监督检查，发现承包人的违约行为要及时处理，包括告知制止、整改、暂停施工，直至中止合同等；对于承包人造成建设单位利益的损失，公正地协助建设单位向承包人索赔，参与协商、调解、仲裁甚至诉至法院解决合同的纠纷。

(3) 对建设单位履约行为及可能造成后果进行规范

在《建设工程施工合同（示范文本）》双方当事人的法律意义上，监理人是属于建设单位人员的一方，因此其对建设单位的履约不是监督管理，而应当作为自己一方的职责，主动进行违约行为的防范。监理工程师应重点加强对发包人履约义务和违约情形进行事前的分析和研究，确定在什么时间或者工程进展到什么状况时，应及时提醒或告知建设单位应履行的合同义务，防止因发包人违约而承担相应的责任和损失。当由于难以控制的原因，发包人违约造成承包人索赔时，监理要协助建设单位妥善进行索赔处理。

6.2 建设工程的合同管理

广义的建设工程合同管理是指各级工商行政管理机关、建设行政主管部门和金融机构，以及发包方、承包方、监理单位依据法律和行政法规、规章制度，采取法律的、行政的手段，对建设工程合同关系进行组织、指导、协调及监督，保护建设工程合同当事人的合法权益，处理建设工程合同纠纷，防止和制裁违约行为，保证建设工程合同的全面履行等一系列活动。《中华人民共和国合同法》第 269 条规定，建设工程合同包括工程勘察、设计、施工合同。由于工程项目的单件性、体积大、建设周期长、价值高、形成产品的材料数量大、品种多等等技术经济特点，以及建设工程合同管理具有长期性、效益性、动态性、复杂性、风险性和全局性等特点，开展合同管理时，为了减少合同纠纷的发生，项目监理机构应重视加强合同的管理工作。

6.2.1 建设工程合同订立阶段的合同管理

建设工程合同的订立，是指建设工程发包方与承包方为达成一致意见依据法定程序而协商谈判、签订合同的过程。建设工程合同订立包括以下阶段的合同管理。

(1) 招标前准备阶段的管理

① 承包主体的合法性，即承包主体权利能力和行为能力的调查。招标前应调查承包主体是否是依法登记注册的正规单位，是否具备法人资格，以及是否具有工程承包的相应资质。

② 承包主体的资信调查。在签约时，应尽量施工信誉较好的承包单位；在承包人提供履约担保的情况下，还必须对担保方进行担保主体合法性和资信调查。

(2) 投标阶段的管理

根据《合同法》和《招标投标法》的相关规定，在招标过程中要注意以下问题。

① 发布招标文件的行为是要约邀请。招标文件应明确规定项目性质、技术要求、工程相关条件以及给定的主要合同条款。

② 投标的行为属于签约过程的要约。《招标投标法》一改我国过去以标价为唯一标准的传统模式，转变为按合理最低标价选择中标单位，或者尽管不是最低标价，但是综合条件却最能满足项目各项要求的投标单位。因而在选择投标单位时，应综合考虑投标单位的条件，如项目工程中对投标单位有特殊资质要求的，应将特殊资质要求加入考核范围，此外，对投标单位的评估，也应从单一的标价评估转移到综合的评估方式中来。

③ 投标文件的补充、修改、撤回和撤销。根据《合同法》规定，要约在到达受要约人之前可以撤回，在受要约人发出承诺通知前可以撤销；《招标投标法》规定，投标文件在要求提交的截止时间前可以补充修改和撤回。所以，在投标人发出投标文件以后，是可以补充修改或撤回撤销投标文件的，但时间点应是在招标人收到投标文件之前，招标人应明确投标文件补充、修改、撤回和撤销的时间，依法保护自己的权益。

④ 经开标、评标过程，招标人一旦发出中标通知书，意味着承诺的产生。要约一经承诺，合同关系即告成立。《招标投标法》规定，中标通知书对招标人和中标人具有法律效力，中标通知书发出后，招标人改变中标结果的或中标人中放弃中标的，要承担法律责任。

(3) 签订书面建设工程合同阶段的管理

《合同法》第270条规定，建设工程合同应当采用书面形式。签订书面建设工程合同阶段的风险控制主要是指正确对待格式合同及其格式条款。以下特别说明建设工程施工合同中几种条款的管理。

① 担保条款。

依《担保法》规定，担保有定金、保证、抵押、质押、留置五种形式。设定担保应注意：担保合同必须采用书面形式，担保人须有担保资格，抵押应依法办理登记，明确担保期限、主债务、担保的性质和范围等。

② 原材料供应条款。

原材料供应有发包方自行采购和承包方采购两种方式。在实践中，还有一种方式，即发包方指定材料供应商，要求承包方必须从该处购买，这种做法是违反《建筑法》相关规定的，建设工程施工合同中应约定合法的原材料供应条款，避免原材料供应条款因违反法律强制性规定而存在效力瑕疵或履行风险。

③ 合同索赔条款。

承、发包双方应做好合同订立的规范工作，明确约定双方的具体权利义务、责任，明确约定索赔的原因、索赔方式、索赔量等，在一方当事人不履行约定义务或履行义务有瑕疵，或不配合不协作时，守约方可以依据索赔条款进行索赔。

6.2.2 建设工程合同履行阶段的合同管理

(1) 合同分析

合同分析是指从合同履行的角度分析、解释、补充合同，将合同目标和合同约定落实到合同履行的具体事项上，用以指导具体工作，使合同能符合日常工程项目管理的需要，使工程项目按合同的约定施工、竣工和维修。

合同分析的内容如下。

按照合同分析的性质、对象和内容、可以分为合同总体分析、合同详细分析和特殊问题的拓展分析。

① 合同总体分析。

总体分析的主要对象是全部合同文本及其所有条款。通过合同总体分析，将合同条款落实到一些关系全局的具体问题上。合同总体分析通常在如下两种情况下进行。

在合同签订后履行前，合同签订双方必须确定合同约定的主要工程目标，合同双方的主要权利义务，分析可能存在的法律风险。合同总体分析的结果是工程施工总的指导性文件。

在重大争议处理过程中，如重大索赔争议，必须进行合同整体分析。这时总体分析的重点是合同文本中与索赔有关的条款。如果在合同履行前作总体分析，一般比较详细、全面；而在处理重大索赔和合同纠纷时作总体分析，一般仅需分析与索赔纠纷相关的内容。

② 合同的详细分析。

合同的履行实施由许多具体的工程活动和合同双方的其他经济活动构成。这些活动的实施是为了实现合同目标，履行合同义务，因此必须受合同的约束。

为了使工程有计划、有秩序、按合同实施，必须将合同目标、要求、双方具体权利义务分解落实到具体的工程活动上，这就是合同详细分析。

分析的主要对象是合同协议书、合同条件、技术规范、施工图纸、工程量等。通过分析，将合同的条件和要求落实到具体的工程活动过程中，体现出合同的具体目标。分析的重点是定义各工程活动的职责、明确具体目标。分析的方法是通过工期活动网络图、质量管理网络图、安全管理网络图、监理签证等经济活动，予以明确程序和目标，并将责任落实到各管理小组和责任人。

③ 特殊问题的拓展分析。

由于工程的复杂性，在合同的签订和履行过程中经常会有一些特殊的问题产生，它们可能属于在合同总体分析和详细分析中发现的问题，也可能是在合同履行中出现的问题，这些问题一般比较重大、复杂。对于这些问题，应请工程、法律专家进行咨询。

(2) 合同交底

进行合同分析后，应向各层次管理者进行“合同交底”，把合同责任具体落实到合同签订双方各具体责任人，使合同履行双方树立全局意识，把“按图施工”和“按合同施工”两者相结合。

合同交底工作要注意以下几个方面。

① 对项目管理人员进行合同交底，组织学习合同文件和合同总体分析结果，对合同的主要内容做出解释和说明，使大家熟悉合同中的主要内容、各种约定、管理程序，了解双方合同责任和工程范围、各种行为的法律后果等。

② 在进行合同交底时，应首先将各种合同事件的义务具体落实到各工程小组。

③ 合同履行前发包方、承包方、监理工程师应加强沟通，召开协调会议，落实各种安排。

④ 在合同履行过程中必须进行经常性的检查、监督，对合同做出解释。

(3) 合同履行监督

合同履行监督是工程管理的日常事务性工作，通过有效的合同履行监督可以把握合同履行的进程和状况，分析合同是否按约定得到履行。

(4) 合同履行跟踪

对收集到的工程资料和实际数据进行整理，得到能够反映工程实施状况的各种信息，如各种质量报告、各种实际进度报表、各种成本和费用收支报表以及它们的分析报告。将这些信息与工程目标（如合同文件、合同分析文件、计划、设计等）进行对比分析，就可以发现两者的差异。差异的大小，即为工程实施偏离目标的程度。如果没有差异，或差异较小，则可以按原计划继续实施工程。

(5) 合同履行诊断

即分析差异的原因，采取调整措施。差异表示工程实施偏离目标的程度，必须详细分析差异产生的原因和它的影响，并对症下药，采取措施进行调整，否则这种差异会逐渐积累，最终导致工程实施远离目标，甚至可能导致整个工程失败。所以，在工程实施过程中要不断进行调整，使工程实施一直围绕合同目标进行。

(6) 合同履行后的评价

由于合同管理工作比较偏重于经验，只有不断总结经验，才能不断提高管理水平，才能通过工程不断培养出高水平的合同管理者，所以，在合同履行后必须进行评价，将合同签订和履行过程中的利弊得失、经验教训总结出来，作为以后工程合同管理的借鉴。这项工作十分重要。

6.2.3 建设工程合同的变更管理

6.2.3.1 工程变更的程序

根据统计，工程变更是索赔的主要起因。由于工程变更对工程施工过程影响很大，会造成工期的拖延和费用的增加，容易引起双方的争执，所以要十分重视工程变更管理问题。一般建设工程合同中都有关于工程变更的具体规定。工程变更一般按照如下程序进行。

(1) 提出工程变更

根据工程实施的实际情况，承包方、发包方、监理方、设计方都可以根据需要提出工程变更。

(2) 工程变更的批准

承包方提出的工程变更，应该交与工程师审查并批准；由设计方提出的工程变更应该与发包方协商或经发包方审查并批准；由发包方提出的工程变更，涉及设计修改的应该与设计单位协商，且一般通过工程师发出。监理方发出工程变更的权利，一般会在施工合同中明确约定，通常在发出变更通知前应征得发包方批准。

(3) 工程变更指令的发出及执行

大了避免耽误工程，发包方和承包方就变更价格达成一致意见之前有必要先行发布变更指示，先执行工程变更工作，然后再就变更价款进行协商和确定了，工程变更指示的发出有两种形式：书面形式和口头形式。一般情况下要求用书面形式发布变更指示，如果由于情况紧急而来不及发出书面指示，承包方应该根据合同约定要求发包方书面认可。根据工程惯例，除非发包方明显超越合同范围，承包方应该无条件地执行工程变更的指示。即使工程变更价款没有确定，或者承包方对发包方答应给予付款的金额不满意，承包方也必须一边进行变更工作，一边根据合同寻求解决办法。

6.2.3.2 合同变更的处理要求

(1) 变更尽可能快地作出

在实际工作中，变更决策时间过长和变更程序太慢会造成很大的损失，常有如下两种现象。

① 发包方因等待变更指令或变更会谈决议造成施工停止，等待变更为发包方责任，承包方通常可据此提出索赔；

② 发包方变更指令不能迅速作出，而现场仍在继续施工，从而造成更大的返工损失。

(2) 迅速、全面、系统地落实变更指令

变更指令作出后，承包方应迅速、全面、系统地落实变更指令。同时承包方应做好如下工作：

① 对合同的变更及时进行书面确认和必要的备案；

② 全面修改相关的各种文件，如图纸、规范、施工计划、采购计划等，使它们一直反映最新的变更；

③ 在相关的各工程小组和分包商的工作中落实变更指令，并提出相应的措施，对新出现问题作解释和对策，同时又要协调好各方面工作。

合同变更指令应立即在工程实施中得到贯彻。在实际工程中，这方面问题常常很多。由于合同变更与合同签订不一样，没有一个合理的计划期，变更时间紧，难以详细地计划和分析，很难全面落实责任，就容易造成计划、安排、协调方面的漏洞，引起混乱，导致损失。若这个损失是承包方管理失误造成的，则发包方可就损失向承包方提出索赔。

(3) 对合同变更的影响作进一步分析

合同变更是索赔机会，应在合同约定的索赔有效期内完成对它的索赔处理，在合同变更过程中就应记录、收集、整理所涉及的各种文件，如图纸、各种计划、技术说明、规范以作为进一步分析的依据和索赔的证据。在实际工作中，合同变更必须与提出索赔同步进行，甚至先进行索赔谈判，待达成一致后，再进行合同变更。

由于合同变更对工程施工过程的影响大，会造成工期的拖延和费用的增加，容易引起双方的争议，所以合同双方都应十分慎重地对待合同变更问题。按照国际工程统计，工程变更是索赔的主要起因。在一个工程中，合同变更的次数、范围和影响的大小与该工程招标文件（特别是合同条件）的完备性、技术设计的正确性，以及实施方案和实施计划的科学性直接相关。

6.2.3.3 合同变更责任分析

合同变更主要由工程变更导致，工程变更的责任分析是确定工程变更起因与赔偿问题的桥梁。工程变更主要有如下两类。

(1) 设计变更

设计变更会引起工程量的增加、减少，新增或删除工程分项，工程质量和进度的变化，实施方案的变化。一般建设工程施工合同赋予发包方这方面的权利，可以直接通过下达指令，重新发布图纸，或规范实现变更。它的起因如下。

① 由于发包方要求、政府城建环保部门的要求、环境变化（如地质条件变化）、不可抗力、原设计错误等导致设计的修改，一般由发包方承担费用损失。

② 由于承包方施工过程、施工方案出现错误、疏忽而导致设计的修改，必须由承包方负责。例如，在某桥梁工程中采用混凝土灌注桩，在钻孔尚未达设计深度时，钻头脱落，无法取出，桩孔报废。一经设计单位重新设计，改在原桩两边各打一个小桩承受上部荷载，则由此造成的费用损失由承包方承担。

③ 在现代工程中，承包方承担的设计工作逐渐多起来。承包方提出的设计必须经过发包方的批准。对不符合发包方在招标文件中提出的工程要求的设计，发包方有权不认可。这种不认可不属于索赔事件。

(2) 施工方案的变更

施工方案变更的责任分析有时比较复杂。

① 在投标文件中，承包方就在施工组织设计中提出比较完备的施工方案，但施工组织设计不作为合同文件的一部分。对此有如下问题应注意。

施工方案虽不是合同文件，但它也有约束力。发包方向承包方授标就表示对这个方案的认可。当然在授标前的澄清会议上，发包方也可以要求承包方对施工方案作出说明，甚至可以要求修改方案，以符合发包方的要求。一般承包方会积极迎合发包方的要求，以争取中标。

建设工程合同约定，承包方应对所有现场作业和施工方法的完备、安全、稳定负全部责任。这一责任表示在通常情况下由于承包方自身原因（如失误或风险）修改施工方案所造成的损失由承包方负责。

当它作为承包方责任的同时，又隐含着承包方对决定和修改施工方案具有相应的权利：发包方不能随便干预承包方的施工方案；为了更好地完成合同目标（如缩短工期），或在不影响合同目标的前提下承包方有权采用更为科学、经济、合理的施工方案，发包方也不得随便干预。当然承包方承担重新选择施工方案的风险和机会收益。

在工程中承包方采用或修改实施方案都要经过发包方的批准或同意。如果发包方无正当理由不同意可能会导致一个变更指令。这里的正当理由通常如下。

a. 发包方有证据证明或认为，使用这种方案承包方不能全面履行合同义务。如不能保证工程质量、保证工期；

b. 承包方要求变更方案（如变更施工次序、缩短工期），而发包方无法完成合同约定的配合义务。例如，发包方无法按这个方案及时提供图纸、场地、资金、设备，则有权要求承包方执行原定方案。

② 重大的设计变更常常会导致施工方案的变更。如果设计变更应由发包方承担责任，则相应的施工方案的变更也由发包方负责。反之，则由承包方负责。

③ 对不利异常的地质条件所引起的施工方案的变更，一般作为发包方的责任。一方面这是一个有经验的承包方无法预料现场气候条件除外的障碍或条件，另一方面发包方负责地质勘察和提供地质报告，则发包方应对报告的正确性和完备性承担责任。

④ 施工进度的变更。施工进度的变更是十分频繁的，在招标文件中，发包方给出工程的总工期目标；承包方在投标书中有一个总进度计划（一般以横道图形式表示）；中标后承包方还要提出详细的进度计划，由发包方批准（或同意）；在工程开工后，每月都可能有进度的调整。通常只要发包方批准（或同意）承包方的进度计划（或调整后的进度计划），则新进度计划有约束力。如果发包方不能按照新进度计划完成按合同应由发包方完成的义务，如及时提供图纸、施工场地、水电等，则属发包方的违约行为。

6.2.4 建设工程合同的索赔管理

(1) 索赔的概念

索赔是指在合同履行过程中，对于并非自己的过错，而是应由对方承担责任的情况造成的实际损失向对方提出经济补偿和（或）时间补偿的要求。

索赔是工程承包中的正常现象。由于施工现场条件、气候条件的变化，施工进度、物价的变化，以及合同条款、规范、标准文件和施工图纸的变更、差异、延误等因素的影响，使得工程承包中不可避免地出现索赔。《中华人民共和国民法通则》第111条规定，当事人一方不履行合同义务或履行合同义务不符合约定条件的，另一方有权要求履行或者采取补救措施，并有权要求赔偿损失，这即是索赔的法律依据。

索赔的性质属于经济补偿行为，而不是惩罚。

索赔的损失结果与被索赔人的行为并不一定存在法律上的因果关系。索赔工作是承发包双方之间经常发生的管理业务，是双方合作的方式，而不是对立。经过实践证明，索赔的健康开展对于培养和促进建筑业的发展，提高工程建设的效益起着非常重要的作用。索赔有助于工程造价的合理确定，可以把原来打入工程报价中的一些不可预见费用，改为实际发生的损失支付，便于降低工程报价，使工程造价更为实事求是。

索赔事件因产生的原因不同，造成索赔事件责任主体的复杂性，特别是在合同有缺陷及合同当事人不履行自己的义务时，监理工程师就必须按照索赔处理的原则和处理的程序，按不同的类别，进行科学公平地处理。在判定责任主体的基础后，再对索赔费用进行认真审查。

(2) 索赔产生的原因

① 当事人违约。当事人违约常常表现为没有按照合同约定履行自己的义务。建设单位违约常常表现为没有为承包单位提供合同约定的施工条件、未按照合同约定的期限和数额付款等。监理人未能按照合同约定完成工作。如未能及时发出图纸、指令等也视为建设单位违约。承包单位违约的情况则主要是没有按照合同约定的质量、期限完成施工，或者由于不当行为给建设单位造成其他损害。

② 不可抗力或不利的物质条件。不可抗力又可以分为自然事件和社会事件。自然事件主要是工程施工过程中不可避免发生并不能克服的自然灾害，包括地震、海啸、瘟疫、水灾等；社会事件则包括国家政策、法律、法令的变更，战争、罢工等。不利的物质条件通常是指承包单位在施工现场遇到的不可预见的自然物质条件、非自然的物质障碍和污染物，包括地下和水文条件。

③ 合同缺陷。合同缺陷表现为合同文件规定不严谨甚至矛盾、合同中的遗漏或错误。在这种情况下，工程师应当给予解释，如果这种解释将导致成本增加或工期延长，建设单位应当给予补偿。

④ 合同变更。合同变更表现为设计变更，施工方法变更、追加或者取消某些工作、合同规定的其他变更等。

⑤ 监理通知单。监理通知单有时也会产生索赔，如项目监理机构要求施工单位加速施工、进行合同外工作、更换材料、采取质量保护措施等，并且这些要求不是由于施工单位的原因造成的。

⑥ 其他第三方原因。其他第三方原因常常表现为与工程有关的第三方的问题而引起

的对本工程的不利影响。

(3) 索赔的处理原则

① 以合同为依据。遇到索赔事件时，项目监理机构必须以完全独立的身份站在客观公正的立场上，审查索赔要求的正当性，必须对合同条件、协议条款等进行详细研究，以合同为依据公平处理双方的利益纠纷。由于合同文件的内容相当广泛，包括：合同协议、图纸合同条件、工程量清单以及许多来往函件和变更通知，有时会形成自相矛盾，或作不同解释，导致合同纠纷。

根据我国有关规定，合同文件能互相解释、互为说明。除合同另有约定外，其组成和解释顺序如下。

a. 合同协议书；

b. 中标通知书；

c. 投标书及其附件；

d. 本合同专用条款；

e. 本合同通用条款；

f. 标准、规范及有关技术文件；

g. 施工图纸；

h. 工程量清单；

i. 工程报价单或预算书。

② 注意造价资料积累。项目监理机构在工作中要注意积累一切涉及索赔的证据资料。研究技术问题和进度问题的会议应当做好会议纪要，并要求会议参加者签字。应严格保存会议纪要、监理日志、承包方对监理指令的执行情况、抽查试验记录、工序验收记录、计量记录、进度记录。应建立业务往来的文件登记，建立档案制度，以便处理索赔时以事实和数据为依据。

③ 及时、合理地处理索赔和反索赔。索赔发生后，必须依据合同的准则及时地对索赔进行处理。任何在中期付款期间，将问题搁置下来，留待以后处理的想法将会带来索赔后果。

如果承包方的合理索赔要求长时间得不到解决，单项工程的索赔积累下来，可能会影响承包方的资金周转，使其不得不放缓速度，从而影响整个工程的进度。此外，在索赔的初期和中期，可能只是普通的信件往来，拖到后期综合索赔，将会使矛盾进一步复杂化。往往还牵涉到利息、预期利润补偿、工程结算以及责任的划分、质量的处理等。索赔文件及其根据说明材料连篇累牍，大大增加了处理索赔的困难。因此尽量将单项索赔在执行过程中陆续加以解决，这样做不仅对承包方有益，同时也体现了处理问题的水平，既维护了建设单位的利益又照顾了承包方的实际情况。

处理索赔还必须注意双方计算索赔的合理性，如对人工窝工费的计算，承包方可以考虑将工人调到别的工作岗位，实际补偿的应是工人由于更换工作地点和工种造成的工作效率的降低而发生的费用。

④ 加强索赔的前瞻性，有效避免过多索赔事件的发生。在工程的实施过程中，项目监理机构有义务将可能发生的问题及时告诉施工单位，避免由于工程返工所造成的工程成本上升，这样也可以减轻施工单位因索赔而造成的利润损失。另外，项目监理机构在项目实施过程中，应对可能引起的索赔有所预测，及时采取补救措施，避免过多索赔事件的发生。

(4) 注重索赔证据的有效性

索赔事件确立的前提条件是必须有正当的索赔理由。对正当索赔理由的说明必须具有证据，因为索赔的进行主要是靠证据说话。没有证据或证据不足，索赔是难以成功的。《建设工程施工合同（示范文本）》中规定，当一方向另一方提出索赔时，要有正当索赔理由，且有索赔事件发生时的有效证据。

① 对索赔证据的要求

a. 真实性。索赔证据必须是在实施合同过程中确实存在和发生的，必须完全反映实际情况，能经得住推敲。

b. 全面性。所提供的证据应能说明事件的全过程。索赔报告中涉及的索赔理由、事件过程、影响、索赔值等都应有相应证据，不能零乱和支离破碎。

c. 关联性。索赔的证据应当能够互相说明；相互具有关联性，不能互相矛盾。

d. 及时性。索赔证据的取得及提出应当及时。

e. 具有法律证明效力。一般要求证据必须是书面文件，有关记录、协议、纪要必须是双方签署的；工程中重大事件、特殊情况的记录、统计必须由工程师签证认可。

② 常见的索赔证据

a. 招标文件、工程合同及附件、施工组织设计、工程图纸、技术规范等；

b. 工程各项有关设计交底记录、变更图纸、变更施工指令等；

c. 工程各项经建设单位或监理工程师签认的签证；

d. 工程各项往来信件、指令、信函、通知、答复；

e. 例会和专题会的会议纪要；

f. 施工计划及现场实施情况记录；

g. 施工日记及工长工作日志、备忘录；

h. 工程送电、送水、道路开通、封闭的日期及数量记录；

i. 工程停电、停水和干扰事件影响的日期及恢复施工的日期；

j. 工程预付款、进度款拨付的数额及日期记录；

k. 图纸变更、交底记录的送达份数及日期记录；

l. 工程有关施工部位的照片及录像等；

m. 工程现场气候记录。有关天气的温度、风力、雨雪等；

n. 工程验收报告及各项技术鉴定报告等；

o. 工程材料采购、订货、运输、进场、验收、使用等方面的凭据；

p. 工程会计核算资料；

q. 国家、省、市有关影响工程造价、工期的文件、规定等。

(5) 施工单位向建设单位索赔的原因

① 合同文件内容出错引起的索赔；
② 由于设计图纸延迟交付施工单位造成索赔；
③ 由于不利的实物障碍和不利的自然条件引起索赔；
④ 由于建设单位提供的水准点、基线等测量资料不准确造成的失误与索赔；
⑤ 施工单位依据建设单位意见，进行额外钻孔及勘探工作引起索赔；
⑥ 由建设单位风险所造成的损害的补救和修复所引起的索赔；
⑦ 因施工中施工单位开挖到化石、文物、矿产等珍贵物品，要停工处理引起的索赔；
⑧ 由于需要加强道路与桥梁结构以承受“特殊超重荷载”而索赔；
⑨ 由于建设单位雇佣其他施工单位的影响，并为其他施工单位提供服务提出索赔；
⑩ 由于额外样品与试验而引起索赔；
⑪ 由于对隐蔽工程的揭露或开孔检查引起的索赔；
⑫ 由于建设单位要求工程中断而引起的索赔；
⑬ 由于建设单位延迟移交土地引起的索赔；
⑭ 由于非施工单位原因造成了工程缺陷需要修复而引起的索赔；
⑮ 由于要求施工单位调查和检查缺陷而引起的索赔；
⑯ 由于非施工单位原因造成的工程变更引起的索赔；
⑰ 由于变更合同总价格超过有效合同价的 15%而引起索赔；
⑱ 由于特殊风险引起的工程被破坏和其他款项支出而提出的索赔；
⑲ 因特殊风险使合同终止后的索赔；
⑳ 因合同解除后的索赔；
㉑ 建设单位违约引起工程终止等的索赔；
㉒ 由于物价变动引起的工程成本的增减的索赔；
㉓ 由于后继法规的变化引起的索赔；
㉔ 由于货币及汇率变化引起的索赔等。

(6) 施工索赔提交的证明材料

① 合同文件（施工合同、采购合同等）；
② 项目监理机构批准的施工组织设计、专项施工方案、施工进度计划；
③ 合同履行过程中的来往函件；
④ 建设单位和施工单位的有关文件；
⑤ 施工现场记录；
⑥ 会议纪要；
⑦ 工程照片；
⑧ 工程变更单；
⑨ 有关监理文件资料（监理记录、监理工作联系单、监理通知单、监理月报等）；

⑩ 工程进度款支付凭证；

⑪ 检查和试验记录；

⑫ 汇率变化表；

⑬ 各类财务凭证；

⑭ 其他有关资料。

(7) 项目监理机构处理施工单位提出的费用索赔的程序

① 受理施工单位在施工合同约定的期限内提交的费用索赔意向通知书；

② 收集与索赔有关的资料；

③ 受理施工单位在施工合同约定的期限内提交的费用索赔报审表；

④ 审查费用索赔报审表。需要施工单位进一步提交详细资料的，应在施工合同约定的期限内发出通知；

⑤ 与建设单位和施工单位协商一致后，在施工合同约定的期限内签发费用索赔报审表，并报建设单位。

费用索赔意向通知书应按《监理规范》表C.0.3的要求填写；费用索赔报审表应按《监理规范》表B.0.13的要求填写。

(8) 项目监理机构处理索赔的主要依据

① 法律法规；

② 勘察设计文件、施工合同文件；

③ 工程建设标准；

④ 索赔事件的证据。

(9) 项目监理机构批准施工单位费用索赔应同时满足的条件

① 施工单位在施工合同约定的期限内提出费用索赔；

② 索赔事件是因非施工单位原因造成，且符合施工合同约定；

③ 索赔事件造成施工单位直接经济损失。

(10) 处理索赔的要求

① 项目监理机构应及时收集、整理有关工程费用的原始资料，为处理费用索赔提供证据。

② 当施工单位的费用索赔要求与工程延期要求相关联时，项目监理机构可提出费用索赔和工程延期的综合处理意见，并应与建设单位和施工单位协商。

③ 因施工单位原因造成建设单位损失，建设单位提出索赔时，项目监理机构应与建设单位和施工单位协商处理。

6.2.5 2017年版《建设工程施工合同（示范文本）》简介及新旧版内容修改对照表

为了指导建设工程施工合同当事人的签约行为，维护合同当事人的合法权益，依据

《中华人民共和国合同法》、《中华人民共和国建筑法》、《中华人民共和国招标投标法》以及相关法律法规，住房城乡建设部、国家工商行政管理总局对《建设工程施工合同（示范文本)》(GF-2013-0201）进行了修订，制定了《建设工程施工合同（示范文本)》(GF-2017-0201)。

6.2.5.1 《建设工程施工合同（示范文本)》简介

(1)《建设工程施工合同（示范文本）》的组成

《建设工程施工合同（示范文本）》由合同协议书、通用合同条款和专用合同条款三部分组成。

① 合同协议书 《建设工程施工合同（示范文本）》中，合同协议书共计13条，主要包括：工程概况、合同工期、质量标准、签约合同价和合同价格形式、项目经理、合同文件构成、承诺以及合同生效条件等重要内容，集中约定了合同当事人基本的合同权利义务。

② 通用合同条款 通用合同条款是合同当事人根据《中华人民共和国建筑法》、《中华人民共和国合同法》等法律法规的规定，就工程建设的实施及相关事项，对合同当事人的权利义务作出的原则性约定。

通用合同条款共计20条，具体条款分别为：一般约定、发包人、承包人、监理人、工程质量、安全文明施工与环境保护、工期和进度、材料与设备、试验与检验、变更、价格调整、合同价格、计量与支付、验收和工程试车、竣工结算、缺陷责任与保修、违约、不可抗力、保险、索赔和争议解决。前述条款安排既考虑了现行法律法规对工程建设的有关要求，也考虑了建设工程施工管理的特殊需要。

③ 专用合同条款 专用合同条款是对通用合同条款原则性约定的细化、完善、补充、修改或另行约定的条款。合同当事人可以根据不同建设工程的特点及具体情况，通过双方的谈判、协商对相应的专用合同条款进行修改补充。在使用专用合同条款时，应注意以下事项：

a. 专用合同条款的编号应与相应的通用合同条款的编号一致；

b. 合同当事人可以通过对专用合同条款的修改，满足具体建设工程的特殊要求，避免直接修改通用合同条款；

c. 在专用合同条款中有横道线的地方，合同当事人可针对相应的通用合同条款进行细化、完善、补充、修改或另行约定；如无细化、完善、补充、修改或另行约定，则填写“无”或画“/”。

(2)《建设工程施工合同（示范文本）》的性质和适用范围

《建设工程施工合同（示范文本）》为非强制性使用文本。它适用于房屋建筑工程、土木工程、线路管道和设备安装工程、装修工程等建设工程的施工承发包活动，合同当事人可结合建设工程具体情况，根据《建设工程施工合同（示范文本）》订立合同，并按照法律法规规定和合同约定承担相应的法律责任及合同权利义务。

6.2.5.2 住建部2017年版《建设工程施工合同（示范文本）》修改对照表（表6.1）

表6.1 住建部2017年版《建设工程施工合同（示范文本）》修改对照表

序号	2013年版工程施工合同(示范文本)	2017年版工程施工合同(示范文本)(下划线部分为修改内容)
《通用合同条款》部分		
1	1. 一般约定 1.1 词语定义与解释 1.1.1 日期和期限 1.1.4.4 缺陷责任期：是指承包人按照合同约定承担缺陷修复义务，且发包人预留质量保证金的期限，自工程实际竣工日期起计算	1. 一般约定 1.1 词语定义与解释 1.1.1 日期和期限 1.1.4.4 缺陷责任期：是指承包人按照合同约定承担缺陷修复义务，且发包人预留质量保证金(已缴纳履约保证金的除外)的期限，自工程实际竣工日期起计算
2	10. 变更 10.9 计日工 需要采用计日工方式的，经发包人同意后，由监理人通知承包人以计日工计价方式实施相应的工作，其价款按列入已标价工程量清单或预算书中的计日工计价项目及其单价进行计算；已标价工程量清单或预算书中无相应的计日工单价的，按照合理的成本与利润构成的原则，由合同当事人按照第4.4款〔商定或确定〕确定变更工作的单价	10. 变更 10.9 计日工 需要采用计日工方式的，经发包人同意后，由监理人通知承包人以计日工计价方式实施相应的工作，其价款按列入已标价工程量清单或预算书中的计日工计价项目及其单价进行计算；已标价工程量清单或预算书中无相应的计日工单价的，按照合理的成本与利润构成的原则，由合同当事人按照第4.4款〔商定或确定〕确定计日工的单价
3	14. 竣工结算 14.1 竣工结算申请 除专用合同条款另有约定外，承包人应在工程竣工验收合格后28天内向发包人和监理人提交竣工结算申请单，并提交完整的结算资料，有关竣工结算申请单的资料清单和份数等要求由合同当事人在专用合同条款中约定。 除专用合同条款另有约定外，竣工结算申请单应包括以下内容： (1)竣工结算合同价格； (2)发包人已支付承包人的款项； (3)应扣留的质量保证金； (4)发包人应支付承包人的合同价款	14. 竣工结算 14.1 竣工结算申请 除专用合同条款另有约定外，承包人应在工程竣工验收合格后28天内向发包人和监理人提交竣工结算申请单，并提交完整的结算资料，有关竣工结算申请单的资料清单和份数等要求由合同当事人在专用合同条款中约定。 除专用合同条款另有约定外，竣工结算申请单应包括以下内容： (1)竣工结算合同价格； (2)发包人已支付承包人的款项； (3)应扣留的质量保证金。已缴纳履约保证金的或提供其他工程质量担保方式的除外； (4)发包人应支付承包人的合同价款
4	15. 缺陷责任与保修 15.2 缺陷责任期 15.2.1 缺陷责任期自实际竣工日期起计算，合同当事人应在专用合同条款约定缺陷责任期的具体期限，但该期限最长不超过24个月。 单位工程先于全部工程进行验收，经验收合格并交付使用的，该单位工程缺陷责任期自单位工程验收合格之日起算。因发包人原因导致工程无法按合同约定期限进行竣工验收的，缺陷责任期自承包人提交竣工验收申请报告之日起开始计算；发包人未经竣工验收擅自使用工程的，缺陷责任期自工程转移占有之日起开始计算	15. 缺陷责任与保修 15.2 缺陷责任期 15.2.1 缺陷责任期从工程通过竣工验收之日起计算，合同当事人应在专用合同条款约定缺陷责任期的具体期限，但该期限最长不超过24个月。 单位工程先于全部工程进行验收，经验收合格并交付使用的，该单位工程缺陷责任期自单位工程验收合格之日起算。因承包人原因导致工程无法按合同约定期限进行竣工验收的，缺陷责任期从实际通过竣工验收之日起计算。因发包人原因导致工程无法按合同约定期限进行竣工验收的，在承包人提交竣工验收报告90天后，工程自动进入缺陷责任期；发包人未经竣工验收擅自使用工程的，缺陷责任期自工程转移占有之日起开始计算

续表

序号	2013 年版工程施工合同(示范文本)	2017 年版工程施工合同(示范文本)(下划线部分为修改内容)
《通用合同条款》部分		
5	15. 缺陷责任与保修 15.2 缺陷责任期 15.2.2 工程竣工验收合格后，因承包人原因导致的缺陷或损坏致使工程、单位工程或某项主要设备不能按原定目的使用的，则发包人有权要求承包人延长缺陷责任期，并应在原缺陷责任期届满前发出延长通知，但缺陷责任期最长不能超过 24 个月	15. 缺陷责任与保修 15.2 缺陷责任期 15.2.2 缺陷责任期内，由承包人原因造成的缺陷，承包人应负责维修，并承担鉴定及维修费用。如承包人不维修也不承担费用，发包人可按合同约定从保证金或银行保函中扣除，费用超出保证金额的，发包人可按合同约定向承包人进行索赔。承包人维修并承担相应费用后，不免除对工程的损失赔偿责任。发包人有权要求承包人延长缺陷责任期，并应在原缺陷责任期届满前发出延长通知。但缺陷责任期(含延长部分)最长不能超过 24 个月。 由他人原因造成的缺陷，发包人负责组织维修，承包人不承担费用，且发包人不得从保证金中扣除费用
6	15. 缺陷责任与保修 15.3 质量保证金 经合同当事人协商一致扣留质量保证金的，应在专用合同条款中予以明确	15. 缺陷责任与保修 15.3 质量保证金 经合同当事人协商一致扣留质量保证金的，应在专用合同条款中予以明确。 在工程项目竣工前，承包人已经提供履约担保的，发包人不得同时预留工程质量保证金
7	15. 缺陷责任与保修 15.3 质量保证金 15.3.2 质量保证金的扣留 质量保证金的扣留有以下三种方式： (1)在支付工程进度款时逐次扣留，在此情形下，质量保证金的计算基数不包括预付款的支付、扣回以及价格调整的金额； (2)工程竣工结算时一次性扣留质量保证金； (3)双方约定的其他扣留方式。 除专用合同条款另有约定外，质量保证金的扣留原则上采用上述第(1)种方式。 发包人累计扣留的质量保证金不得超过结算合同价格的 5%，如承包人在发包人签发竣工付款证书后 28 天内提交质量保证金保函，发包人应同时退还扣留的作为质量保证金的工程价款	15. 缺陷责任与保修 15.3 质量保证金 15.3.2 质量保证金的扣留 质量保证金的扣留有以下三种方式： (1)在支付工程进度款时逐次扣留，在此情形下，质量保证金的计算基数不包括预付款的支付、扣回以及价格调整的金额； (2)工程竣工结算时一次性扣留质量保证金； (3)双方约定的其他扣留方式。 除专用合同条款另有约定外，质量保证金的扣留原则上采用上述第(1)种方式。 发包人累计扣留的质量保证金不得超过工程价款结算总额的 3%。如承包人在发包人签发竣工付款证书后 28 天内提交质量保证金保函，发包人应同时退还扣留的作为质量保证金的工程价款；保函金额不得超过工程价款结算总额的 3%。发包人在退还质量保证金的同时按照中国人民银行发布的同期同类贷款基准利率支付利息
8	15. 缺陷责任与保修 15.3 质量保证金 15.3.3 质量保证金的退还 发包人应按 14.4 款〔最终结清〕的约定退还质量保证金	15. 缺陷责任与保修 15.3 质量保证金 15.3.3 质量保证金的退还 缺陷责任期内，承包人认真履行合同约定的责任，到期后，承包人可向发包人申请返还保证金。 发包人在接到承包人返还保证金申请后，应于 14 天内会同承包人按照合同约定的内容进行核实。如无异议，发包人应当按照约定将保证金返还给承包人。对返还期限没有约定或者约定不明确的，发包人应当在核实后 14 天内将保证金返还承包人，逾期未返还的，依法承担违约责任。发包人在接到承包人返还保证金申请后 14 天内不予答复，经催告后 14 天内仍不予答复，视同认可承包人的返还保证金申请。 发包人和承包人对保证金预留、返还以及工程维修质量、费用有争议的，按本合同第 20 条约定的争议和纠纷解决程序处理

续表

序号	2013年版工程施工合同(示范文本)	2017年版工程施工合同(示范文本)(下划线部分为修改内容)
《专用条款》部分		
9	15.3 质量保证金 关于是否扣留质量保证金的约定：____	15.3 质量保证金 关于是否扣留质量保证金的约定：____。在工程项目竣工前，承包人按专用合同条款第3.7条提供履约担保的，发包人不得同时预留工程质量保证金

6.3 FIDIC条件下施工合同管理

6.3.1 FIDIC条件名词解释

FIDIC是“国际咨询工程师联会”（Federation Internationale Des Ingenieurs Conseils）法文名称前5个字母。中文音译为“菲迪克”，现总部在瑞士洛桑，网址为 http//www.fidic.org/。

该组织是由英国、法国、比利时等三个欧洲境内咨询工程师协会于1913年创立的。组建联合会的目的是共同促进成员协会的职业利益，向其他成员协会传播有益信息。1949年后，美国、澳大利亚、加拿大等国相继加入，现有60多个成员国，下设欧盟分会，北欧成员分会，亚太地区分会，非洲成员分会。1996年，中国工程咨询协会（CNAEC）正式加入FIDIC组织，网址为 http//www.cnaec.com.cn/。

FIDIC成立80多年来，对国际上实施工程建设项目，以及促进国际经济技术合作的发展起到了重要作用。由该会编制的《业主与咨询工程师服务协议书》（白皮书）、《土木工程施工合同条件》（红皮书）、《电气与机械工程合同条件》（黄皮书）、《工程总承包合同条件》（桔黄皮书）被世界银行、亚洲开发银行等国际和区域发展援助金融机构作为实施项目的合同和协议范本。在加拿大召开的FIDIC 2008年年会期间，FIDIC推出了最新出版的合同条件——《FIDIC设计-建造-运营合同条件》（金皮书）。这些合同和协议文本，条款内容严密，对履约各方和实施人员的职责义务做了明确的规定，对实施项目过程中可能出现的问题也都有较合理规定，以利遵循解决。这些协议性文件为实施项木进行科学管理提供了可靠的依据，有利于保证工程质量、工期和控制成本，使业主、承包人以及咨询监理工程师等有关人员的合法权益得到尊重。此外，FIDIC还编辑出版了一些供业主和咨询监理工程师使用的业务参考书籍和工作指南，以帮助业主更好地选择咨询监理工程师，使咨询监理工程师更全面地了解业务工作范围和根据指南进行工作。该会制订的承包商标准资格预审表、招标程序、咨询项目分包协议等都有很实用的参考价值，在国际上受到普遍欢迎，得到了广泛承认和应用，FIDIC的名声也显著提高。

作为一个国际性的非官方组织，FIDIC的宗旨是要将各个国家独立的咨询监理工程师行业组织联合成一个国际性的行业组织；促进还没有建立起这个行业组织的国家也能够建立起这样的组织；鼓励制订咨询监理工程师应遵守的职业行为准则，以提高为业主和社会服务的质量；研究和增进会员的利益，促进会员之间的关系，增强本行业的活力；提供和交流会员感兴趣和有益的信息，增强行业凝聚力。

FIDIC规定，要想成为它的正式会员，须由该国的一家“全国性的咨询监理工程师协会”（以下简称“全国性协会”）提出申请，“全国性协会”应当达到以下要求：应为业主和社会公共利益而努力促进工程咨询行业的发展；应保护和促进咨询监理工程师和私人业务方面的利益和提高本行业的声誉；应促使会员之间在职业、经营方面的经验和信息交流。FIDIC还对“全国性协会”的主要任务提出建议：要使社会公众和业主了解本行业的重要性和它的服务内容，以及作为一个独立咨询监理工程师团体和个人的职能；要制订出严格的规则和措施，促使会员保证遵守职业道德标准，维护本行业的声誉；致力于开展国际交流，并为会员开展业务，获取先进技能，提供国际接触通道；了解和发挥本国工程咨询的某些优势和特点；广泛地建立会员与其他工程组织机构和教学单位的联系，充实咨询内容和明确新的方向；促进使用标准程序、制度和合约（如以上所说的有白皮书、红皮书、黄皮书等）；向政府报告本行业的共同性问题并提出需要政府解决的问题；传递FIDIC提供的各种信息和其他国家同行业协会的经验；研究向会员收取咨询服务合理报酬的办法；提倡按能力择优选取咨询专家，避免单纯价格竞争，导致工程咨询标准和服务质量降低。

FIDIC合同的最大特点是：程序公开、机会均等，这是它的合理性，对任何人都不持偏见。这种开放公平及高透明度的工作原则亦符合世界贸易组织政论采购协议的原则，所以FIDIC合同才在国际工程中得到了广泛的应用。

6.3.2 FIDIC《施工合同条件》简述

FIDIC《施工合同条件》出版了一套4本全新的标准合同条件。

《施工合同条件》（新红皮书）的名称是：由业主设计的房屋和工程施工合同条件（Conditions of Contract for Construction for Building and Engineering Works Designed by the Employer）；

《设备与设计-建造合同》（新黄皮书）的名称是：由承包商设计的电气和机械设备安装与民用和工程合同条件（Conditions of Contract for Plant and Designed-Build for Electrical and Mechanical Plant and Building and Engineering Works Designed by the Contractor）；

《EPC/交钥匙项目合同条件》（Conditions of Contract for EPC/Turnkey）——银皮书（Silver Book）；

FIDIC还编写了适合于小规模项目的《简明合同格式》（Short Form of Contract）——绿皮书（Green Book）。

与原来的《土木工程施工合同条件》相比，FIDIC《施工合同条件》有以下特点。

（1）合同的适用条件更广泛

《施工合同条件》不仅适用建筑工程施工，也可以用于安装工程施工。

（2）通用条件条款结构发生改变

通用条件条款的标题分别为：一般规定；业主；监理工程师；承包商；指定分包商；职员和劳工；永久设备、材料和工艺；开工、延误和暂停；竣工检验；业主的接收；缺陷责任；测量和估价；变更和调整；合同价格和支付；业主提出终止；承包商提出暂停和终止；风险和责任；保险；不可抗力；索赔、争端和仲裁 20 条 247 款。比《土木工程施工合同条件》的条目数少，但条款数多，克服了合同履行过程中发生的某一事件往往涉及排列序号不在一起的很多条款，尽可能将相关内容归列在同一主题下。

（3）对业主、承包商双方的权利和义务作了更严格明确的规定

在业主方面，新红皮书对业主的职责、权利、义务有了更严格的要求，如对业主资金安排、支付时间和补偿、业主违约等方面的内容进行了补充和细化；承包商方面，对承包商的工作提出了更严格的要求，如承包商应将质量保证体系和月进度报告的所有细节都提供给监理工程师、在何种条件下将没收履约保证金、工程检验维修的期限等。

（4）对监理工程师的职权规定得更为明确，强调建立以监理工程师为核心的项目管理模式

通用条款内明确规定，监理工程师应履行施工合同中赋予他的职责，行使合同中明确规定的或必然隐含的赋予他的权力。如果要求监理工程师在行使施工合同中某些规定权力之前需先得业主的批准，则应在业主与承包商签订合同的专用条件的相应条款内注明。合同履行过程中业主或承包商的各类要求均应提交监理工程师，由其做出决定：除非按照解决合同争议的条款将该事件提交争端裁决委员会或仲裁机构解决外，对监理工程师做出的每一项决定，各方均应遵守。业主与承包商协商达成一致以前，不得对监理工程师的权力加以进一步限制。

通用条件的相关条款同时规定，每当监理工程师需要对某一事项做出商定或决定时，应首先与合同双方协商并尽力达成一致，如果不能达成一致，则应按照合同规定并适当考虑所有有关情况后再做出公正的决定。

（5）增加了部分新内容

增加的内容包括：业主的资金安排、业主的索赔、承包商要求的变更、质量管理体系、知识产权、争端裁决委员会（DBA）的工作步骤等，使条款涵盖的范围更为全面、合理。“新红皮书”共定义了 58 个关键词，并将定义的关键词分为六大类编排，条理清晰，其中 30 个关键词是“红皮书”（即《土木工程施工合同条件》）没有的。

（6）通用条件的条款更具备操作性

通用条件条款约定更为细致和便于操作。如将预付款支付与扣还、调价公式等编入了通用条件的条款。

《施工合同条件》包括 3 部分内容：通用条件；专用条件编制指南；投标书、合同协议和争端评审协议格式。

① 第一部分　通用条件

通用条件包括了每个土木工程施工合同应有的条款，全面地规定了合同双方的权利和

义务、风险和责任，确定了合同管理的内容及做法。这部分可以不经任何改动附入招标文件。

② 第二部分　专用条件编制指南

专用条件的作用是对第一部分通用条件进行修改和补充，它的编号与其所修改或补充的通用条件的各条相对应。通用条件和专用条件是一个整体，相互补充和说明，形成描述合同双方权利和义务的合同条件。对每一个项目，都有必要准备专用条件。必须把相同编号的通用条件和专用条件一起阅读，才能全面正确地理解该条款的内容和用意。如果通用条件和专用条件有矛盾，则专用条件优先于通用条件。

③ 第三部分　投标书、合同协议和争端评审协议格式。

FIDIC 合同条款的适用条件，主要有下列几点。

a. 必须要由独立的监理工程师来进行施工监督管理。从某种意义来讲，也可以说 FIDIC 条款是专门为监理工程师进行施工管理而编写的。换言之，工程项目必须实行建设监理制。

b. 业主应采用竞争性招标方式选择承包单位，可以采用公开招标（无限制招标）或邀请招标（有限制招标）。

c. 适用于单价合同。FIDIC 合同的最大特点是单价合同，它强调“量价分离”，即工程数量与单价分开，投标时承包商报的不是总价，而是单价，单价乘以监理工程师认可的工程数量后才汇总出工程的总标价。FIDIC 合同在《投标者须知》中都会明文规定，合同单价的地位高于一切。如果标书中单价与总价发生矛盾，应以单价为准。对于没有填报单价或价格的工程内容，业主在合同实施过程中将不予支付，并认为该项工程内容的单价或价格已包含在其他工程内容的单价或价格中。因此必须注意，填上的单价就是支付的法律依据。

④ 要求有较完整的设计文件（包括规范、图纸、工程量清单等）。

6.3.3 FIDIC 条件下的施工阶段合同管理

6.3.3.1 合同双方的职责和风险承担

（1）业主的职责

① 及时提供施工现场。FIDIC 通用条款 2.1 款规定业主应在投标书附录中规定的时间内给予承包商进入现场、占用现场各部分的权利。

② 及时提供施工图纸及相关的资料文件。FIDIC 通用条款 1.8 款规定由业主向承包商提供一式两份合同文本（含图纸）和后续图纸。

③ 提供现场勘察资料。FIDIC 通用条款 4.10 款规定业主应在基准日期前，即在承包商递交投标书截止日期前 28 天之前把该工程勘察所得的现场地下、水文条件及环境方面的所有情况资料提供给承包商；同样地，业主在基准日期后所得的所有此类资料，也应提交给承包商。

④ 协助承包商办理许可、执照或批准等。FIDIC 通用条款 2.2 款规定业主应根据承包商的请求，对其提供以下合理的协助：取得与合同有关，但不易得到的工程所在国的法律文本；协助承包商申办工程所在国的法律要求的许可、执照或批准。

⑤ 及时支付工程款。FIDIC 通用条款 14 条对业主给承包商的预付款、期中付款和最终付款作了详细规定。

(2) 业主承担的风险

① 特殊风险承担。FIDIC 通用条款 17.3 款列举了以下 8 种业主风险。

a. 战争、敌对行动（不论宣战与否）、入侵、外敌行动；

b. 工程所在国国内的叛乱、恐怖主义、革命、暴动、军事政变或篡夺政权，或内战；

c. 承包商人员及承包商其他雇员以外的人员在工程所在国内的暴乱、骚动或混乱；

d. 工程所在国内的战争军火、爆炸物资、电离辐射或放射性引起的污染，但可能由承包商使用此类军火、炸药、辐射或放射性引起的除外；

e. 由音速或超音速飞行的飞机或飞行装置所产生的压力波；

f. 除合同规定以外雇主使用或占有的永久工程的任何部分；

g. 由雇主人员或雇主对其负责的其他人员所做的工程任何部分的设计；

h. 不可预见的或不能合理预期一个有经验的承包商已采取适宜预防措施的任何自然力的作用。

FIDIC 合同 17.4 款规定以上风险发生造成损失，承包商为修正损失而延误的工期和增加的费用由业主承担。

② 其他不能合理预见的可能风险。例如，在 13.7 款规定了法规变化后合同价的调整，在基准日期后作出的法律改变使承包商遭受的工程延误和成本费用增加，应由业主承担；13.8 款规定了劳务和材料价格变化后合同价的调整，由于劳务和材料价格的上涨带来的风险应由业主承担；14.15 款规定了按一种或多种外币支付时，工程所在国货币与这些外币之间的汇率按投标书附录中的规定执行。

(3) 承包商的责任

① 保护设计图纸和文件的知识产权。1.11 款规定由业主（或以业主名义）编制的规范、图纸和其他文件，其版权和其他知识产权归业主所有。除合同需要外，未经业主同意，承包商不得将图纸、文件等用于或转给第三方。

② 提交履约担保。4.2 款明确承包商应按投标书附录规定的金额取得担保，并在收到中标函后 28 天内向业主提交这种担保，并向监理工程师递交一份副本。履约担保应由业主批准的国家内的实体提供。

③ 对工程质量负责。例如，在 4.9 款明确承包商应建立质量保证体系，该体系应符合合同的详细规定。承包商在每一设计和实施阶段开始前，应向监理工程师提交所有程序和如何贯彻要求的文件的细节。4.1 款明确承包商应精心施工、修补其任何缺陷。明确承包商应对整个现场作业、所有施工方法和全部工程的完备性、稳定性和完全性负全责；并对承包商自己的设计承担责任。

④ 按期完成施工任务。8.1款规定承包商应在收到中标函后42天内开工，除非专用条款另有说明。开工后承包商在合理可能的情况下尽早开始工程的实施，随后应以正当的速度，不拖延地进行工程。8.2款则规定承包商应在工程或分项工程的竣工时间内，完成整个工程和每个分项工程。

⑤ 对施工现场的安全和环境保护负责。

6.3.3.2 施工进度管理

合同履行过程中，一个准确的施工计划对合同涉及的有关各方都有重要的作用，不仅要求承包商按计划施工，而且监理工程师也应按计划做好保证施工顺利进行的协调管理工作。承包商应在合同约定的日期或接到中标函后的42天内（合同未作约定）开工，监理工程师则应至少提前7天通知承包商开工日期。承包商收到开工通知后的28天内，按监理工程师要求的格式和详细程度提交施工进度计划。

施工进度计划的内容，一般包括以下内容。

① 实施工程的进度计划。视承包工程的任务范围不同，可能还涉及设计进度（如果包括部分工程的施工图设计的话）；材料采购计划；永久工程设备的制造、运到现场施工、安装、调试和检验各个阶段的预期时间（永久工程设备包括在承包范围内的话）；

② 各指定分包商施工各阶段的安排；

③ 合同中规定的重要检查、检验的次序和时间；

④ 保证计划实施的说明文件。

监理工程师对施工进度的监督包括两个方面的内容。

① 月进度报告。为了便于监理工程师对合同的履行进行有效的监督和管理，协调各合同之间的配合，承包商每个月都应向监理工程师提交进度报告，说明前一阶段的进度情况和施工中存在的问题，以及下一阶段的实施计划和准备采取的相应措施。

② 施工进度计划的修订。不论实际进度是超前还是滞后于计划进度，当监理工程师发现实际进度与计划进度严重偏离时，为了使进度计划有实际指导意义，随时有权指示承包商编制改进的施工进度计划，并再次提交监理工程师认可后执行。监理工程师在管理中应注意两点：一是，不论因何方应承担责任的原因导致实际进度与计划进度不符，承包商都无权对修改进度计划的工作要求额外支付；二是，监理工程师对修改后进度计划的批准，并不意味着承包商可以摆脱合同规定应承担的责任。例如，承包商因自身管理失误使得实际进度严重滞后于计划进度，按他实际施工能力修改后的进度计划，竣工日期将迟于合同规定的日期。监理工程师考虑此计划已包括了承包商所有可挖掘的潜力，只能按此执行而批准后，承包商仍要承担合同规定的延期违约赔偿责任。

通用条件的条款中规定可以给承包商合理延长合同工期的条件通常包括以下几种情况。

① 延误发放图纸；

② 延误移交施工现场；

③ 承包商依据监理工程师提供的错误数据导致放线错误；

④ 不可预见的外界条件；
⑤ 施工中遇到文物和古迹而对施工进度的干扰；
⑥ 非承包商原因检验导致施工的延误；
⑦ 发生变更或合同中实际工程量与计划工程量出现实质性变化；
⑧ 施工中遇到有经验的承包商不能合理预见的异常不利气候条件影响；
⑨ 由于传染病或政府行为导致工期的延误；
⑩ 施工中受到业主或其他承包商的干扰；
⑪ 施工涉及有关公共部门原因引起的延误；
⑫ 业主提前占用工程导致对后续施工的延误；
⑬ 非承包商原因使竣工检验不能按计划正常进行；
⑭ 后续法规调整引起的延误；
⑮ 发生不可抗力事件的影响。

6.3.3.3 施工质量管理

通用条件规定，承包商应按照合同的要求建立一套质量管理体系，以保证施工符合合同要求。在每一工作阶段开始实施之前，承包商应将所有工作程序的细节和执行文件提交监理工程师，供其参考。监理工程师有权审查质量体系的任何方面，包括月进度报告中包含的质量文件，对不完善之处可以提出改进要求。

工程质量的好坏和施工进度的快慢，很大程度上取决于投入施工的机械设备数量和型号上的满足程度。而且承包商在投标书中报送的设备计划，是业主评标决标时考虑的主要因素之一。因此通用条款规定了以下几点。

(1) 承包商自有的施工设备

承包商自有的施工机械、设备、临时工程和材料，一经运抵施工现场后就被视为专门为本合同工程施工之用。除了运送承包商人员和物资的运输车辆以外，其他施工机具和设备虽然承包商拥有所有权和使用权，但未经过监理工程师的批准，不能将其中的任何一部分运出施工现场。某些使用台班数较少的施工机械在现场闲置期间，如果承包商的其他合同工程需要使用时，可以向监理工程师申请暂时运出。当监理工程师依据施工计划考虑该部分机械暂时不用而同意他运出时，应同时指示何时必须运回以保证本工程的施工之用，要求承包商遵照执行。对于后期施工不再使用的设备，竣工前经过监理工程师批准后，承包商可以提前撤出工地。

(2) 承包商租赁的施工设备

承包商从其他人处租赁施工设备时，应在租赁协议中规定在协议有效期内发生承包商违约解除合同时，设备所有人应以相同的条件将该施工设备转租给发包人或发包人邀请承包本合同的其他承包商。

(3) 要求承包工程增加或更换施工设备

若监理工程师发现承包商使用的施工设备影响了工程进度或施工质量时，有权要求承包商增加或更换施工设备，由此增加的费用和工期延误责任由承包商承担。

由于工程受自然条件等外界的影响较大，工程情况比较复杂，且在招标阶段依据初步设计图纸招标，因此在施工合同履行过程中不可避免地会发生工程变更。所谓工程变更，是指施工过程中出现了与签订合同时的预计条件不一致的情况，而需要改变原定施工承包范围内的某些工作内容。工程变更的范围如下。

① 合同中任何工作工程量的改变。由于招标文件中的工程量清单中所列的工程量是依据初步设计概算的量值，是为承包商编制投标书时合理进行施工组织设计及报价之用，因此实施过程中会出现实际工程量与计划值不符的情况。为了便于合同管理，当事人双方应在专用条款内约定工程量变化较大可以调整单价的百分比（视工程具体情况，可在15％～25％范围内确定）。

② 任何工作质量或其他特性的变更。

③ 工程任何部分标高、位置和尺寸的改变。第②和③属于重大的设计变更。

④ 删减任何合同约定的工作内容。省略的工作应是不再需要的工程，不允许用变更指令的方式将承包范围内的工作变更给其他承包商实施。

⑤ 进行永久工程所必需的任何附加工作、永久设备、材料供应或其他服务，包括任何联合竣工检验、钻孔和其他检验以及勘察工作。这种变更指令应是增加与合同工作范围性质一致的新增工作内容，而且不应以变更指令的形式要求承包商使用超过他目前正在使用或计划使用的施工设备范围去完成新增工程。除非承包商同意此项工作按变更对待。一般应将新增工程按一个单独的合同来对待。

⑥ 改变原定的施工顺序或时间安排。

工程师可以通过发布变更指示或以要求承包商递交建议书的任何一种方式提出变更。其程序如下。

① 指示变更。工程师在业主授权范围内根据施工现场的实际情况，在确属需要时有权发布变更指示。指示的内容应包括详细的变更内容、变更工程量、变更项目的施工技术要求和有关部门文件图纸，以及变更处理的原则。

② 要求承包商递交建议书后再确定的变更。其程序如下。

a. 工程师将计划变更事项通知承包商，并要求他递交实施变更的建议书。

b. 承包商应尽快予以答复。一种情况可能是通知工程师由于受到某些非自身原因的限制而无法执行此项变更，如无法得到变更所需的物资等，工程师应根据实际情况和工程的需要再次发出取消、确认或修改变更指示的通知。另一种情况是承包商依据工程师的指示递交实施此项变更的说明，内容如下。

· 将要实施的工作的说明书以及该工作实施的进度计划；

· 承包商依据合同规定对进度计划和竣工时间做出任何必要修改的建议，提出工期顺延要求；

· 承包商对变更估价的建议，提出变更费用要求。

c. 工程师做出是否变更的决定，尽快通知承包商说明批准与否或提出意见。

d. 承包商在等待答复期间，不应延误任何工作。

e. 工程师发出每一项实施变更的指示，应要求承包商记录支出的费用。

f. 承包商提出的变更建议书，只是作为工程师决定是否实施变更的参考。除了工程师做出指示或批准以总价方式支付的情况外，每一项变更应依据计量工程量进行估价和支付。

6.3.3.4 进度款支付管理

(1) 预付款

预付款又称动员预付款，是业主为了帮助承包商解决施工前期开展工作时的资金短缺，从未来的工程款中提前支付的一笔款项。合同工程是否有预付款，以及预付款的金额多少、支付（分期支付的次数及时间）和扣还方式等均要在专用条款内约定。通用条件内针对预付款金额不少于合同价22%的情况规定了管理程序。

① 动员预付款的支付。预付款的数额由承包商在投标书内确认。承包商需首先将银行出具的履约保函和预付款保函交给业主并通知工程师，工程师在21天内签发“预付款支付证书”，业主按合同约定的数额和外币比例支付预付款。预付款保函金额始终保持与预付款等额，即随着承包商对预付款的偿还逐渐递减保函金额。

② 动员预付款的扣还。预付款在分期支付工程进度款的支付中按百分比扣减的方式偿还。

a. 起扣。自承包商获得工程进度款累计总额达到合同总价（减去暂列金额）10%那个月起扣。即：(工程师签证累计支付款总额－预付款－已扣保留金)/(合同价－暂列金额)＝10%。

b. 每次支付时的扣减额度。本月证书中承包商应获得的合同款额（不包括预付款及保留金的扣减）中扣除25%作为预付款的偿还，直至还清全部预付款。即：每次扣还金额＝(本次支付证书中承包商应获款－本次应扣保留金)×25%。

(2) 保留金

保留金是按合同约定从承包商应得的工程进度款中相应扣减的一笔金额保留在业主手中，作为约束承包商严格履行合同义务的措施之一。当承包商有一般违约行为使业主受到损失时，可从该项金额内直接扣除损害赔偿费。例如，承包商未能在工程师规定的时间内修复缺陷工程部位，业主雇用其他人完成后，这笔费用可从保留金内扣除。

① 保留金的约定。承包商在投标书附录中按招标文件提供的信息和要求确认了每次扣留保留金的百分比和保留金限额。每次月进度款支付时扣留的百分比一般为5%～10%，累计扣留的最高限额为合同价的2.5%～5%。

② 每次中期支付时扣除的保留金。从首次支付工程进度款开始，用该月承包商完成合格工程应得款加上因后续法规政策变化的调整和市场价格浮动变化的调价款为基数，乘以合同约定保留金的百分比作为本次支付时应扣留的保留金。逐月累计扣到合同约定的保留金最高限额为止。

③ 保留金的返还。扣留承包商的保留金分两次返还，即颁发了整个工程的接收证书时，将保留金的前一半支付给承包商；整个合同的缺陷通知期满，返还剩余的保留金。

(3) 工程进度款

工程进度款的支付程序如下。

① 工程量计量。每次支付工程月进度款前，均需通过测量来核实实际完成的工程量，以计量值作为支付依据。

采用单价合同的施工工作内容应以计量的数量作为支付进度款的依据，而总价合同或单价包干混合式合同中按总价承包的部分可以按图纸工程量作为支付依据，仅对变更部分予以计量。

② 承包商提供报表。每个月的月末，承包商应按工程师规定的格式提交一式 6 份本月支付报表。内容包括提出本月已完成合格工程的应付款要求和对应扣款的确认，一般包括以下几个方面的内容。

a. 本月完成的工程量清单中工程项目及其他项目的应付金额（包括变更）；

b. 法规变化引起的调整应增加和减扣的任何款额；

c. 作为保留金扣减的任何款额；

d. 预付款的支付（分期支付的预付款）和扣还应增加和减扣的任何款额；

e. 承包商采购用于永久工程的设备和材料应预付和扣减款额；

f. 根据合同或其他规定（包括索赔、争端裁决和仲裁），应付的任何其他应增加和扣减的款额；

g. 对所有以前的支付证书中证明的款额的扣除或减少（对已付款支付证书的修正）。

③ 工程师签证。工程师接到报表后，对承包商完成的工程形象、项目、质量、数量以及各项价款的计算进行核查。若有疑问时，可要求承包商共同复核工程量。在收到承包商的支付报表后 28 天内，按核查结果的实际完成情况签发支付证书。工程师可以不签发证书或扣减承包商报表中部分金额的情况如下。

a. 合同内约定有工程师签证的最小金额时，本月应签发的金额小于签证的最小金额，工程师不出具月进度款的支付证书。本月应付款接转下月，超过最小签证金额后一并支付。

b. 承包商提供的货物或施工的工程不符合合同要求，可扣发修正或重置相应的费用，直至修整或重置工作完成后再支付。

c. 承包商未能按合同规定进行工作或履行义务，并且工程师已经通知了承包商，则可以扣留该工作或义务的价值，直至工作或义务履行为止。

④ 业主支付。承包商的报表经过工程师认可并签发工程进度款的支付证书后，业主应在接到证书后及时给承包商付款。业主的付款时间不应超过工程师收到承包商的月进度付款申请单后的 56 天。如果逾期支付将承担延期付款的违约责任，延期付款的利息按银行贷款利率加 3%计算。

6.3.4 FIDIC条件下竣工验收的合同管理

承包商完成工程并准备好竣工报告所需报送的资料后，应提前21天将某一确定的日期通知工程师，说明此日期后已准备好进行竣工检验。工程师应指示在该日期后14天内的某日进行。

“基本竣工”是指工程已通过竣工检验，能够按照预定目的交给业主占用或使用，而非完成了合同规定的包括扫尾、清理施工现场及不影响工程使用的某些次要部位缺陷修复工作后的最终竣工，剩余工作允许承包商在缺陷通知期内继续完成。如果工程通过竣工检验达到了合同规定的“基本竣工”要求后，承包商在他认为可以完成移交工作前14天以书面形式向工程师申请颁发接收证书。工程师接到承包商申请后的28天内，如果认为已满足竣工条件，即可颁发工程接收证书；若不满意，则应书面通知承包商，指出还需完成哪些工作后才达到基本竣工条件。工程接收证书中包括确认工程达到竣工的具体日期。工程接收证书颁发后，不仅表明承包商对该部分工程的施工义务已经完成，而且对工程照管的责任也转移给业主。

如果合同约定工程不同区段有不同竣工日期时，每完成一个区段均应按上述程序颁发部分工程的接收证书。

如果工程或某区段未能通过竣工检验，承包商对缺陷进行修复和改正，在相同条件下重复进行此类未通过的试验和对任何相关工作的竣工检验。

当整个工程或某区段未能通过按重新检验条款规定所进行的重复竣工检验时，工程师应有权选择以下任何一种处理方法。

① 指示再进行一次重复的竣工检验。

② 如果由于该工程缺陷致使业主基本上无法享用该工程或区段所带来的全部利益，拒收整个工程或区段（视情况而定），在此情况下，业主有权获得承包商的赔偿。包括以下几种情况。

a. 业主为整个工程或该部分工程（视情况而定）所支付的全部费用以及融资费用；

b. 拆除工程、清理现场和将永久设备和材料退还给承包商所支付的费用。

③ 颁发一份接收证书（如果业主同意的话），折价接收该部分工程。合同价格应按照可以适当弥补由于此类失误而给业主造成的减少的价值数额予以扣减。

6.3.5 FIDIC条件下缺陷通知期阶段合同管理

FIDIC条件下的“缺陷通知期”相当于我国的“保修期”，通用条款规定，工程师在缺陷通知期内可就以下事项向承包商发布指示。

① 将不符合合同规定的永久设备或材料从现场移走并替换；

② 将不符合合同规定的工程拆除并重建；

③ 实施任何因保护工程安全而需进行的紧急工作。不论事件起因于事故、不可预见

事件还是其他事件。

承包商应在工程师指示的合理时间内完成上述工作。若承包商未能遵守指示，业主有权雇佣其他人实施并予以付款。如果属于承包商应承担的责任原因，业主有权按照业主索赔的程序向承包商追偿。

如果缺陷通知期内工程圆满地通过运行考验，工程师应在期满后的 28 天内，向业主签发解除承包商承担工程缺陷责任的证书，即履约证书（履约证书是承包商已按合同规定完成全部施工义务的证明）并将副本送给承包商。此时意味承包商与合同有关的实际义务已经完成。业主应在证书颁发后的 14 天内，退还承包商的履约保证书。

缺陷通知期满时，如果工程师认为还存在影响工程运行或使用的较大缺陷，可以延长缺陷通知期，推迟颁发证书，但缺陷通知期的延长不应超过竣工日后的 2 年。

颁发履约证书后的 56 天内，承包商应向工程师提交最终报表草案，以及工程师要求提交的有关资料。最终报表草案要详细说明根据合同完成的全部工程价值和承包商依据合同认为还应支付给他的任何进一步款项，如剩余的保留金及缺陷通知期内发生的索赔费用等。

工程师审核后与承包商协商，对最终报表草案进行适当的补充或修改后形成最终报表。承包商将最终报表送交工程师的同时，还需向业主提交一份“结清单”，进一步证实最终报表中的支付总额，作为同意与业主终止合同关系的书面文件。工程师在接到最终报表和结清单附件后的 28 天内签发最终支付证书，业主应在收到证书后的 56 天内支付。当业主按照最终支付证书的金额予以支付并退还履约保函后，结清单生效，承包商的索赔权也即终止。

总之，工程合同管理是工程项目管理的核心，也是监理工作的核心。《建设工程施工合同》作为建设工程的主要合同之一，是开展工程监理工作的重要依据，每一个监理人员都要熟知涉及施工合同有关条款的内容，并严格按照合同规定开展监理工作。特别是在工程建设中计算工程造价时，发生争议是不可避免的，因此，监理人员必须熟知有关法律法规，熟悉施工合同的内容，掌握合同管理的手段，认真履行自身职责，依据合同对工程投资、进度、质量进行控制，为建设单位（业主）提供更优质的服务。

训练与思考题

一、单项选择题（在每小题的备选答案中，只有 1 个选项最符合题意。）

1. 根据《中华人民共和国合同法》的规定，建设工程合同是（　　）合同。

A. 要式合同　　B. 非要式合同　　C. 形式灵活　　D. 正式合同

2. 建设工程的承包人必须具备法人资格，并具备相应的资质，是由建设工程合同（　　）决定的。

A. 标的特殊性　　B. 主体的严格性

C. 履行期限的长期性　　D. 计划和程序的严格性

3. 下列合同属于按照完成承包的内容分类的合同种类是（　　）。

A. 建设工程勘察合同　　B. 工程施工承包合同

C. 建设工程设计施工总承包合同　　D. 施工分包合同

4. 建设工程合同要求每一个建筑产品都需单独设计和施工，决定了建设工程（　　）。

A. 合同标的特殊性　　B. 计划和程序的严格性

C. 合同履行期限的长期性　　D. 合同主体的严格性

5. 建设工程勘察合同、建设工程设计合同和建设工程施工合同，是按照（　　）划分的。

A. 施工工期的长短　　B. 承发包的不同范围和数量

C. 承包的数量　　D. 完成承包的内容

6. 根据《工程施工合同》，就图纸、通用合同条款和已标价的工程量清单而言，优先解释的顺序是（　　）。

A. 已标价的工程量清单→通用合同条款→图纸

B. 已标价的工程量清单→图纸→通用合同条款

C. 通用合同条款→已标价的工程量清单→图纸

D. 通用合同条款→图纸→已标价的工程量清单

7. 以下（　　）专项施工方案，需要进行5人以上专家论证方案的安全性和可靠性。

A. 高大模板工程　　B. 浅基坑工程　　C. 大爆破工程　　D. 脚手架工程

8. 按照《建设工程施工合同（示范文本）》规定，当组成施工合同的各文件出现含糊不清或矛盾时，应按（　　）顺序解释。

A. 合同协议书、已标价的工程量清单、中标通知书

B. 中标通知书、投标书及附件、合同履行中的变更协议

C. 合同协议书、中标通知书、已标价的工程量清单

D. 合同专用条款、合同通用条款、中标通知书

9. 在施工合同履行中，发包人按合同约定购买了玻璃，现场交货双方共同清点检验接收后交承包人的仓库保管员保管，当施工需要使用时发现部分玻璃丢失，则应由（　　）。

A. 保管员负责赔偿损失　　B. 发包人承担损失责任

C. 承包人负责赔偿损失　　D. 发包人与承包人共同承担损失责任

10. 某工程在缺陷责任期内，因施工质量问题出现重大缺陷，发包人通知承包人行维修，承包人不能在合理时间内进行维修，发包人委托其他单位进行修复，修复费由（　　）承担。

A. 发包人　　B. 承包人　　C. 使用人　　D. 以上都不正确

二、多项选择题（在每小题的备选答案中，有2个或2个以上选项符合题意，但至少有1个错项。）

1. 下列属于工程建设合同责任主体的是（　　）。

A. 建设单位　　B. 施工单位　　C. 监理单位

D. 勘察单位　　　　E. 设计单位

2. 建设工程合同的主要特征是（　　）。

A. 合同签订的一次性　　　　B. 合同主体的严格性

C. 合同标的的特殊性　　　　D. 合同履行期限的长期性

E. 投资和程序上的严格性

3. 按完成承包的内容划分，属于建设工程合同的有（　　）。

A. 建设工程监理合同　　　　B. 建设工程勘察合同

C. 建设工程设计合同　　　　D. 建设工程施工合同

E. 建设物资采购合同

4. 下列建设工程合同中，属于按照完成承包的内容进行划分的有（　　）。

A. 建设工程勘察合同　　　　B. 建设工程设计合同

C. 建设工程施工合同　　　　D. 工程承包合同

E. 施工分包合同

5. 下列建设工程合同中，属于按照计价方式分类的有（　　）。

A. 总价合同　　B. 单价合同　　C. 建设工程施工合同

D. 工程承包合同　　E. 成本加酬金合同

6. 下列关于建设合同的说法中，正确的有（　　）。

A. 在建筑市场中的各方主体，都要依靠合同确立相互之间的关系

B. 施工承包合同是发包人将工程建设的勘察、设计、施工等任务发包给一个承包人的合同

C. 施工总承包合同是发包人将全部或部分的施工任务发包给一个承包人的合同

D. 按完成承包的内容进行划分，建设工程合同可以分为建设工程勘察、设计和施工合同

E. 承包人将承包工程中的部分施工任务交与他人完成订立的合同是劳务分包合同人

7. 下列因素中，使得建设工程合同的订立和履行期限具有长期性的有（　　）。

A. 建筑工程结构复杂　　　　B. 建筑工程体积大

C. 建筑材料类型多　　　　D. 建筑工程工作量大

E. 建筑产品是不动产

8. 按照施工合同内不可抗力条款的规定，下列事件中属于不可抗力的有（　　）。

A. 龙卷风导致吊车倒塌

B. 地震导致主体建筑物的开裂

C. 承包人管理不善导致的仓库爆炸

D. 承包人拖欠雇员工资导致的动乱

E. 非发包人和承包人责任发生的火灾

9. 以下对索赔的表述中，正确的是（　　）。

A. 索赔要求的提出不需经对方同意

B. 索赔依据应在合同中有明确根据

C. 承包人应在索赔事件发生后的28天内递交索赔意向通知

D. 监理人的索赔处理决定超过权限时应报发包人批准

E. 承包人必须执行监理人的索赔处理决定

10. 承包人应按合同约定的工作内容和施工进度要求，编制施工组织设计和施工进度计划，并对所有施工作业和施工方法的（　　）负责。

A. 完备性　　B. 安全性　　C. 可靠性

D. 准确性　　E. 及时性

11. 根据建设工程施工合同的有关规定，施工合同的当事人包括（　　）。

A. 承包人　　B. 监理人　　C. 建设主管部门

D. 发包人　　E. 设计人

三、思考题

1. 什么是建设工程合同？它具有哪些主要特征？

2. 建设工程合同有哪几种类？

3. 建设工程合同管理的主要内容是什么？

4. 工程施工合同文件应包括哪些内容？它们的优先解释顺序是怎样的？

5. FIDIC 施工合同条件包括哪几部分内容？其适用条件是什么？

6. 监理处理费用索赔的依据是什么？

7. 监理处理施工单位提出的费用索赔程序是什么？

8. 监理批准施工单位费用索赔应满足的条件是什么？

9.《建设工程施工合同（示范文本）》中关于监理对工程质量检查和检验有哪些规定？

第7章 工程监理信息与文档资料管理

7.1 工程监理信息管理

7.1.1 工程监理信息管理概念和任务

(1) 信息和信息管理

信息是内涵和外延不断变化、发展着的一个概念。结合监理工作，一般认为，信息是以数据形式表达的客观事实，它是对数据的解释，反映着事物和客观状态和规律。数据包括文字、数值、语言、图表、图像等表达形式。信息具有伸缩性、传输扩散性、可识别性、可转换存储以及共享性。

① 信息管理概念　所谓信息管理是指在开展建设监理工作过程中对信息的收集、加工整理、储存、传递与应用等一系列工作的总称。

② 信息管理目的　信息管理是监理工作的一项重要内容，贯穿于监理工作的全过程。信息管理的目的是通过有组织的信息交流，使有关人员能及时、准确地获得相应的信息，作为分析、判断、控制、决策的依据，也为工程建成后的运行、管理、缺陷修复积累资料。

③ 信息管理工作原则

a. 标准化原则；

b. 有效性原则；

c. 定量化原则；

d. 时效性原则；

e. 高效处理原则；

f. 可预见原则。

④ 信息管理的内容　信息管理的内容一般包括收集、加工、传输、存储、检索、应用六项内容。

a. 收集。收集是指对工作中原始信息的收集，是很重要的基础工作。

b. 加工。信息加工是信息处理的基本内容，其目的是通过加工为工作提供有用的信息。

c. 传输。传输是指信息借助于一定的载体在监理工作的各参加部门、各单位之间的传输。通过传输，形成各种信息流，畅通的信息流是工作顺利进行的重要保证。

d. 存储。存储是指对处理后的信息的存储。凡需要存储的信息，必须按规定进行分类，按工程信息编码建档存储。

e. 检索。监理工作中既然存储了大量的信息，为了查找方便，就需要拟定一套科学的、迅速查找的方法和手段，这就称之为信息的检索。已存储的信息，应管理有序，便于检索。

f. 应用。是指将信息按照需要编印成各类数据、报表和文件格式，以纸质或电子文档形式加以呈现，以供管理工作中使用。

(2) 监理信息的概念与特点

监理信息是在整个工程建设监理过程中发生的、反映着工程建设的状态和规律的信息。其特点如下。

① 来源广、信息量大。在建设监理制度下，工程建设是以监理工程师为中心，项目监理组织自然成为信息生成、流入和流出的中心。监理信息来自两个方面：一是项目监理组织内部进行项目控制和管理而产生的信息；二是在实施监理的过程中，从项目监理组织外流入的信息。由于工程建设的长期性和复杂性，由于涉及的单位众多，使得从这两方面来的信息来源广，信息量大。

② 动态性强。工程建设的过程是一个动态过程，监理工程师实施的控制也是动态控制，因而大量的监理信息都是动态的，这就需要及时地收集和处理。

③ 有一定的范围和层次。业主委托监理的范围不一样，监理信息也不一样。监理信息不等同于工程建设信息，工程建设过程中，会产生很多信息，这些信息并非都是监理信息，只有那些与监理工作有关的信息才是监理信息。不同的工程建设项目，所需的信息既有共性，又有个性。另外，不同的监理组织和监理组织的不同部门，所需的信息也不一样。

监理信息的这些特点，要求监理工程师必须加强信息管理，把信息管理作为工程建设监理的一项主要内容。

(3) 工程监理信息管理的概念和任务

工程监理信息管理是指在工程项目建设的各个阶段，对所产生的面向工程项目管理业务的信息进行收集、传输、加工储存、维护和使用等的信息规划及组织管理活动的总称。信息管理的目的是通过有效地工程信息规划及其组织管理活动，使参与建设各方能及时、准确地获取有关的工程监理信息，以便为项目建设全过程或各个建设阶段提供建设决策所需要的可靠信息。监理工程师作为项目管理者，承担着项目信息管理的任务，具体应如下。

① 组织项目基本情况信息的收集并系统化，编制项目手册。

② 项目报告及各种资料的规定。

③ 按照项目实施、项目组织、项目管理工作过程建立项目管理信息系统流程，在实际工作中保证这个系统正常运行，并进行信息流控制。

④ 文件档案管理工作。

7.1.2 工程监理信息的表现形式及内容

监理信息的表现形式就是信息内容的载体，也就是各种各样的数据。在工程建设监理过程中，各种情况层出不穷，这些情况包含了各种各样的数据。这些数据可以是文字，可以是数字，可以是各种表格，也可以是图形和图像和声音。

(1) 文字数据

它是监理信息的一种常见的表现形式。文件是最常见的用文字数据表现的信息。管理部门会下发很多文件；工程建设各方，通常规定以书面形式进行交流，即使是口头上的指令，也要在一定时间内形成书面的文字，这也会形成大量的文件。这些文件包括国家、地区、部门行业、国际组织颁布的有关工程建设的法律法规文件，如经济合同法、政府建设监理主管部门下发的通知和规定、行业主管部门下发的通知和规定等。还包括国际、国家和行业等制定的标准规范。如合同标准、设计及施工规范、材料标准、图形符号标准、产品分类及编码标准等。具体到每一个工程项目，还包括合同及招投标文件、工程承包（分包）单位的情况资料、会议纪要、监理月报、洽商及变更资料、监理通知、隐蔽及预检记录资料等。这些文件中包含了大量的信息。

(2) 数字数据

也是监理信息的常见的一种表现形式。在工程建设中，监理工作的科学性要求“用数字说话”，为了准确地说明各种工程情况，必然有大量数字数据产生，各种计算成果，各种试验检测数据，反映着工程项目的质量、投资和进度等情况。用数据表现的信息常见的有：设备与材料价格；工程概预算定额；调价指数；工期、劳动、机械台班的施工定额；地区地质数据；项目类型及专业和主材投资的单位指标；大宗主要材料的配合数据等。具体到每个工程项目，还包括：材料台账；设备台账；材料、设备检验数据；工程进度数据；进度工程量签证及付款签证数据；专业图纸数据；质量评定数据；施工人力和机械数据等。

(3) 各种报表

报表是监理信息的另一种表现形式，工程建设各方都用这种直观的形式传播信息。承包商需要提供反映工程建设状况的多种报表，这些报表有：开工申请单、施工技术方案审报表、进场原材料报验单、进场设备报验单、施工放样报验单、分包申请单、合同外工程单价申报表、计日工单价申报表、合同工程月计量申报表、额外工程月计量申报表、人工与材料价格调整申报表、付款申请表、索赔申请书、索赔损失计算清单、延长工期申报表、复工申请、事故报告单、工程验收申请单、竣工报验单等。监理组织内部常采用规范化的表格来作为有效控制的手段，这类报表有：工程开工令、工程清单支付月报表、暂定金额支付月报表、应扣款月报表、工程变更通知、额外增加工程通知单、工程暂停指令、复工 指令、现场指令、工程验收证书、工程验收记录、竣工证书等。监理工程师向业主反映工程情况也往往用报表形式传递工程信息，这类报表有：工程质量月报表、项目月支付总表、工程进度月报表、进度计划与实际完成报表、施工计划与实际完成情况表、监理月报表、工程状况报告表等。

(4) 图形、图像和声音等

这些信息包括工程项目立面、平面及功能布置图形、项目位置及项目所在区域环境实际图形或图像等，对每一个项目，还包括分专业隐检部位图形、分专业设备安装部位图形、分专业预留预埋部位图形、分专业管线平（立）面走向及跨越伸缩缝部位图形、分专业管线系统图形、质量问题和工程进度形象图像，在施工中还有设计变更图等。图形、图像信息还包括工程录像、照片等，这些信息直观、形象地反映了工程情况，特别是能有效反映隐蔽工程的情况。声音信息主要包括会议录音、电话录音以及其他的讲话录音等。

以上这些只是监理信息的一些常见形式，而且监理信息往往是这些形式的组合。了解监理信息的各种形式及其特点，对收集、整理信息很有帮助。

7.1.3 工程监理信息的分类

不同的监理范畴，需要不同的信息，可按照不同的标准将监理信息进行归类划分，来满足不同监理工作的信息需求，并有效地进行管理。监理信息的分类方法通常有以下几种。

(1) 按工程监理控制目标分类

工程监理的目的是对工程进行有效的控制。按控制目标不同，可将监理信息划分如下：

① 投资控制信息，是指与投资控制直接有关的信息。属于这类信息的有一些投资标准，如类似工程造价、物价指数、概算定额、预算定额等；有工程项目计划投资的信息，如工程项目投资估算、设计概预算、合同价等；有项目进行中产生的实际投资信息，如施工阶段的支付账单、投资调整、原材料价格、机械设备台班费、人工费、运杂费等；还有对以上这些信息进行分析比较得出的信息，如投资分配信息、合同价格与投资分配的对比分析信息、实际投资与计划投资的动态比较信息、实际投资统计信息、项目投资变化预测信息等。

② 进度控制信息，是指与进度控制直接有关的信息。这类信息有与工程进度有关的标准信息，如工程施工进度定额信息等；有与工程计划进度有关的信息，如工程项目总进度计划、进度控制的工作流程、进度控制的工作制度等。有项目进展中产生的实际进度信息，如工程项目月报进度计划信息等；有上述信息加工后产生的信息，如工程实际进度控制的风险分析、进度目标分解信息、实际进度与计划进度对比分析、实际进度与合同进度

对比分析、实际进度统计分析、进度变化预测信息等。

③ 质量控制信息，是指与质量控制直接有关的信息。属于这类信息的有与工程质量有关的标准信息，如国家有关的质量政策、质量法规、质量标准、工程项目建设标准等；有与计划工程质量有关的信息，如工程项目的合同标准信息、材料设备的合同质量信息、质量控制工作流程、质量控制的工作制度等；有项目进展中实际质量信息，如工程质量检验信息、材料的质量抽样检查信息、设备的质量检验信息、质量和安全事故信息。还有由这些信息加工后得到的信息，如质量目标的分解结果信息、质量控制的风险分析信息、工程质量统计信息、工程实际质量与质量要求及标准的对比分析信息等。

④ 安全控制信息，是指与安全生产控制有关的信息。法律法规方面，如国家法律、法规、条例。制度措施方面，如安全生产管理体系、安全生产保证措施等。项目进展中产生的信息，如安全生产检查、巡视记录、安全隐患记录等。另外还有安全事故统计信息、安全事故预测信息、文明施工及环境保护有关信息。

（2）按照工程建设阶段分类

① 项目建设前期的信息。项目建设前期的信息包括可行性研究报告提供的信息、设计任务书提供的信息、勘察与测量的信息、初步设计文件的信息、招投标方面的信息等，其中大量的信息与监理工作有关。

② 工程施工中的信息。施工中由于参加的单位多，现场情况复杂，信息量最大。其中有从业主方来的信息，业主作为工程项目建设的负责人，对工程建设中的一些重大问题不时要表达意见和看法，下达某些指令；业主对合同规定由其供应的材料、设备，需提供品种、数量、质量、试验报告等资料。有承包商方面的信息，承包商作为施工的主体，必须收集和掌握施工现场大量的信息，其中包括经常向有关方面发出的各种文件，向监理工程师报送的各种文件、报告等。有设计方面来的信息，如根据设计合同及供图协议发送的施工图纸，在施工中发出的为满足设计意图对施工的各种要求，根据实际情况对设计进行的调查和个性等。项目监理内部也会产生许多信息，有直接从施工现场获得有关投资、质量、进度和合同管理方面的信息，还有经过分析整理后对各种问题的处理意见等等。还有来自其他部门如地方政府、环保部门、交通部门等的信息。

③ 工程竣工阶段的信息。在工程竣工阶段，需要大量的竣工验收资料，其中包含了大量的信息，这些信息一部分是在整个施工过程中，长期积累形成的，一部分是在竣工验收期间，根据积累的资料整理分析而形成的。

（3）按照监理信息的来源分类

① 来自工程项目监理组织的信息：如监理的记录、各种监理报表、工地会议纪要、各种指令、监理试验检测报告等。

② 来自承包商的信息：如开工申请报告、质量事故报告、形象进度报告、索赔报告等。

③ 来自业主的信息：如业主对各种报告的批复意见。

④ 来自其他部门的信息：如政府有关文件、市场价格、物价指数、气象资料等。

(4) 其他的一些分类方法

① 按照信息范围的不同，把建设监理信息分为精细的信息和摘要的信息两类。

② 按照信息时间的不同，把建设监理信息分为历史性的信息和预测性的信息两类。

③ 按照监理阶段的不同，把建设监理信息分为计划的、作业的、核算的及报告的信息。在监理工作开始时，要有计划的信息，在监理过程中，要有作业的和核算的信息，在某一工程项目的监理工作结束时，要有报告的信息。

④ 按照对信息的期待性不同，把建设监理信息分为预知的信息和突发的信息两类。

⑤ 按照信息的性质不同，把建设监理信息划分为生产信息、技术信息、经济信息和资源信息。

⑥ 按照信息的稳定程度划分固定信息和流动信息等。

7.1.4 工程监理信息的作用

监理行业属于信息产业，监理工程师在工作中会生产、使用和处理大量的信息，信息是监理工作的成果，也是监理工程师进行决策依据。

(1) 信息是监理工程师开展监理工作的基础

① 工程监理信息是监理工程师实施目标控制的基础。工程建设监理的目标是按计划的投资、质量和进度完成工程项目建设。建设监理目标控制系统内部各要素之间、系统和环境之间都靠信息进行联系；信息贯穿在目标控制的环节性工作之中，投入过程包括信息的投入；转换过程是产生工程状况、环境变化等信息的过程；反馈过程则主要是这些信息的反馈；对比过程是将反馈的信息与已知的信息进行比较，并判断是否有偏差；纠正过程则是信息的应用过程；主动控制和被动控制也都是以信息为基础；至于目标控制的前提工作——组织和规划，也离不开信息。

② 工程监理信息是监理工程师进行合同管理的基础。监理工程师的中心工作是进行合同管理。这就需要充分地掌握合同信息，熟悉合同内容，掌握合同双方所应承担的权力、义务和责任；为了掌握合同双方履行合同的情况，必须在监理工作时收集各种信息；对合同出现的争议，必须在大量的信息基础上作出判断和处理；对合同的索赔，需要审查判断索赔的依据，分清责任原因，确定索赔数额，这些工作都必须以自己掌握的大量准确的信息为基础。监理信息是合同管理的基础。

③ 工程监理信息是监理工程师进行组织协调的基础。工程项目的建设是一个复杂和庞大的系统，涉及的单位很多，需要进行大量的协调工作，监理组织内部也要进行大量的协调工作。这都要依靠大量的信息。

协调一般包括人际关系的协调、组织关系的协调和资源需求关系的协调。人际关系的协调，需要了解人员专长、能力、性格方面的信息，需要岗位职责和目标的信息，需要人员工作绩效的信息；组织关系的协调，需要组织机构设置、目标职责、权限的信息，需要开工作例会、业务碰头会、发会议纪要、采用工作流程图来沟通信息，需要在全面掌握信息的基础上及时消除工作中的矛盾和冲突；资源需求关系的协调，需要掌握人员、材料、设备、能源动力等资源、方面的计划信息、储备情况以及现场使用情况等信息。信息是协调的基础。

(2) 信息是监理工程师决策的重要依据

监理工程师在开展监理工作时，要经常进行决策。决策是否正确，直接影响着工程项目建设总目标的实现及监理单位和监理工程师的信誉。监理工程师作出正确的决策，必须建立在及时准确的信息基础之上。没有可靠的、充分的信息作为依据，就不可能作出正确的决策。例如，监理对工程质量行使否决权时，就必须对有质量问题的工程进行认真细致的调查、分析，还要进行相关的试验和检测，在掌握大量可靠信息基础上才能进行决策。

7.1.5 工程监理信息的收集

(1) 收集监理信息的作用

在工程建设中，每时每刻都产生着大量多样的信息。但是，要得到有价值的信息，只靠自发产生的信息是远远不够的，还必须根据需要进行有目的、有组织、有计划地收集，才能提高信息质量，充分发挥信息的作用。

收集信息是运用信息的前提。各种信息一经产生，就必然会受到传输条件、人们的思想意识及各种利益关系的影响。所以，信息有真假、虚实、有用无用之分。监理工程师要取得有用的信息，必须通过各种渠道，采取各种方法收集信息，然后经过加工、筛选，从中选择出对进行决策有用的信息，没有足够的信息作依据，决策就会产生失误。

收集信息是进行信息处理的基础。信息处理是包括对已经取得的原始信息，进行分类、筛选、分析、加工、评定、编码、存贮、检索、传递的全过程。不经收集就没有进行处理的对象。信息收集工作的好坏，直接决定着信息加工处理的质量的高低。在一般情况下，如果收集到的信息时效性强、真实度高、价值大、全面系统，再经加工处理质量就更高，反之则低。

(2) 收集监理信息的基本原则

① 主动及时。监理工程师要取得对工程控制的主动权，就必须积极主动地收集信息，善于及时发现、取得、加工各类工程信息。只有工作主动，获得信息才会及时。监理工作的特点和监理信息的特点都决定了收集信息要主动及时。监理是一个动态控制的过程，实时信息量大、时效性强、稍纵即逝，工程建设又具有投资大、工期长、项目分散、管理部门多、参与建设的单位多的特点，如果不能及时得到工程中大量发生的变化极大的数据，不能及时把不同的数据传递给需要相关数据的不同单位、部门，势必影响各部门工作，影响监理工程师作出正确的判断，影响监理的质量。

② 全面系统。监理信息贯穿在工程项目建设的各个阶段及全部过程。各类监理信息和每一条信息，都是监理内容的反映或表现。所以，收集监理信息不能挂一漏万，以点代面，把局部当成整体，或者不考虑事物之间的联系。同时，工程建设不是杂乱无章的，而

是有着内在的联系。因此，收集信息不仅要注意全面性，而且还要注意系统性和连续性。全面系统就是要求收集到的信息具有完整性，以防决策失误。

③ 真实可靠。收集信息的目的在于对工程项目进行有效的控制。由于工程建设中人们的经济利益关系，由于工程建设的复杂性，由于信息在传输会发生失真现象等主客观原因，难免产生不能真实反映工程建设实际情况的假信息。因此，必须严肃认真地进行收集工作，要将收集到的信息进行严格核实、检测、筛选，去伪存真。

④ 重点选择。收集信息要全面系统和完整，不等于不分主次、缓急和价值大小，胡子眉毛一把抓。必须有针对性，坚持重点收集的原则。针对性首先是指有明确的目的性或目标；其次是指有明确的信息源和信息内容。还要做到适用，即所取信息符合监理工程的需要，能够应用并产生好的监理效果。所谓重点选择，就是根据监理工作的实际需要，根据监理的不同层次、不同部门、不同阶段对信息需求的侧重点，从大量的信息中选择使用价值大的主要信息。如业主委托施工阶段监理，则以施工阶段为重点进行收集。

(3) 监理信息收集的基本方法

监理工程师主要通过各种方式的记录收集监理信息，这些记录统称为监理记录，它是与工程项目建设监理相关的各种记录中资料的集合。通常可分为以下几类。

① 现场记录。现场监理人员必须每天利用特定的表示或以日志的形式记录工地上所发生的事情。所有记录应始终保存在工地办公室，供监理工程师及其他监理人员查阅。这类记录每月由专业监理工程师整理成书面资料上报监理工程师办公室。监理人员在现场上遇到工程施工中不得不采取紧急措施而对承包商发出的书面指令，应尽快通报上一级监理组织，以征得其确认或修改指令。

现场记录通常记录以下内容。

a. 详细记录所监理工程范围内的机械、劳力的配备和使用情况。如承包人现场人员和设备的配备是否同计划所列的一致；工程质量和进度是否因某类资源或某种设备不足而受到影响，受到影响的程度如何；是否缺乏专业施工人员或专业施工设备，承包商有无替代方案；承包商施工机械完好率和使用率是否令人满意；维修车间及设施情况如何，是否存储有足够的备件等。

b. 记录气候及水文情况。记录每天的最高、最低气温，降雨和降雪量，风力，河流水位；记录有预报的雨、雪、台风及洪水到来之前对永久性或临时性工程所采取的保护措施；记录气候、水文的变化影响施工及造成损失的细节，如停工时间、救灾的措施和财产的损失等。

c. 记录承包商每天工作范围，完成工程数量，以及开始和完成工作的时间，记录出现的技术问题，采取了怎样的措施进行处理，效果如何，能否达到技术规范的要求等。

d. 简单描述工程施工中每步工序完成后的情况，如此工序是否已被认可等；详细记录缺陷的补救措施或变更情况等。在现场特别注意记录隐蔽工程的有关情况。

e. 记录现场材料供应和储备情况。每一批材料的到达时间、来源、数量、质量、存储方式和材料的抽样检查等等情况等。

f. 记录并分类保存一些必须在现场进行的试验。

② 会议记录。由专人记录监理人员所主持的会议，并且要形成纪要，并经与会者签字确认，这些纪要将成为今后解决问题的重要依据。会议纪要应包括以下内容：会议地点及时间；出席者姓名、职务他们所代表的单位；会议中发言者的姓名及主要内容；形成的决议；决议由何人及何时执行等；未解决的问题及其原因等。

③ 计量与支付记录。包括所有计量及付款资料。应清楚地记录哪些工程进行过计量，哪些工程没有进行计量，哪些工程已经进行了支付；已同意或确定的费率和价格变更等。

④ 试验记录。除正常的试验报告外，试验室应由专人每天以日志形式记录试验室工作情况，包括对承包商的试验的监督、数据分析等。记录内容如下。

a. 工作内容的简单叙述。如做了哪些试验，监督承包商做了哪些试验，结果如何等。

b. 承包人试验人员配备情况。试验人员配备与承包商计划所列是否一致，数量和素质是否满足工作需要，增减或更换试验人员之建议。

c. 对承包商试验仪器、设备配备、使用和调动情况记录，需增加新设备的建议。

d. 监理试验室与承包商试验室所做同一试验，其结果有无重大差异，原因如何。

⑤ 工程照片和录音录像。以下情况可辅以工程照片和录像进行记录。

a. 科学试验。重大试验，如桩的承载试验，板、梁的试验以及科学研究试验等；新工艺、新材料的原型及为新工艺、新材料的采用所做的试验等。

b. 工程质量。能体现高水平的建筑物的总体或分部，能体现出建筑物的宏伟、精致、美观等特色的部位；对工程质量较差的项目，指令承包商返工或须补强的工程的前后对比；能体现不同施工阶段的建筑物照片；不合格原材料的现场和清除出现场的照片。

c. 能证明或反证未来会引起索赔或工程延期的特征照片或录像；能向上级反映即将引起影响工程进展的照片。

d. 工程试验、试验室操作及设备情况。

e. 隐蔽工程。被覆盖前构造物的基础工程；重要项目钢筋绑扎、管道安装的典型照片；混凝土桩的桩头开裂、桩顶混凝土表面特征情况。

f. 工程事故。工程事故处理现场及处理事故的状况；工程事故及处理和补强工艺，能证实保证了工程质量的照片。

g. 监理工作。重要工序的旁站监督和验收看现场监理工作实况；参与的工地会议及参与承包商的业务讨论会，班前、工后会议；被承包商采纳的建议，证明确有经济效益及提高了施工质量的实物。

拍照时要采用专门登记本标明序号、拍摄时间、拍摄内容、拍摄人员等。

7.1.6 工程监理信息的加工整理

(1) 工程监理信息加工整理的作用和原则

监理信息的加工整理是对收集来的大量原始信息，进行筛选、分类、排序、压缩、分析、比较、计算等过程。

信息的加工整理作用很大。首先，通过加工，将信息聚同分类，使之标准化、系统化。收集来的信息，往往是原始的、零乱的和孤立的，信息资料的形式也可能不同，只有经过加工后，使之成为标准的、系统的信息资料，才能进入使用、存贮，以及提供检索和传递。其次，经过收集的资料，真实程度、准确程度都比较低，甚至还混有一些错误，经过对它们进行分析、比较、鉴别，乃至计算、校正，使获得的信息准确、真实。另外，原始状态的信息，一般不便于使用和存贮、检索、传递，经加工后，可以使信息浓缩，以便于进行以上操作。还有，信息在加工过程中，通过对信息的综合、分解、整理、增补，可以得到更多有价值的新信息。

信息加工整理要本着标准化、系统化、准确性、时间性和适用性等原则进行。为了适应信息用户使用和交换，应当遵守已制定的标准，使来源和形态多样的各种各样信息标准化。要按监理信息的分类，系统、有序地加工整理，符合信息管理系统的需要。要对收集的监理信息进行校正、剔除，使之准确、真实地反映工程建设状况。要及时处理各种信息，特别是对那些时效性强的信息。要使加工后的监理信息，符合实际监理工作的需要。

(2) 监理信息加工整理的成果——各种监理报告

监理工程师对信息进行加工整理，形成各种资料，如各种来往信函、来往文件、各种指令、会议纪要、备忘录或协议和各种工作报告等。工作报告是最主要的加工整理成果。这些报告如下。

① 现场监理日报表。是现场监理人员根据每天的现场记录加工整理而成的报告。主要包括如下内容：当天的施工内容；当天参加施工的人员（工种、数量、施工单位等）；当天施工用的机械的名称和数量等；当天发现的施工质量问题；当天的施工进度和计划进度的比较，若发生进度拖延，应说明原因；当天天气综合评语；其他说明及应注意的事项等。

② 现场监理工程师周报。是现场监理工程师根据监理日报加工整理而成的报告，每周向项目总监理工程师汇报一周内所有发生的重大事件。

③ 监理工程师月报。是集中反映工程实况和监理工作的重要文件。一般由项目总监理工程师组织编写，每月一次报给业主。大型项目的监理月报，往往由各合同或子项的总监理工程师代表组织编写，上报总监理工程师审阅后报给业主。监理月报一般包括以下内容。

a. 工程进度。描述工程进度情况，工程形象进度和累计完成的比例；若拖延了计划，应分析其原因以及这种原因是否已经消除，就此问题承包商、监理人员所采取的补救措施等。

b. 工程质量。用具体的测试数据评价工程质量，如实反映工程质量的好坏，并分析原因；承包商和监理人员对质量较差项目的改进意见，如有责令承包商返工的项目，应说明其规模、原因以及返工后的质量情况。

c. 计量支付。示出本期支付、累计支付以及必要的分项工程的支付情况，形象地表达支付比例、实际支付与工程进度对照情况等；承包商是否因流动资金短缺而影响了工程进度，并分析造成资金短缺的原因（如是否未及时办理支付等）；有无延迟支付、价格调整等问题，说明其原因及由此而产生的增加费用。

d. 质量事故。质量事故发生的时间、地点、项目、原因、损失估计（经济损失、时间损失、人员伤亡情况）；事故发生后采取了哪些补救措施，在今后工作中避免类似事故发生的有效措施。由于事故的发生，影响了单项或整体工程进度情况等。

e. 工程变更。对每次工程变更应说明：引起变更设计的原因，批准机关，变更项目的规模，工程量增减数量、投资增减的估计；是否因此变更影响了工程进展，承包商是否就此已提出或准备提出延期和索赔等。

f. 民事纠纷。说明民事纠纷产生的原因，哪些项目因此被迫停工，停工的时间，造成窝工的机械、人力情况；承包商是否就此已提出或准备提出延期和索赔等。

g. 合同纠纷。合同纠纷情况及产生的原因，监理人员进行调解的措施；监理人员在解决纠纷中的体会；业主或承包商有无要求进一步处理的意向等。

h. 监理工作动态。描述本月的主要监理活动，如工地会议、现场重大监理活动、延期和索赔的处理、上级布置的有关工作的进展情况、监理工作中的困难等。

7.1.7 工程监理信息的贮存和传递

（1）工程监理信息的贮存

经过加工处理后的监理信息，按照一定的规定，记录在相应的信息载体上，并把这些记录信息的载体，按照一定特征和内容性质，组织成为系统的、有机的供人们检索的集合体，这个过程，称为监理信息的贮存。

信息的贮存，可汇集信息，建立信息库，有利于进行检索，可以实现监理信息资源的共享，促进监理信息的重复利用，便于信息的更新和剔除。

监理信息贮存的主要载体是文件、报告报表、图纸、音像材料等。监理信息的贮存，主要就是将这些材料按不同的类别，进行详细的登录、存放，建立资料归档系统。该系统应简单和易于保存，但内容应足够详细，以便很快查出任何已归档的资料。

监理资料归档，一般按以下几类进行。

① 一般函件。与业主、承包商和其他有关部门来往的函件按日期归档；监理工程师主持或出席的所有会议记录按日期归档。

② 监理报告。各种监理报告按次序归档。

③ 计量与支付资料。每月计量与支付证书，连同其所附资料每月按编号归档；监理人员每月提供的计量与支付有关的资料应按月份归档；物价指数的来源等资料按编号归档。

④ 合同管理资料。承包商对延期、索赔和分包的申请、批准的延期、索赔和分包文件按编号归档；变更设计的有关资料按编号归档；现场监理人员为应急发出的书面指令及

最终指令应按项目归档。

⑤ 图纸。按分类编号存放归档。

⑥ 技术资料。现场监理人员每月汇总上报的现场记录及检验报表按月归档，承包商提供的竣工资料分项归档。

⑦ 试验资料。监理人员所完成的试验资料分类归档。承包商所报试验资料分类归档。

⑧ 工程照片。反映工程实际进度的照片按日期归档；反映现场监理工作的照片按日期归档；反映工程质量事故及处理情况的照片按日期归档；其他照片，如工地会议和重要监理活动的照片按日期归档。

以上资料在归档的同时，要进行登录，建立详细的目录表，以便随时调用查寻。

(2) 工程监理信息的传递

监理信息的传递，是指监理信息借助于一定的载体（如纸张、软盘等）从信息源传递到使用者的过程。

监理信息在传递过程中，形成各种信息流。信息流常有以下几种。

① 自上而下的信息流：是指由上级管理机构向下级管理机构流动的信息，上级管理机构是信息源，下级管理机构是信息的接受者。它主要是有关政策法规、合同、各种批文、各种计划信息。

② 自下而上的信息流：是指由下一级管理机构向上一级管理机构流动的信息，它主要是有关工程项目总目标完成情况的信息，也即投资、进度、质量、合同完成情况的信息。其中有原始信息，如实际技资、实际进度、实际质量信息，也有经过加工、处理后的信息，如投资、进度、质量对比信息等。

③ 内部横向信息流：是指在同一级管理机构之间流动的信息。由于建设监理是以三大控制为目标，以合同管理为核心的动态控制系统，在监理过程中，三大控制和合同管理分别由不同的组织进行，由此产生各自的信息，并且相互之间又要为监理的目标进行协作、传递信息。

④ 外部环境信息流：是指在工程项目内部与外部环境之间流动的信息。外部环境指的是气象部门、环保部门等。

为了有效地传递信息，必须使上述各信息流畅通。

7.1.8 工程监理信息系统简介

信息系统，是根据详细的计划，为预先给定的定义十分明确的目标传递信息的系统。在工程建设过程中，时时刻刻都在产生信息（数据），而且数量是相当大的，需要迅速收集、整理与使用。传统的处理方法是依靠监理工程师的经验，对问题进行分析与处理。对当今复杂、庞大的工程，传统的方法就显得不足，难免给工程建设带来损失。计算机技术的发展给信息管理提供了一个高效率的平台，目前，国内外开发的各种计算机辅助项目管理软件系统，例如，P3 系列软件、Microsoft Project 系列软件、监理通软件、斯维尔工程监理软件 2006、PKPM 监理软件等等，以及 BIM 技术的应用使工程监理信息处理变得更快捷。

监理工程师的中心工作是“四控制、两管理、一协调”，即工程的投资、进度、质量和安全控制，合同和信息管理，组织协调有关单位间的工作关系。监理管理信息系统的构成应当与这些主要的工作相对应。另外，每个工程项目都有大量的公文信函，作为一个信息系统，也应对这些内容进行辅助管理。因此，监理管理信息系统一般由投资、进度、质量和安全控制子系统，合同管理、文档管理子系统，组织协调子系统构成。各子系统的功能如下：

(1) 投资控制子系统

投资控制子系统应包括项目投资概算、预算、标底、合同价、结算、决算以及成本控制。投资控制子系统应该有以下的功能。

① 项目概算、预算、标底的编制和调整。

② 项目概算、预算的对比分析。

③ 标底与概算、预算的对比分析。

④ 合同价与概算、预算、标底的对比分析。

⑤ 实际投资与概算、预算、合同价的动态比较。

⑥ 项目决算与概算、预算、合同价的对比分析。

⑦ 项目投资变化趋势预测。

⑧ 项目投资的各项数据查询。

⑨ 提供各项投资报表。

(2) 进度控制子系统

进度控制子系统的功能如下。

① 原始数据的录入、修改、查询。

② 网络计划编制与调整。

③ 工程实际进度的统计分析。

④ 实际进度与计划进度的动态比较。

⑤ 工程进度变化趋势的预测分析。

⑥ 工程进度各类数据查询。

⑦ 提供各种工程进度报表。

⑧ 绘制网络图和横道图。

⑨ 各种工程进度报表。

(3) 质量控制子系统

质量控制子系统的功能如下。

① 设计质量控制相关文件。

② 施工质量控制相关文件。

③ 材料质量控制相关资料。

④ 设备质量控制相关资料。

⑤ 工程事故的处理资料。

⑥ 质量监理活动档案资料。

(4) 安全控制子系统

安全控制子系统的功能如下。

① 安全生产管理法律、法规。

② 安全生产保证措施。

③ 安全生产检查及隐患记录。

④ 文明施工、环保相关资料。

⑤ 安全事故的处理资料。

⑥ 安全教育、培训有关资料。

(5) 合同管理子系统

合同管理子系统的功能如下。

① 合同结构模式的提供和选用。

② 合同文件、资料登录、修改、删除、查询和统计。

③ 合同执行情况的跟踪及处理过程和管理。

④ 为投资控制、进度控制、质量控制、安全控制提供有关数据。

⑤ 涉外合同的外汇折算。

⑥ 国家有关法律、法规、通用合同文本的查询。

(6) 文档管理子系统

文档管理子系统功能如下。

① 公文的编辑、处理。

② 公文的登录、查询与统计。

③ 文件排版、打印。

④ 有关标准、决定、指示、通告、通知、会议纪要的存档、查询。

⑤ 来往信件、前期文件处理。

(7) 组织协调子系统

① 工程建设相关单位查询。

② 协调记录。

7.2 工程监理文档资料管理

工程监理文件资料就是工程监理单位在履行建设工程监理合同过程中形成或获取的，以一定形式记录、保存的文件资料。监理文件资料从形式上可分为文字、图表、数据、声像、电子文档等文件资料，从来源上可分为监理工作依据性、记录性、编审性等文件资料，需要归档的监理文件资料，按国家和项目所在省市的有关规定执行。

在工程监理工作中，会涉及并产生大量的信息与档案资料，这些信息或档案资料中，有些是监理工作的依据，如招标投标文件、合同文件、业主针对该项目制定的有关工作制度或规定、监理规划、监理细则、旁站方案；有些是监理工作中形成的文件，表明了工程项目的建设情况，也是今后工作所要查阅的，如监理工程师通知、专项监理工作报告、会议纪要、施工方案审查意见等；有些则是反映工程质量的文件，是今后监理验收或工程项目验收的依据。因此，监理人员在监理工作中应对这些文档资料进行管理。

监理文件资料是实施监理过程的真实反映，既是监理工作成效的根本体现，也是工程质量、生产安全事故责任划分的重要依据。为此，项目监理机构应做到“责任明确，专人负责”。

7.2.1 工程项目文件组成

工程项目文件指在工程建设过程中形成的各种形式的信息记录，包括工程准备阶段文件、监理文件、施工文件、竣工图和竣工验收文件等，这些简称工程文件，一般包括以下几部分。

① 工程准备阶段文件　工程开工以前，在立项、审批、征地、勘察、设计、招投标等工程准备阶段形成的文件。

② 监理文件　监理单位在工程设计、施工等阶段监理过程中形成的文件。

③ 施工文件　施工单位在施工过程中形成的文件。

④ 竣工图　工程竣工验收后，真实反映建设工程项目施工结果的图样。

⑤ 竣工验收文件　建设工程项目竣工验收活动中形成的文件。

7.2.2 工程监理文档资料的管理

监理工作中档案资料的管理包括两大方面：一方面是对施工单位的资料管理工作进行监督，要求施工人员及时记录、收集并存档需要保存的资料与档案；另一方面是监理机构本身应该进行的资料与档案管理工作。工程项目档案资料的整理详见《建设工程文件归档整理规范》(GB/T 50328—2001)。规范规定，建设工程档案资料分为工程准备阶段文件、监理文件、施工文件、竣工图、竣工验收文件，共五大类。

工程建设监理文件档案资料管理包括：监理文件档案资料收发文与登记；监理文件档案资料传阅；监理文件档案资料分类存放；监理文件档案资料归档、借阅、更改与作废。

项目监理机构应建立完善的监理文件资料管理制度，宜设专人管理。应及时、准确、完整地收集、整理、编制、传递监理文件资料。宜采用计算机技术进行监理文件资料管理，实现监理文件资料管理的科学化、程序化、规范化。

项目监理机构应及时整理、分类汇总监理文件资料，按规定组卷，形成监理档案；工程监理单位应根据工程特点和有关规定，合理确定监理档案保存期限，并向有关部门移交监理档案。

对与建设工程有关的重要活动、记载建设工程主要过程和现状、具有保存价值的各种载体的文件，均应收集齐全，整理立卷后归档。

(1) 归档文件的质量要求

① 归档的工程文件应为原件。工程文件的内容必须齐全、系统、完整、准确，与工程实际相符。

② 工程文件的内容及其深度必须符合国家有关工程勘察、设计、施工、监理等方面的技术规范、标准和规程。

③ 工程文件应采用耐久性强的书写材料，如碳素墨水、蓝黑墨水，不得使用易褪色的书写材料，如红色墨水、纯蓝墨水、圆珠笔、复写纸、铅笔等。

④ 工程文件应字迹清楚，图样清晰，图表整洁，签字盖章手续完备。

⑤ 工程文件中文字材料幅面尺寸规格宜为A4幅面（297mm×210mm），图纸宜采用国家标准图幅。

⑥ 工程文件的纸张应采用能够长期保存的韧力大、耐久性强的纸张。图纸一般采用蓝晒图，竣工图应是新蓝图。计算机出图必须清晰，不得使用计算机出图的复印件。

⑦ 所有竣工图均应加盖竣工图章。

a. 竣工图章的基本内容应包括："竣工图"字样、施工单位、编制人、审核人、技术负责人、编制日期、监理单位、现场监理、总监理工程师。

b. 竣工图章尺寸为：宽×高=50mm×80mm。

c. 竣工图章应使用不易褪色的红印泥，应盖在图标栏上方空白处。

⑧ 利用施工图改绘竣工图，必须标明变更修改依据，凡施工图结构、工艺、平面布置等有重大改变，或变更部分超过图面1/3的应当重新绘制竣工图。不同幅面的工程图纸应按《技术制图 复制图的折叠方法》(GB 10609.4—1989) 统一折叠成A4幅面（297mm×210mm)，图标栏露在外面。

(2) 工程文件的立卷

① 立卷原则　立卷应遵循工程文件的自然形成规律，保持卷内文件的有机联系，便于档案的保管和利用。一个建设工程由多个单位工程组成时，工程文件应按单位工程组卷。

② 立卷方法

a. 工程文件可按建设程序划分为工程准备阶段的文件、监理文件、施工文件、竣工图、竣工验收文件5部分。

b. 工程准备阶段文件可按建设程序、专业、形成单位等组卷。

c. 监理文件可按单位工程、分部工程、专业、阶段等组卷。

d. 施工文件可按单位工程、分部工程、专业、阶段等组卷。

e. 竣工图可按单位工程、专业等组卷。

f. 竣工验收文件按单位工程、专业等组卷。

③ 立卷要求

a. 案卷不宜过厚，一般不超过40mm。

b. 案卷内不应有重份文件；不同载体的文件一般应分别组卷。

④ 卷内文件的排列

a. 文字材料按事项、专业顺序排列。同一事项的请示与批复、同一文件的印本与定稿、主件与附件不能分开，并按批复在前、请示在后，印本在前、定稿在后，主件在前、附件在后的顺序排列。

b. 图纸按专业排列，同专业图纸按图号顺序排列。

c. 既有文字材料又有图纸的案卷，文字材料排前，图纸排后。

⑤ 案卷的编目

a. 编制卷内文件页号应符合下列规定。

(a) 卷内文件均按有书写内容的页面编号，每卷单独编号，页号从“1”开始。

(b) 页号编写位置：单面书写的文件在右下角；双面书写的文件，正面在右下角，背面在左下角；折叠后的图纸一律在右下角。

(c) 成套图纸或印刷成册的科技文件材料，自成一卷的，原目录可代替卷内目录，不必重新编写页码。

(d) 案卷封面、卷内目录、卷内备考表不编写页号。

b. 卷内目录的编制应符合下列规定。

(a) 卷内目录的式样见表7.1，尺寸参见规范。

表7.1 卷内目录

序号	文件编号	责任者	文件题名	日期	页次	备注

(b) 序号：以一份文件为单位，用阿拉伯数字从“1”依次标注。

(c) 责任者：填写文件的直接形成单位和个人。有多个责任者时，选择两个主要责任者，其余用“等”代替。

(d) 文件编号：填写工程文件原有的文号或图号。

(e) 文件题名：填写文件标题的全称。

(f) 日期：填写文件形成的日期。

(g) 页次：填写文件在卷内所排的起始页号。最后一份文件页号。

(h) 卷内目录排列在卷内文件首页之前。卷内目录、卷内备考表、案卷内封面应采用70g以上白色书写纸制作，幅面统一采用A4幅面（297mm×210mm）。

⑥ 工程档案的验收与移交　列入城建档案馆（室）档案接收范围的工程，建设单位在组织工程竣工验收前，应提请城建档案管理机构对工程档案进行预验收。建设单位未取得城建档案管理机构出具的认可文件，不得组织工程竣工验收。城建档案管理部门在进行

工程档案预验收时，重点验收以下内容。

a. 工程档案的齐全、系统、完整。

b. 工程档案的内容真实、准确地反映建设工程活动和工程实际状况。

c. 工程档案的整理、立卷符合本规范的规定。

d. 竣工图绘制方法、图式及规格等符合专业技术要求，图面整洁，盖有竣工图章。

e. 文件的形成、来源符合实际，要求单位或个人签章的文件，其签章手续完备。

f. 文件材质、幅面、书写、绘图、用墨、托裱等符合要求。

⑦ 工程档案的保存

a. 文件保管期限分为永久、长期、短期三种期限。永久是指工程档案需永久保存。长期是指工程档案的保存期限等于该工程的使用寿命。短期是指工程档案保存20年以下。

b. 同一案卷内有不同保管期限的文件，该案卷保管期限应从长。

c. 密级分为绝密、机密、秘密3种。同一案卷内有不同密级的文件，应以高密级为本卷密级。

7.2.3 施工阶段监理文件管理

(1) 监理资料

除了验收时需要向业主或城建档案馆移交的监理资料外，施工阶段监理所涉及并应该进行管理的资料应包括下列内容。

① 施工合同文件及委托监理合同。

② 勘察设计文件。

③ 监理规划。

④ 监理实施细则。

⑤ 分包单位资格报审表。

⑥ 设计交底与图纸会审会议纪要。

⑦ 施工组织设计（方案）报审表。

⑧ 工程开工/复工报审表及工程暂停令。

⑨ 测量核验资料。

⑩ 工程进度计划。

⑪ 工程材料、构配件、设备的质量证明文件。

⑫ 检查试验资料。

⑬ 工程变更资料。

⑭ 隐蔽工程验收资料。

⑮ 工程计量单和工程款支付证书。

⑯ 监理工程师通知单。

⑰ 监理工作联系单。

⑱ 报验申请表。

⑲ 会议纪要。

⑳ 来往函件。

㉑ 监理日记。

㉒ 监理月报。

㉓ 质量缺陷与事故的处理文件。

㉔ 分部工程、单位工程等验收资料。

㉕ 索赔文件资料。

㉖ 竣工结算审核意见书。

㉗ 工程项目施工阶段质量评估报告等专题报告。

㉘ 监理工作总结。

(2) 监理月报

监理月报应由总监理工程师组织编制，签认后报建设单位和本监理单位。监理月报报送时间由监理单位和建设单位协商确定。施工阶段的监理月报应包括以下内容。

① 本月工程概况。

② 本月工程形象进度。

③ 工程进度。

a. 本月实际完成情况与计划进度比较。

b. 对进度完成情况及采取措施效果的分析。

④ 工程质量。

a. 本月工程质量情况分析。

b. 本月采取的工程质量措施及效果。

⑤ 工程计量与工程款支付。

a. 工程量审核情况。

b. 工程款审批情况及月支付情况。

c. 工程款支付情况分析。

d. 本月采取的措施及效果。

⑥ 合同其他事项的处理情况。

a. 工程变更。

b. 工程延期。

c. 费用索赔。

⑦ 本月监理工作小结。

a. 对本月进度、质量、工程款支付等方面情况的综合评价。

b. 本月监理工作情况。

c. 有关本工程的意见和建议。

d. 下月监理工作的重点。

(3) 监理总结

在监理工作结束后，总监理工程师应编制监理工作总结。监理工作总结应包括以下内容。

① 工程概况。

② 监理组织机构、监理人员和投入监理的设施。

③ 监理合同履行情况。

④ 监理工作成效。

⑤ 施工过程中出现的问题及其处理情况和建议。

⑥ 工程照片或录像（有必要时）。

(4) 监理资料的整理

① 第一卷，合同卷

a. 合同文件（包括监理合同、施工承包合同、分包合同、施工招投标文件、各类订货合同）。

b. 与合同有关的其他事项（工程延期报告、费用索赔报告与审批资料、合同争议、合同变更、违约报告处理）。

c. 资质文件（承包单位资质、分包单位资质、监理单位资质，建设单位项目建设审批文件、各单位参建人员资质、供货单位资质、见证取样试验等单位资质）。

d. 建设单位对项目监理机构的授权书。

e. 其他来往信函。

② 第二卷，技术文件卷

a. 设计文件（施工图、地质勘察报告、测量基础资料、设计审查文件）。

b. 设计变更（设计交底记录、变更图、审图汇总资料、洽谈纪要）。

c. 施工组织设计（施工方案、进度计划、施工组织设计报审表）。

③ 第三卷，项目监理文件

a. 监理规划、监理大纲、监理细则。

b. 监理月报。

c. 监理日志。

d. 会议纪要。

e. 监理总结。

f. 各类通知。

④ 第四卷，工程项目实施过程文件

a. 进度控制文件。

b. 质量控制文件。

c. 投资控制文件。

⑤ 第五卷，竣工验收文件

a. 分部工程验收文件。

b. 竣工预验收文件。

c. 质量评估报告。

d. 现场证物照片。

e. 监理业务手册。

7.2.4 工程建设文件档案资料管理中监理单位的职责

① 设专人负责监理资料的收集、整理和归档工作。在项目监理部，监理资料的管理应由总监理工程师负责，并指定专人具体实施。监理资料应在各阶段监理工作结束后及时整理归档。

② 监理资料必须及时整理、真实完整、分类有序。在设计阶段，对勘察、测绘、设计单位工程文件的形成、积累和立卷归档进行监督、检查；在施工阶段，对施工单位工程文件的形成、积累、立卷归档进行监督、检查。

③ 可以按照委托监理合同的约定，接受建设单位的委托，监督、检查工程文件的形成、积累和立卷归档工作。

④ 编制的监理文件套数、提交时间，应按照《建设工程文件归档整理规范》GB/T 50208—2001和各地档案管理部门的要求，编制移交清单，双方签字、盖章后，及时移交建设单位，由建设单位收集和汇总。监理公司档案部门需要的档案，按照《建设工程监理规范》GB/T 50319—2013的要求，由项目监理部提供。

7.2.5 工程建设档案验收和移交的内容

(1) 工程建设档案资料验收的内容

列入城建档案馆（室）档案接收范围的工程，建设单位在组织工程竣工验收前，应提请城建档案管理机构对工程档案进行预验收。建设单位未取得城建档案管理机构出具的认可文件，不得组织工程竣工验收。

城建档案管理机构在进行工程档案预验收时，应重点验收以下内容。

① 工程档案齐全、系统、完整；

② 工程档案的内容真实、准确地反映工程建设活动和工程实际状况；

③ 工程档案已整理立卷，立卷符合《建设工程文件归档整理规范》GB/T 50328—2001的规定；

④ 竣工图绘制方法、图式及规格等符合专业技术要求，图面整洁，盖有竣工图章；

⑤ 文件的形成、来源符合实际，要求单位或个人签章的文件，其签章手续完备；

⑥ 文件材质、幅面、书写、绘图、用墨、托裱等符合要求。

(2) 工程建设档案移交的内容

工程建设档案移交的内容如下。

① 列入城建档案馆（室）接收范围的工程，建设单位在工程竣工验收后3个月内，必须向城建档案馆（室）移交一套符合规定的工程档案。

② 停建、缓建建设工程的档案，暂由建设单位保管。

③ 对改建、扩建和维修工程，建设单位应当组织设计、施工单位据实修改、补充和完善原工程档案。对改变的部位，应当重新编制工程档案，并在工程验收后3个月内向城建档案馆（室）移交。

④ 建设单位向城建档案馆（室）移交工程档案时，应办理移交手续，填写移交目录，双方签字、盖章后交接。

⑤ 施工单位、监理单位等有关单位应在工程竣工验收前将工程档案按合同或协议规定的时间、套数移交给建设单位，办理移交手续。

训练与思考题

一、单项选择题（每小题的备选答案中，只有1个选项最符合题意。）

1. 在设计阶段，监理单位为做好设计管理工作，应收集的信息有（　　）。

A. 工程造价的市场变化规律及所在地区材料、构件、设备、劳动力差异

B. 同类工程采用新材料、新设备、新工艺、新技术的实际效果及存在问题方面的信息

C. 项目资金筹措渠道、方式，水、电供应等资源方面的信息

D. 本工程施工适用的规范、规程、标准，特别是强制性标准的信息

2. 监理单位应在工程（　　）将工程档案按合同或协议规定的时间、套数移交给建设单位，办理移交手续。

A. 竣工验收时　　B. 竣工验收后1个月内

C. 竣工验收前　　D. 竣工验收后3个月内

3. 下列关于监理文件和档案收文与登记管理的表述中，正确的是（　　）。

A. 所有收文最后都应由项目总监理工程师签字

B. 经检查，文件档案资料各项内容填写和记录真实完整，由符合相关规定的责任人员签字认可

C. 符合相关规定责任人员的签字可以盖章代替

D. 有关工程建设照片注明拍摄日期后，交资料员处理

4.《建设工程文件归档整理规范》规定，监理单位应长期保存的监理文件是（　　）。

A. 监理实施细则

B. 项目监理机构总控制计划

C. 设计变更、洽商费用报审与签认

D. 工程延期报告及审批

5. 实施工程建设全过程监理的项目，收集新技术、新设备、新材料和新工艺的信息，应侧重在（　　）。

A. 项目决策阶段和设计阶段　　B. 设计阶段和施工准备阶段

C. 施工准备阶段和施工阶段　　D. 施工阶段和竣工验收阶段

6. 对施工单位工程文件的形成、积累、立卷归档工作进行监督、检查是（　　）的职责。

A. 建设单位和施工总承包单位　　B. 监理单位和施工总承包单位

C. 建设单位和监理单位　　D. 地方城建档案管理部门

7. 需要建设单位长期保存、监理单位短期保存的监理文件是（　　）。

A. 监理月报总结　　B. 不合格项目通知

C. 月付款报审与支付　　D. 工程延期报告及审批

8. 监理文件档案的更改应由原制定部门相应责任人执行，涉及审批程序的，由（　　）审批。

A. 监理公司技术负责人　　B. 总监理工程师

C. 原审批责任人　　D. 档案管理责任人

9. 某工程案卷内建设工程档案的保管密级有秘密和机密，保管期限有长期和短期，则该工程档案的（　　）。

A. 密级为秘密，保管期限为长期　　B. 密级为机密，保管期限为长期

C. 密级为秘密，保管期限为短期　　D. 密级为机密，保管期限为短期

10. 某监理公司承担了某工程项目施工阶段的监理任务，在施工实施期，监理单位应收集的信息是（　　）。

A. 建筑材料必试项目有关信息

B. 建设单位前期准备和项目审批完成情况

C. 当地施工单位管理水平、质量保证体系等

D. 产品预计进入市场后的市场占有率、社会需求量等

11. 监理单位对建设工程文件档案资料的管理职责是（　　）。

A. 收集和整理工程准备阶段、竣工验收阶段形成的文件，立卷归档

B. 提请当地城建档案管理部门对工程档案进行预验收

C. 对施工单位的工程文件的形成、积累、立卷归档进行监管、检查

D. 负责组织竣工图的绘制工作

12. 《建设工程监理规范》规定，监理资料的管理应由（　　）。

A. 总监理工程师负责，并指定专人具体实施

B. 专业监理工程师负责

C. 专业监理工程师指定的专人负责实施

D. 资料员负责

13. 按照现行《建设工程文件归档整理规范》，属于建设单位短期保存的文件是（　　）。

A. 监理实施细则　　B. 不合格项目通知

C. 供货单位资质材料　　D. 月付款报审与支付凭证

14. 对施工单位的工程文件的形成、积累、立卷归档工作进行监督、检查是（　　）

的职责。

A. 设计单位和监理单位　　B. 建设单位和监理单位

C. 建设单位和地方城建档案管理部门　　D. 监理单位和地方城建档案管理部门

15. 建设工程文件档案资料（　　）。

A. 是指工程建设过程中形成的各种形式的信息记录

B. 是指工程活动中直接形成的具有归档保存价值的各种形式的信息记录

C. 由建设工程文件和建设工程档案组成

D. 由建设工程文件、建设工程档案和建设工程资料组成

二、多项选择题（每小题的备选答案中，有2个或2个以上选项符合题意，但至少有1个错项。）

1. 参与工程建设各方共同使用的监理表格有（　　）。

A. 工程暂停令　　B. 工程变更单

C. 工程款支付证书　　D. 监理工作联系单

E. 监理工程师通知回复单

2. 归档工程文件的组卷要求有（　　）。

A. 归档的工程文件一般应为原件

B. 案卷不宜过厚，一般不超过40mm

C. 案卷内不应有重份文件

D. 既有文字材料又有图纸的案卷，文字材料排前，图纸排后

E. 建设工程由多个单位工程组成时，工程文件按单位工程组卷

3. 在工程施工中，施工单位需要使用《报验申请表》的情况有（　　）。

A. 工程材料、设备、构配件报验　　B. 隐蔽工程的检查和验收

C. 单位工程质量验收　　D. 施工放样报验

E. 工程竣工报验

4. 施工准备期的项目监理机构应收集的信息有（　　）。

A. 工地文明施工及安全措施信息　　B. 建筑材料必试项目信息

C. 施工设备、水、电等能源动态信息　　D. 承包单位和分包单位资质信息

E. 检测与检验、试验程序和设备信息

5. 建设工程文件档案资料的特征有（　　）。

A. 分散性和复杂性　　B. 随机性和动态性

C. 全面性和真实性　　D. 继承性和时效性

E. 多专业性和科学性

6. 根据《建设工程文件归档整理规范》，建设工程归档文件应符合的质量要求和组卷要求有（　　）。

A. 归档的工程文件一般应为原件　　B. 工程文件应采用耐久性强的书写材料

C. 所有竣工图均应加盖竣工验收图章　　D. 竣工图可按单位工程、专业等组卷

E. 不同载体的文件一般应分别组卷

7. 根据《建设工程文件归档整理规范》，建设工程档案验收应符合的要求有（　　）。

A. 列入城建档案管理部门档案接收范围的工程，建设单位在组织工程竣工验收前，应提请城建档案管理部门对工程档案进行验收

B. 国家、省市重点工程项月或一些特大型、大型工程项目的预验收和验收，必须有地方城建档案管理部门参加

C. 对不符合技术要求的建设工程档案，一律直接退回编制单位进行改正、补齐

D. 监理单位对编制报送工程档案进行业务指导、督促和检查

E. 地方城建档案管理部门负责工程档案的最后验收

8. 建设工程档案移交应符合的要求包括（　　）。

A. 列入城建档案管理部门接收范围的工程，建设单位在工程竣工验收后3个月内向城建档案管理部门移交一套符合规定的工程档案

B. 停建、缓建工程的工程档案，暂由建设单位保管

C. 工程档案的质量由建设单位进行检查验收

D. 对改建、扩建和维修工程，由建设单位修改和完善工程档案

E. 建设单位在组织工程竣工验收前，应向城建档案管理部门移交工程档案，办理移交手续

9. 信息的特点包括（　　）。

A. 时效性　　B. 目的性　　C. 系统性

D. 真实性　　E. 连续性

10. 下列监理文件档案资料中，应当由建设单位和监理单位长期保存并送城建档案管理部门保存的是（　　）。

A. 监理会议纪要中有关质量问题的部分　　B. 工程开工/复工暂停令

C. 设计变更、洽商费用报审与签认表　　D. 工程竣工总结

E. 工程竣工决算审核意见书

三、思考题

1. 什么是监理信息？它有何特点？

2. 什么是工程监理信息管理？监理工程师工程监理信息管理的任务是什么？

3. 工程监理信息主要有哪些？它有何作用？

4. 收集监理信息的基本原则是什么？

5. 什么是信息系统？监理管理信息系统一般由哪几部分构成？

6. 什么是监理文件资料？监理文件资料管理有哪些规定？

7. 监理文件资料归档有何要求？

8. 工程建设监理文件档案资料管理包括什么内容？

9. 工程建设文件档案资料管理中监理单位职责是什么？

10. 工程建设档案移交包括哪些内容？工程建设档案验收包括哪些内容？

第8章

工程监理的风险管理

8.1 工程风险管理概述

8.1.1 风险管理的基础知识

(1) 风险的含义及特点

由于对风险含义的理解角度不同，因而有不同的解释，但学术界和实务界较为普遍认为，风险是指损失发生的不确定性（或称可能性），它是不利事件发生的概率及其后果的函数。

$$R=f(P,C) \tag{8.1}$$

式中，R 为风险；P 为不利事件发生的概率；C 为不利事件的后果。

由上述风险的定义可知，所谓风险要具备两方面条件：一是不确定性；二是产生损失后果，否则就不能称为风险。因此，肯定发生损失后果的事件不是风险，没有损失后果的不确定性事件也不是风险。

风险也就是一种潜在的可能出现的危险，是对某一决策方案的实施所遭受的损失、伤害、不利或毁灭的可能性及其后果的度量，它包含以下几个含义和特点。

① 风险是针对危险、损失等不利后果的。

② 风险存在于随机状态中，状态完全确定时的事则不能称为风险。

③ 风险是针对未来的。

④ 风险是客观存在的，不以人的意志为转移，所以，风险的度量中，不应涉及决策人的主观效用和时间偏好。

⑤ 风险是相对的，尽管风险是客观存在的，但它却依赖于决策目标。没有目标，当然也谈不上风险。同一方案，目标不同风险也不一定相同。

⑥ 风险主要取决于两个要素：行动方案和未来环境状态。

⑦ 风险虽然是客观的，但人们可以从不同的目标去感觉它、度量它，因此风险可以

是多维的。比如：完成基本任务的风险；追求最大利益的风险；针对某一范围目标值的风险等。决策者不同的偏好和效用反映其对风险的态度、认识和承受能力。

⑧ 客观条件的变化是风险转化的重要成因。

⑨ 风险是指可能后果与目标发生的偏离，一般是指达不到目标值的负偏离。

⑩ 也应重视正偏离，它往往会隐含其他风险。

(2) 与风险相关的概念

与风险相关的概念有：风险因素、风险事件、损失、损失机会。

① 风险因素 (Hazard)。风险因素是指能产生或增加损失概率和损失程度的条件或因素，是风险事件发生的潜在原因，是造成损失的内在或间接原因。通常，风险因素可分为以下 3 种：

a. 自然风险因素。该风险因素系指有形的、并能直接导致某种风险的事物，如冰雪路面、汽车发动机性能不良或制动系统故障等均可能引发车祸导致人员伤亡。

b. 道德风险因素。道德风险因素为无形的因素，与人的品德修养有关，如人的品质缺陷或欺诈行为。

c. 心理风险因素。心理风险因素也是无形的因素，与人的心理状态有关，例如，投保后疏于对损失的防范，自认为身强力壮而不注意健康。

② 风险事件。风险事件是指造成损失的偶发事件，是造成损失的外在原因或直接原因，如失火、雷电、地震、偷盗、抢劫等事件。要注意把风险事件与风险因素区别开来，例如，汽车的制动系统失灵导致车祸中人员伤亡，这里制动系主失灵是风险因素，而车祸是风险事件。不过，有时两者很难区别。

③ 损失。损失是指非故意的、非计划的和非预期的经济价值的减少，通常以货币单位来衡量。损失一般可分为直接损失和间接损失两种。其中直接损失是指风险事件对于目标本身所造成的破坏事实，而间接损失则是由于直接损失所引起的破坏事实。

④ 损失机会。损失机会是指损失出现的概率。概率分为客观概率和主观概率两种。

因此，风险因素、风险事件、损失与风险之间的关系可用图 8.1 表示。

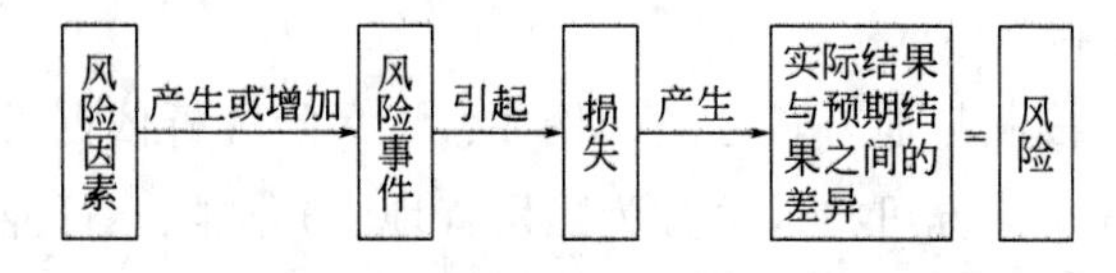

图 8.1　风险因素、风险事件、损失与风险之间的关系

(3) 风险的分类及产生原因

不同的风险具有不同的特征，为有效地进行风险管理，有必要对各种风险进行分类。

① 按风险的后果不同，分为纯风险和投机风险。纯风险是指只会造成损失而不会带来收益的风险。例如自然灾害、政治、社会方面的风险一般都表现为纯风险。投机风险则是指既可能造成损失也可能创造额外收益的风险。例如，一项重大投资活动可能因决策错误或因遇到不测事件而使投资者蒙受灾难性的损失；但如果决策正确，经营有方或赶上大

好机遇，则有可能给投资人带来巨额利润。投机风险具有极大的诱惑力，人们常常注意其有利可图的一面，而忽视其带来厄运的可能。

纯风险和投机风险两者往往同时存在。例如，房产所有人就同时面临纯风险（如财产损坏）和投机风险（如经济形势变化所引起的房产价值的升降）。

纯风险与投机风险还有一个重要区别。在相同的条件下，纯风险重复出现的概率较大，表现出某种规律性，因而人们可能较成功地预测其发生的概率，从而相对容易采取防范措施。而投机风险则不然，其重复出的概率较小，所谓“机不可失，时不再来”，因而预测的准确性相对较差，也就较难防范。

② 按风险产生的原因不同，分为政治风险、社会风险、经济风险、自然风险、技术风险等。其中经济风险的界定可能会有一定的差异，例如，有的学者将金融风险作为独立的一类风险来考虑。另外，需要注意的是，除了自然风险和技术风险是相对独立的之外，政治风险、社会风险和经济风险之间存在一定的联系，有时表现为相互影响，有时表现为因果关系，难以截然分开。

③ 按风险的影响范围大小不同，分为基本风险和特殊风险。基本风险是指作用于整个经济或大多数人群的风险，具有普遍性，如战争、自然灾害、高通胀率等。特殊风险是指作用于某一特定单体（如个人或企业）的风险，不具有普遍性，例如，偷车、抢银行、房屋失火等。

④ 按风险的来源不同，分为自然风险和人为风险。自然风险是指由于自然力的不规则变化导致财产毁损或人员伤亡，如风暴、地震等。人为风险是指由于人类活动导致的风险。人为风险又可细分为行为风险、政治风险、经济风险、技术风险和组织风险等。

⑤ 按风险的形态不同，分为静态风险和动态风险。静态风险是由于自然力的不规则变化或人为行为失误导致的风险，它多属于纯风险。动态风险是由于人类需求的改变、制度的改进和政治、经济、社会、科技等环境的变迁导致的风险，它既可属于纯风险，又可属于投机风险。

⑥ 按风险后果的承担者不同，分为政府风险、投资方风险、业主风险、承包商风险、供应商风险、担保方风险等。

当然，风险还可以按照其他方式分类，例如，按风险分析依据可将风险分为客观风险和主观风险，按风险分布情况可将风险分为国别（地区）风险、行业风险，按风险潜在损失形态可将风险分为财产风险、人身风险和责任风险等。

风险产生有客观原因和主观原因。客观原因主要是指风险种类中政治风险、经济风险、自然风险等无法控制的因素；主观原因主要是指风险种类中的技术风险，以及因监理专业知识和工程经验不足，指令和审查错误等可控因素。

8.1.2 风险管理的概念和内容

风险管理就是人们对潜在的意外损失进行识别、评估，并根据具体情况采取相应对策措施进行处理。风险管理是一种主动控制，即主观上做到有备无患，客观上无法避免时，亦能寻求切实可行的补救措施以减少损失。

风险管理的内容如下。

① 风险识别　通过收集调查已经出现过的风险，建立风险清单；

② 风险评价　通过对风险清单分析评价，结合实际更准确地认识风险，确定可能出现的风险对实现目标的影响程度；

③ 风险对策　从防范风险出发采取的如转移、回避、自留、损失控制等风险管理对策和具体措施；

④ 损失衡量　确定风险损失数量的大小。

总之，风险管理的最终目的是为了目标实现。工程风险管理的目标就是工程监理目标控制的目标。从某种意义上讲，可以认为风险管理是为目标控制服务的。

监理工程师的责任风险具有存在的客观性与发生的偶然性特征，原因如下。

① 法律、法规对监理工程师的要求日益严格；

② 监理工程师所掌握的技术资源不可能完美；

③ 监理工程师专业知识和工程经验有局限性；

④ 社会对监理工程师的要求提高。

监理工程师的责任风险如下。

① 行为责任风险，如失职行为对工程造成损失；

② 工作技能风险，如知识、经验不足造成判断结论错误；

③ 资源不足风险，如必要的法规、强制性标准、检测仪器设备配备不足造成失误；

④ 职业道德风险，如严重违反职业道德、谋求私利损害工程；

⑤ 管理风险，如公司对项目监理部的管理机制及项目监理部内部管理机制不健全，各自职责不明确，互相不服气、拆台、闹矛盾、不团结造成工作重大失误。

8.2 建设工程风险识别

风险识别是风险管理的基础，它是指对企业所面临的及潜在的风险加以判断、归类和鉴定风险性质的过程。必要时，还需对风险事件的后果做出定性的估计。对风险的识别可以依据各种客观的统计，类似建设工程的资料和风险记录等，通过分析、归类、整理、感性认识和经验等进行判断，从而发现各种风险的损失情况及其规律。

8.2.1 风险识别的特点和原则

(1) 风险识别的特点

风险识别有以下几个特点。

① 个别性。任何风险都有与其他风险不同之处，没有两个风险是完全一致的。不同类型建设工程的风险不同自不必说，而同一建设工程如果建造地点不同，其风险也不同；即使是建造地点确定的建设工程，如果由不同的承包商承建，其风险也不同。因此，虽然不同建设工程风险有不少共同之处，但一定存在不同之处，在风险识别时尤其要注意这些不同之处，突出风险识别的个别性。

② 主观性。风险识别都是由人来完成的，由于个人的专业知识水平（包括风险管理方面的知识）、实践经验等方面的差异，同一风险由不同的人识别的结果就会有较大的差异。风险本身是客观存在，但风险识别是主观行为。在风险识别时，要尽可能减少主观性对风险识别结果的影响。要做到这一点，关键在于提高风险识别的水平。

③ 复杂性。建设工程所涉及的风险因素和风险事件均很多，而且关系复杂、相互影响，这给风险识别带来很强的复杂性。因此，建设工程风险识别对风险管理人员要求很高，并且需要准确、详细的依据，尤其是定量的资料和数据。

④ 不确定性。这一特点可以说是主观性和复杂性的结果。在实践中，可能因为风险识别的结果与实际不符而造成损失，这往往是由于风险识别结论错误导致风险对策决策错误而造成的。由风险的定义可知，风险识别本身也是风险。因而避免和减少风险识别的风险也是风险管理的内容。

(2) 风险识别的原则

在风险识别过程中应遵循以下原则。

① 由粗及细，由细及粗。由粗及细是指对风险因素进行全面分析，并通过多种途径对工程风险进行分解，逐渐细化，以获得对工程风险的广泛认识，从而得到工程初始风险清单。而由细及粗是指从工程初始风险清单的众多风险中，根据同类建设工程的经验以及对拟建建设工程具体情况的分析和风险调查，确定那些对建设工程目标实现有较大影响的工程风险，作为主要风险，即作为风险评价以及风险对策决策的主要对象。

② 严格界定风险内涵并考虑风险因素之间的相关性。对各种风险的内涵要严格加以界定，不要出现重复和交叉现象。另外，还要尽可能考虑各种风险因素之间的相关性，如主次关系、因果关系、互斥关系、正相关关系、负相关关系等。应当说，在风险识别阶段考虑风险因素之间的相关性有一定的难度，但至少要做到严格界定风险内涵。

③ 先怀疑，后排除。对于所遇到的问题都要考虑其是否存在不确定性，不要轻易否定或排除某些风险，要通过认真的分析进行确认或排除。

④ 排除与确认并重。对于肯定可以排除和肯定可以确认的风险应尽早予以排除和确认。对于一时既不能排除又不能确认的风险再作进一步的分析，予以排除或确认。最后，对于肯定不能排除但又不能肯定予以确认的风险按确认考虑。

⑤ 必要时，可作实验论证。对于某些按常规方式难以判定其是否存在，也难以确定其对建设工程目标影响程度的风险，尤其是技术方面的风险，必要时可作实验论证，如抗震实验、风洞实验等。这样做的结论可靠，但要以付出费用为代价。

8.2.2 风险识别的过程

风险识别的过程，包括对所有可能的风险来源和结果进行实事求是的调查。由于建设工程风险识别的方法与风险管理理论中提出的一般的风险识别方法有所不同，因而其风险识别的过程也有所不同。建设工程的风险识别往往是通过对经验数据的分析、风险调查、专家咨询以及实验论证等方式，在对建设工程风险进行多维分解的过程中，认识工程风险，建立工程风险清单。

建设工程风险识别的过程可用图8.2表示。

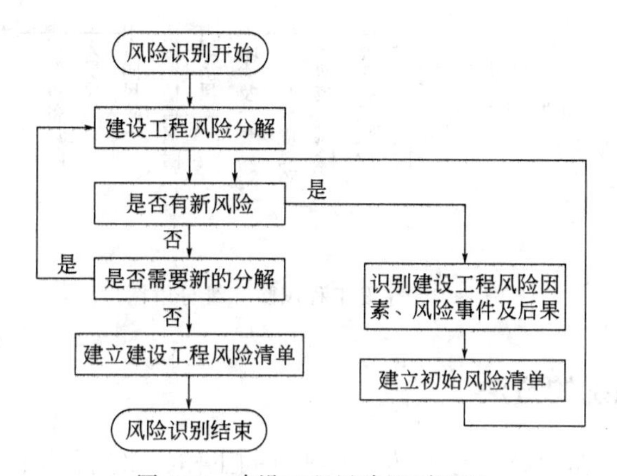

图8.2 建设工程风险识别过程

由图8.2可知，风险识别的结果是建立建设工程风险清单。在建设工程风险识别过程中，核心工作是“建设工程风险分解”和“识别建设工程风险因素、风险事件及后果”。

8.2.3 建设工程风险的分解

建设工程风险的分解是根据工程风险的相互关系将其分解成若干个子系统，其分解的程度要足以使人们较容易地识别出建设工程的风险，使风险识别具有较好的准确性、完整性和系统性。

根据建设工程的特点，建设工程风险的分解可以按以下途径进行。

① 目标维：即按建设工程目标进行分解，也就是考虑影响建设工程投资、进度、质量和安全目标实现的各种风险。

② 时间维：即按建设工程实施的各个阶段进行分解，也就是分别考虑决策、设计、施工招标、施工、竣工验收阶段等各个阶段的风险。

③ 结构维：即按建设工程组成内容进行分解，也就是考虑不同单项工程、单位工程的不同风险。

④ 因素维：即按建设工程风险因素的分类分解，如政治、社会、经济、自然、技术等方面的风险。

在风险分析过程中，往往需要将几种分解方式组合起来使用才能达到目的。常用的一种组合分解方式是由时间维、目标维和因素维三方面，从总体上进行建设工程风险的分解，如图8.3所示。

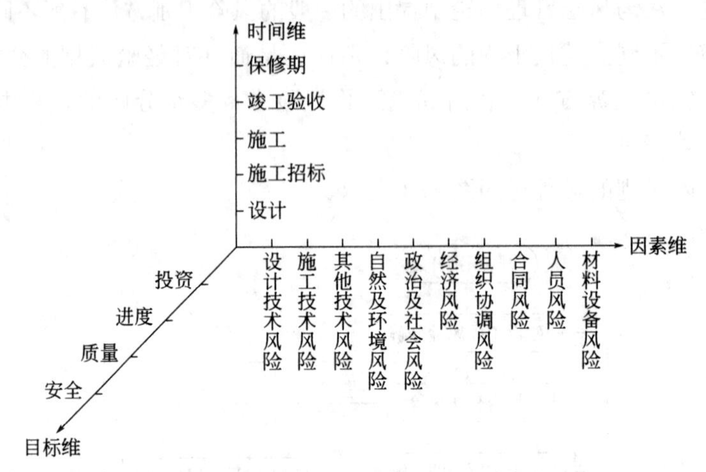

图8.3 建设工程风险三维分解图

8.2.4 风险识别的方法

风险识别的工作非常复杂，必须做深入细致的工作，采用科学的方法才能完成。建设工程风险识别的方法有：专家调查法、财务报表法、流程图法、初始清单法、经验数据法和风险调查法。

(1) 专家调查法

专家调查法是指向有关专家提出问题，了解相关风险因素并获得各种信息。这种方法又有两种方式：一种是召集有关专家开会，让专家各抒己见，充分发表意见，起到集思广益的作用；另一种是采用问卷式调查，各专家不知道其他专家的意见。采用专家调查法时，所提出的问题应具有指导性和代表性，并具有一定的深度，还应尽可能具体些。专家所涉及的面应尽可能广泛些，有一定的代表性。对专家发表的意见要由风险管理人员加以归纳分类、整理分析，有时可能要排除个别专家的个别意见。

(2) 财务报表法

财务报表法是指通过分析财务报表来识别风险的方法。财务报表有助于确定一个特定企业或特定的建设工程可能遭受哪些损失以及在何种情况下遭受这些损失。通过分析资产负债表、现金流量表、营业报表及有关补充资料，可以识别企业当前的所有资产、责任及人身损失风险。将这些报表与财务预测、预算结合起来，可以发现企业或建设工程未来的风险。

采用财务报表法进行风险识别，要对财务报表中所列的各项会计科目作深入的分析研究，并提出分析研究报告，以确定可能产生的损失，还应通过一些实地调查以及其他信息资料来补充财务记录。由于工程财务报表与企业财务报表不尽相同，因而需要结合工程财务报表的特点来识别建设工程风险。

(3) 流程图法

流程图法是将一项特定的生产或经营活动，按步骤或阶段顺序以若干个模块形式组成一个流程图系列，在每个模块中都标出各种潜在的风险因素或风险事件，从而给决策者一个清晰的总体印象。一般来说，对流程图中各步骤或阶段的划分比较容易，关键在于找出各步骤或各阶段不同的风险因素或风险事件。

这种方法实际上是将图8.3中的时间维与因素维相结合。由于建设工程实施的各个阶段是确定的，因而关键在于对各阶段风险因素或风险事件的识别。

由于流程图的篇幅限制，采用这种方法所得到的风险识别结果较粗。

(4) 初始清单法

初始清单法就是找出建设工程中经常发生的典型风险因素和相应风险事件，从而形成初始风险清单的方法。对建设工程风险的识别没有必要均从头做起，而是在风险识别时就可以从初始风险清单入手，这样做既可以提高风险识别的效率，又可以降低风险识别的主观性。

建立建设工程的初始风险清单有两种途径：一种是利用保险公司或风险管理学会（或协会）公布的潜在损失一览表为基础，风险管理人员再结合本企业或某项工程所面临的潜在损失，对一览表中的损失予以具体化，从而建立特定工程的风险一览表。我国至今尚没有这类一览表，因此，对建设工程风险的识别作用不大。另一种是通过适当的风险分解方式来识别风险建立初始风险清单。这种途径是建立建设工程初始风险清单的有效途径。对于大型、复杂的建设工程，将其按单项工程、单位工程分解，再对各单项工程、单位工程分别从时间维、目标维和因素维进行分解，从而形成建设工程初始风险清单。表8.1为建设工程初始风险清单示例。

表8.1 建设工程初始风险清单

风险因素		典型风险事件
技术风险	设计	设计内容不全、设计缺陷、错误和遗漏，应用规范不当，未考虑地质条件，未考虑施工可能性等
	施工	施工工艺落后，施工技术和方案不合理，施工安全措施不当，应用新技术新方案失败，未考虑场地情况等
	其他	工艺设计未达到先进性指标，工艺流程不合理，未考虑操作安全性等
非技术风险	自然与环境	洪水、地震、火灾、台风、雷电等不可抗拒自然力，不明的水文气象条件，复杂的工程地质条件，恶劣的气候，施工对环境的影响等
	政治法律	法律及规章的变化，战争和骚乱、罢工、经济制裁或禁运等
	经济	通货膨胀或紧缩，汇率变动，市场动荡，社会各种摊派和征费的变化，资金不到位，资金短缺等
	组织协调	业主和上级主管部门的协调，业主和设计方、施工方以及监理方的协调，业主内部的组织协调等
	合同	合同条款遗漏、表达有误，合同类型选择不当，承发包模式选择不当，索赔管理不力，合同纠纷等
	人员	业主人员、设计人员、监理人员、一般工人、技术员、管理人员的素质(能力、效率、责任心、品德)不高
	材料设备	原材料、半成品、成品或设备供货不足或拖延，数量差错或质量规格问题，特殊材料和新材料的使用问题，过度损耗和浪费，施工设备供应不足、类型不配套、故障、安装失误、选型不当等

初始风险清单只是为了便于人们较全面地认识风险的存在，而不至于遗漏重要的工程风险，但并不是风险识别的最终结论。它必须结合特定建设工程的具体情况进一步识别风险，修正初始风险清单，因此，这种方法必须与其他方法结合起来使用。

(5) 经验数据法

经验数据法也称为统计资料法，即根据已建各类建设工程与风险有关的统计资料来识别拟建建设工程的风险。

经验数据或统计资料的来源主要是参与项目建设的各方主体，如政府统计部门、业主、承包商、咨询公司（含设计单位）以及从事工程建设的相关单位等。虽然不同的风险管理主体从各自的角度保存着相应的数据资料，其各自的初始风险清单一般会有所差异。但是当经验数据或统计资料足够多时，借此建立的初始风险清单基本可以满足对建设工程风险识别的需要，因此此法一般与初始清单法结合使用。

例如，根据建设工程的经验数据或统计资料可以得知，减少投资风险的关键在设计阶段，尤其是初步设计以前的阶段，因此，方案设计和初步设计阶段的投资风险应当作为重点进行详细的风险分析；设计阶段和施工阶段的质量风险最大，需要对这两个阶段的质量风险作进一步的分析；施工阶段存在较大的进度风险，需要作重点分析。由于施工活动是由一个个分部分项工程按一定的逻辑关系组织实施的，因此，进一步分析各分部分项工程对施工进度或工期的影响，更有利于风险管理人员识别建设工程进度风险。图8.4是某风险管理主体根据房屋建筑工程各主要分部分项工程对工期影响的统计资料绘制的。

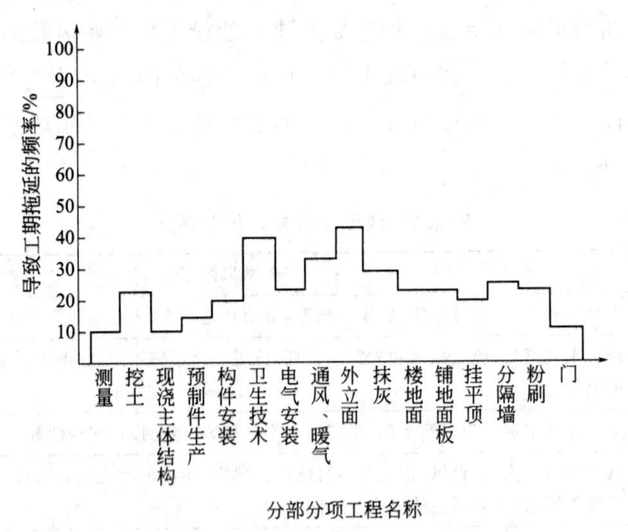

图8.4 各主要分部分项工程对工期的影响

(6) 风险调查法

虽然建设工程会面临一些共同的风险，但是不同的建设工程不可能有完全一致的工程风险。利用初始清单和经验数据统计资料等方法对识别共性风险比较有效，但是为了识别每个建设工程的特殊风险，在建风险识别的过程中，花费人力、物力、财力进行风险调查是必不可少的。

风险调查法就是从分析具体建设工程的特点入手，一方面对通过其他方法已识别出的风险（如初始风险清单所列出的风险）进行鉴别和确认，另一方面，通过风险调查有可能发现此前尚未识别出的重要的工程风险。

通常，风险调查可以从组织、技术、自然及环境、经济、合同等方面分析拟建建设工程的特点以及相应的潜在风险。

应当注意，风险调查并不是一次性的行为，而应当在建设工程实施全过程中不断进行，这样才能了解不断变化的条件对工程风险状态的影响。当然，随着工程实施的进展，风险调查的内容和重点会有所不同。

综上所述，风险识别的方法有很多，但是在识别建设工程风险时，不能仅仅依靠一种方法，必须将若干种风险识别方法综合运用，才能取得较为满意的结果。而且，不论采用何种风险识别方法组合，都必须包含风险调查法。从某种意义上讲，前五种风险识别方法的主要作用在于建立初始风险清单，而风险调查法的作用在于建立最终的风险清单。

8.3 建设工程风险评价

风险评价是风险管理的第二步。风险评价是指运用各种风险分析技术，用定性、定量或两者结合的方式处理不确定的过程，其目的是评价风险的可能影响。风险评价可以采用定性和定量两大类方法。定性风险评价方法有专家打分法、层次分析法等，其作用在于区分出不同风险的相对严重程度以及根据预先确定的可接受的风险水平（有关文献称为“风险度”）作出相应的决策。从广义上讲，定量风险评价方法也有许多种，如敏感性分析、盈亏平衡分析、决策树、随机网络等，但是，这些方法大多有较为确定的适用范围，如敏感性分析用于项目财务分析，随机网络用于进度计划控制。

8.3.1 风险评价的作用

通过定量方法进行风险评价的作用主要表现如下。

（1）更准确地认识风险

风险识别的作用仅仅在于找出建设工程所可能面临的风险因素和风险事件，其对风险的认识还是相当肤浅的。通过定量方法进行风险评价，可以定量地确定建设工程各种风险因素和风险事件发生的概率大小或概率分布，及其发生后对建设工程目标影响的严重程度或损失严重程度。其中，损失严重程度又可以从两个不同的方面来反映：一方面是不同风险的相对严重程度，据此可以区分主要风险和次要风险；另一方面是各种风险的绝对严重程度，据此可以了解各种风险所造成的损失后果。

（2）保证目标规划的合理性和计划的可行性

工程目标规划的内容中，主要是突出了建设工程数据库在施工图设计完成之前对目标规划的作用及其运用。建设工程数据库中的数据都是历史数据，是包含了各种风险作用于建设工程实施全过程的实际结果。但是，建设工程数据库中通常没有具体反映工程风险的信息，充其量只有关于重大工程风险的简单说明。也就是说，建设工程数据库只能反映各种风险综合作用的后果，而不能反映各种风险各自作用的后果。由于建设工程风险的个别性，只有对特定建设工程的风险进行定量评价，才能正确反映各种风险对建设工程目标的不同影响，才能使目标规划的结果更合理、更可靠，使在此基础上制定的计划具有现实的可行性。

(3) 合理选择风险对策，形成最佳风险对策组合

如前所述，不同风险对策的适用对象各不相同。风险对策的适用性需从效果和代价两个方面考虑。风险对策的效果表现在降低风险发生概率和（或）降低损失严重程度的幅度，有些风险对策（如损失控制）在这一点上较难准确地量度。风险对策一般都要付出一定的代价，如采取损失控制时的措施费，投保工程险时的保险费等，这些代价一般都可准确地量度。而定量风险评价的结果是各种风险的发生概率及其损失严重程度。因此，在选择风险对策时，应将不同风险对策的适用性与不同风险的后果结合起来考虑，对不同的风险选择最适宜的风险对策，从而形成最佳的风险对策组合。

8.3.2 风险量函数

在定量评价建设工程风险时，首要工作是将各种风险的发生概率及其潜在损失定量化，这一工作也称为风险衡量。为此，需要引入风险量的概念。所谓风险量，是指各种风险的量化结果，其数值大小取决于各种风险的发生概率及其潜在损失。如果以 R 表示风险量，p 表示风险的发生概率，q 表示潜在损失，则 R 可以表示为 p 和 q 的函数，即

$$R=f(p, q) \tag{8.2}$$

式 (8.2) 反映的是风险量的基本原理，具有一定的通用性，其应用前提是能通过适当的方式建立关于 p 和 q 的连续性函数。但是，这一点不是很容易做到的。在风险管理理论和方法中，在多数情况下是以离散形式来定量表示风险的发生概率及其损失，因而风险量 R 相应地表示为：

$$R=\sum p_i \cdot q_i \tag{8.3}$$

式中，$i=1,2,\cdots,n$，表示风险事件的数量。

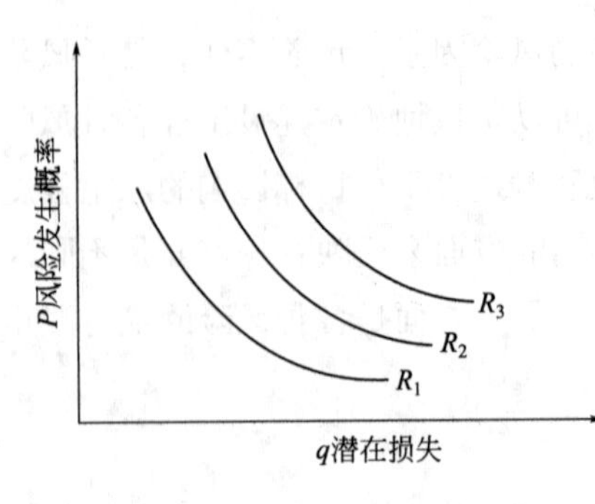

图 8.5 等风险量曲线

与风险量有关的另一个概念是等风险量曲线，就是由风险量相同的风险事件所形成的曲线，如图8.5所示。在图8.5中，R_1、R_2、R_3为3条不同的等风险量曲线。不同等风险量曲线所表示的风险量大小与其与风险坐标原点的距离成正比，即距原点越近，风险量越小；反之，则风险量越大。因此，$R_1<R_2<R_3$。

8.3.3 风险损失的衡量

风险损失的衡量就是定量确定风险损失值的大小。建设工程风险损失包括以下几方面。

(1) 投资风险

投资风险导致的损失可以直接用货币形式来表现，即法规、价格、汇率和利率等的变化或资金使用安排不当等风险事件引起的实际投资超出计划投资的数额。

(2) 进度风险

进度风险导致的损失由以下部分组成。

① 货币的时间价值。进度风险的发生可能会对现金流动造成影响，在利率的作用下，引起经济损失。

② 为赶上计划进度所需的额外费用。包括加班的人工费、机械使用费和管理费等一切因追赶进度所发生的非计划费用。

③ 延期投入使用的收入损失。这方面损失的计算相当复杂，不仅仅是延误期间内的收入损失，还可能由于产品投入市场过迟而失去商机，从而大大降低市场份额，因而这方面的损失有时是相当巨大的。

(3) 质量风险

质量风险导致的损失包括事故引起的直接经济损失，以及修复和补救等措施发生的费用以及第三者责任损失等，可分为以下几个方面。

① 建筑物、构筑物或其他结构倒塌所造成的直接经济损失；

② 复位纠偏、加固补强等补救措施和返工的费用；

③ 造成的工期延误的损失；

④ 永久性缺陷对于建设工程使用造成的损失；

⑤ 第三者责任的损失。

(4) 安全风险

安全风险导致的损失如下。

① 受伤人员的医疗费用和补偿费；

② 财产损失，包括材料、设备等财产的损毁或被盗；

③ 因引起工期延误带来的损失；

④ 为恢复建设工程正常实施所发生的费用；

⑤ 第三者责任损失。

在此，第三者责任损失为建设工程实施期间，因意外事故可能导致的第三者的人身伤亡和财产损失所做的经济赔偿以及必须承担的法律责任。

由以上四方面风险的内容可知，投资增加可以直接用货币来衡量；进度的拖延则属于时间范畴，同时也会导致经济损失；而质量事故和安全事故既会产生经济影响又可能导致工期延误和第三者责任，显得更加复杂。而第三者责任除了法律责任之外，一般都是以经济赔偿的形式来实现的。因此，这四方面的风险最终都可以归纳为经济损失。

需要指出，在建设工程实施过程中，某一风险事件的发生往往会同时导致一系列损失。例如，地基的坍塌引起塔吊的倒塌，并进一步造成人员伤亡和建筑物的损坏，以及施工被迫停止等。这表明，这一地基坍塌事故影响了建设工程所有的目标——投资、进度、质量和安全，从而造成相当大的经济损失。

8.3.4 风险概率的衡量

衡量建设工程风险概率有两种方法：相对比较法和概率分布法。一般而言，相对比较法主要是依据主观概率，而概率分布法的结果则接近于客观概率。

(1) 相对比较法

相对比较法由美国风险管理专家 Richard Prouty 提出，表示如下。

① “几乎是0”：这种风险事件可认为不会发生。

② “很小的”：这种风险事件虽有可能发生，但现在没有发生并且将来发生的可能性也不大。

③ “中等的”：即这种风险事件偶尔会发生，并且能预期将来有时会发生。

④ “一定的”：即这种风险事件一直在有规律地发生，并且能够预期未来也是有规律地发生。在这种情况下，可以认为风险事件发生的概率较大。

在采用相对比较法时，建设工程风险导致的损失也将相应划分成重大损失、中等损失和轻度损失，从而在风险坐标上对建设工程风险定位，反映出风险量的大小。

(2) 概率分布法

概率分布法可以较为全面地衡量建设工程风险。因为通过潜在损失的概率分布，有助于确定在一定情况下哪种风险对策或对策组合最佳。

概率分布法的常见表现形式是建立概率分布表。为此，需参考外界资料和本企业历史资料。外界资料主要是保险公司、行业协会、统计部门等的资料。但是，这些资料通常反映的是平均数字，且综合了众多企业或众多建设工程的损失经历，因而在许多方面不一定与本企业或本建设工程的情况相吻合，运用时需作客观分析。本企业的历史资料虽然更有针对性，更能反映建设工程风险的个别性，但往往数量不够多，有时还缺乏连续性，不能满足概率分析的基本要求。另外，即使本企业历史资料的数量、连续性均满足要求，其反映的也只是本企业的平均水平，在运用时还应当充分考虑资料的背景和拟建建设工程的特点。由此可见，概率分布表中的数字可能是因工程而异的。

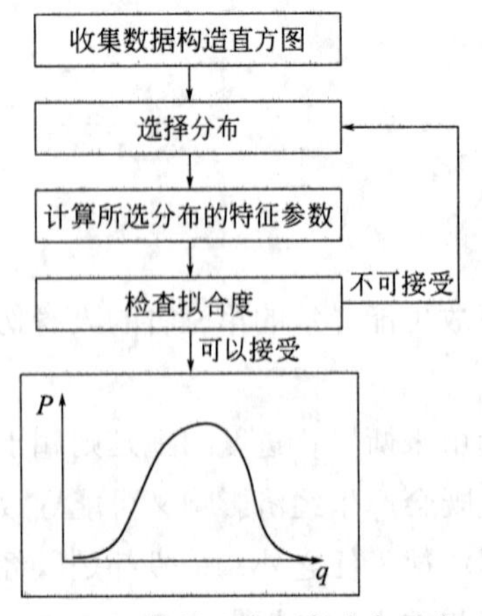

图8.6 模拟理论概率分布过程

理论概率分布也是风险衡量中所经常采用的一种估计方法。即根据建设工程风险的性质分析大量的统计数据，当损失值符合一定的理论概率分布或与其近似吻合时，可由特定的几个参数来确定损失值的概率分布。理论概率分布的模拟过程如图8.6所示。

8.3.5 风险评价

在风险衡量过程中，建设工程风险被量化为关于风险发生概率和损失严重性的函数，但在选择对策之前，还需要对建设工程风险量作出相对比较，以确定建设工程风险的相对严重性。

等风险量曲线（图 8.5）指出，在风险坐标图上，离原点位置越近则风险量越小。据此，可以将风险发生概率（p）和潜在损失（q）分别分为 L（小）、M（中）、H（大）3 个区间，从而将等风险量图分为 LL、ML HL、LM、MM、HM、LH、MH、HH 9 个区域。在这 9 个不同区域中，有些区域的风险量是大致相等的，例如，如图 8.7 所示，可以将风险量的大小分成 5 个等级：（1）VL（很小）；（2）L（小）；（3）M（中等）；（4）H（大）；（5）VH（很大）。

M	H	VH
L	M	H
VL	L	M

图 8.7 风险等级图

8.4 建设工程风险的控制及对策

8.4.1 风险控制

风险控制是指减少风险或避免风险发生的措施，是在风险识别和评价的基础上采取各种措施（如规避措施、化解措施、遏制措施、转移措施、应急措施、消减措施、分担措施等），以减少风险或避免风险的发生。

建设工程中，有不少风险是可以控制的，对这些可以控制的风险，只要消除或减少相应的风险源，就可能减少这些风险，避免相应事故的发生。如钢筋混凝土结构构件施工后的承载能力不足，造成结构局部倒塌。这一事故的风险源有：混凝土、钢筋的材料强度不足，构件的尺寸不足，钢筋布置错误，混凝土振捣不密实，或其他不利的气候条件等。只要针对这些风险源，采取相应的控制措施，就可以避免结构倒塌事故的发生。

但是，还有些风险是人类无法避免、无法消除的，如自然界的地震、台风等，通常把这些风险称为不可抗拒的力量。对于由不可抗拒的力量引起的风险、造成的事故，可以根据风险的特点、损失的情况，采取各种措施，以减少直接的损失。如增加支撑、加强结构的整体性和减少在结构上的堆重等措施，以减少造成的损失；增加连接、加强固定等措施，以防止台风或大风引起的结构或附属设施的倒塌、各种物体的坠落，及避免由此造成的间接损失。

不同的建设阶段，有着不同的风险源和风险，所以，风险控制措施也应该有相应变化和调整。在建设决策阶段，应该进行客观的可行性研究，以避免决策错误而带来项目投资失败的风险。在勘测设计阶段，应该进行详尽的地质勘测，获得可靠的地质资料；应严格按照国家标准进行设计，充分考虑各种因素，做到既经济又安全。在施工阶段，严格按照国家标准和有关规定进行施工，严格控制原材料的质量，严格遵守操作规程，按图施工。

在建设过程中，应该按照国家有关部委指定的基本建设程序进行各项建设工作。在选择设计单位和施工单位时，必须选择有相应资质的设计单位和施工单位进行设计和施工。

风险控制需要采取各种措施，有工程的措施和非工程的措施，需要投入一定的费用，称为事故预防费。一般来说，事故预防费投入越多，事故发生的概率越小。但是，它们之间并不是线性的关系，事故预防费投入多少为宜，应该通过效益分析来确定。通常，对事故损失极小的风险可以不采取控制措施，而对会引起重大事故、造成巨大人员伤亡和财产损失的风险，则应该采取强有力的措施，投入充足的事故预防费。

对风险的控制必须依赖于强有力的对策，即需要通过一定的风险防范手段或风险管理技术来防范风险。常用的风险对策如下。

① 风险回避。这是指事先预料风险产生的可能程度，判断其现实的条件和因素，在行动中尽可能地避免或改变行动的方向。例如，工程施工中对于风险很大的方案或措施要十分慎重，尽可能用风险小的方案代替。风险回避表面上看是消极的措施，甚至有可能失去一定的利益机遇，但从风险的可靠防范上不失为一种积极措施。

② 风险损失控制。这是指事前要预防或减少风险发生的概率，同时要考虑风险无法回避时，要运用可能的手段力求减少风险损失的程度。例如，对于工程中的生产安全事故，往往是很难完全避免的，但我们通过安全教育、严格执行操作规程和提供各种安全设施，是有助于减少事故发生概率和一旦发生也能减轻损失的。

③ 风险自留。这是明知有风险，但采用某种风险处理方法，其费用大于自行承担风险所需费用，所以还是自担有利。这种风险一般是发生的概率较小，风险损失强度不大，依靠自己的财务能力可以处理的。风险意识强的管理者，一般会在企业建立风险损失后备金，提高自行承担风险的财务能力。

④ 风险转移。这是指面对某些风险，可以借助若干技术和经济手段，转移一定的风险，避免大的损失。风险转移并不是嫁祸于人，而是一种风险共担，利益机遇共享的机制，借助他人或社会共同的力量救助风险损失者的方式。最常见的有效方式就是保险，向保险公司定期支付一定的保险费，一旦发生损失，可从保险公司获得一定的补偿。在国际FIDIC合同条件中，对工程是实行强制保险的，承包商在工程开工前必须就施工的工程进行保险，因此承包商在工程投标报价时，应包含这一部分保险费。若承包商未对在建工程保险，发包方（业主，建设单位）有权自行投保，费用从支付给承包商的工程款中扣除。我国近些年来国内的工程也开始向保险公司投保，如三峡工程建设，分期分项的向保险公司进行投保，以转移一定的风险。除此之外，风险转移还可以采用联合他人共担风险的办法转移。如对工程投标的风险，可以采取联合体投标，或主、分包共同投标，如未能中标，风险损失按约定的比例分担。如投标成功，则中标后的利益也是共享的。

风险是遍存于万事万物之中的，在人生的历程上，在企业兴衰之中，在人与自然的共处之中，在生产、建设过程中……风险与机遇总是并存的。“祸兮福之所倚，福兮祸之所伏”，两千多年前古代先哲老子所明示的风险观念何其清晰！作为监理及工程技术人员，对工程中风险的辨识、评价、防范的高度重视，是工程取得成功的前提。

8.4.2 风险对策决策过程

风险管理人员在选择风险对策时，要根据建设工程的自身特点，从系统的观点出发，从整体上考虑风险管理的思路和步骤，从而制定一个与建设工程总体目标相一致的风险管理原则。这种原则需要指出风险管理各基本对策之间的联系，为风险管理人员进行风险对策决策提供参考。

风险对策决策过程如图 8.8 所示。

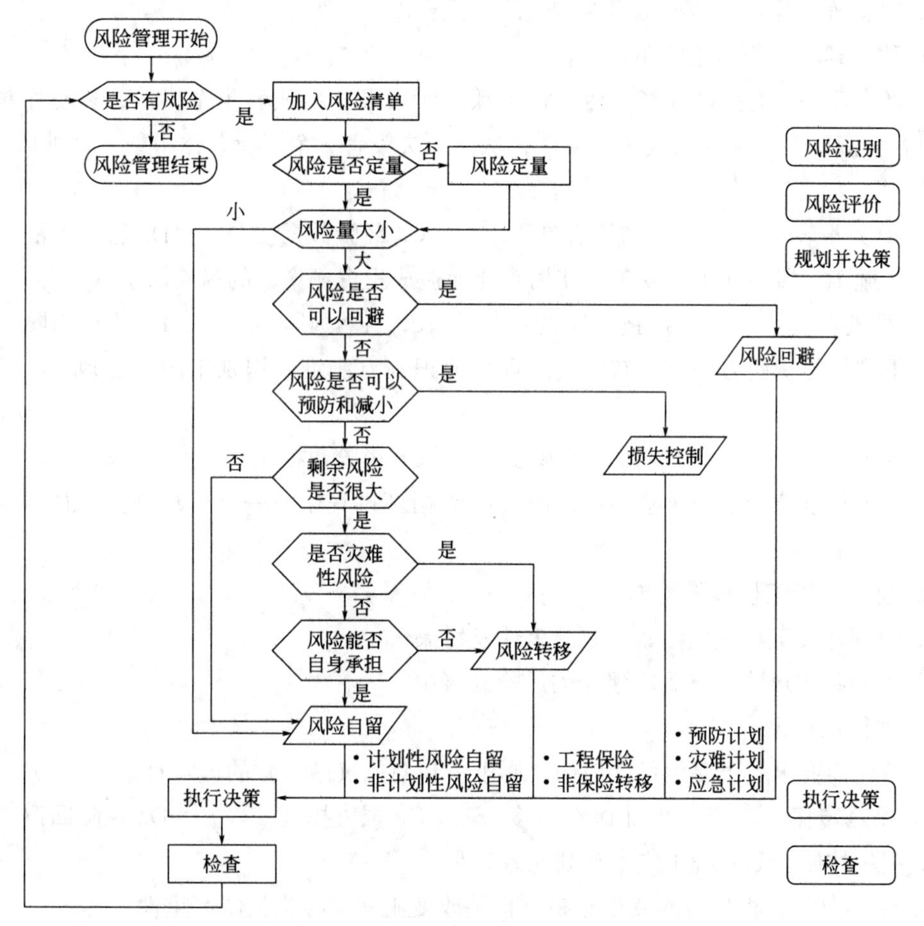

图 8.8 风险对策决策过程

训练与思考题 ▶▶

一、单项选择题（每小题的备选答案中，只有 1 个选项最符合题意。）

1. 下列关于建设工程风险和风险识别特点的表述中，错误的是（ ）。

A. 不同类型建设，工程的风险是不同的

B. 建设工程的建造地点不同，风险是不同的

C. 建造地点确定的建设工程，如果由不同的承包商建造，风险是不同的

D. 风险是客观的，不同的人对建设工程风险识别的结果应是相同的

2. 对业主来说，建设工程决策阶段和实施阶段的风险分别表现为（　　）。

A. 投机风险和纯风险　　B. 投机风险和基本风险

C. 基本风险和特殊风险　　D. 特殊风险和技术风险

3. 风险识别的工作成果是（　　）。

A. 确定建设工程风险因素、风险事件及后果

B. 定量确定建设工程风险事件发生概率

C. 定量确定建设工程风险事件损失的严重程度

D. 建立建设工程风险清单

4. 将一项特定的生产或经营活动按步骤或阶段顺序组成若干个模块，在每个模块中都标出各种潜在的风险因素或风险事件，从而给决策者一个清晰总体印象。这种风险识别方法是（　　）。

A. 财务报表法　　B. 初始清单法　　C. 经验数据法　　D. 流程图法

5. 在施工阶段，业主改变项目使用功能而造成投资额增大的风险属于（　　）。

A. 纯风险　　B. 技术风险　　C. 自然风险　　D. 投机风险

6. 下列风险识别方法中，有可能发现其他识别方法难以识别出的工程风险的方法是（　　）。

A. 流程图法　　B. 初始清单法　　C. 经验数据法　　D. 风险调查法

7. 为了识别建设工程风险，在风险分解的循环过程中，一旦发现新的风险，就应当（　　）。

A. 建立建设工程风险清单

B. 识别建设工程风险因素、风险事件及后果

C. 直接将该风险补充到已建立的风险列表中

D. 进行风险评价

8. 承包商要求业主提供付款担保，属于承包商的（　　）的风险对策。

A. 保险转移　　B. 非保险转移　　C. 损失控制　　D. 风险回避

9. 损失控制计划系统中灾难计划的效果是（　　）。

A. 既不改变工程风险的发生概率，也不改变工程风险损失的严重性

B. 降低工程风险的发生概率，但不降低工程风险损失的严重性

C. 不降低工程风险的发生概率，但可降低工程风险损失的严重性

D. 既降低工程风险的发生概率，亦可降低工程风险损失的严重性

10. 采用工程保险转移工程风险的缺点之一是投保人可能产生心理麻痹而疏于损失控制，以致增加（　　）。

A. 潜在损失和隐蔽损失　　B. 隐蔽损失和实际损失

C. 实际损失和未投保损失　　D. 未投保损失和潜在损失

11. 若开标后中标人发现自己的报价存在严重的误算和漏算，因而拒绝与业主签订施

工合同，这一对策为（　　）。

A. 风险回避　　B. 损失控制　　C. 风险自留　　D. 风险转移

12. 风险识别的特点之一是不确定性，这是风险识别（　　）的结果。

A. 个别性和主观性　　B. 个别性和复杂性

C. 主观性和复杂性　　D. 复杂性和相关性

13. 下列可能造成第三者责任损失的是（　　）。

A. 投资风险和进度风险　　B. 进度风险和质量风险

C. 质量风险和安全风险　　D. 安全风险和投资风险

14. 对于风险评价来说，建设工程数据库中的数据（　　）。

A. 只能反映各种风险综合作用的后果，不能反映各种风险各自作用的后果

B. 只能反映各种风险各自作用的后果，不能反映各种风险综合作用的后果

C. 既能反映各种风险综合作用的后果，又能反映各种风险各自作用的后果

D. 既不反映各种风险综合作用的后果，又不反映各种风险各自作用的后果

15. 下列关于质量风险导致损失的表述中，正确的是（　　）。

A. 质量风险只会增加返工费用，不会造成工期延误损失

B. 质量风险只会增加返工费用，不会造成第三者责任损失

C. 质量风险既会造成工期延误损失，也会造成第三者责任损失

D. 质量风险只会造成工期延误损失，不会造成第三者责任损失

16. 对于业主来说，建设工程实施阶段的风险主要是（　　）。

A. 基本风险　　B. 社会风险　　C. 投机风险　　D. 纯风险

17. 某投标人在招标工程开标后发现自己由于报价失误，比正常报价少报 20%，虽然被确定为中标人，但拒绝与业主签订施工合同，该风险对策为（　　）。

A. 风险回避　　B. 损失控制　　C. 风险自留　　D. 风险转移

18. 建设工程风险识别的结果是（　　）。

A. 建设工程风险分解

B. 建立建设工程风险清单

C. 建立建设工程初始风险清单

D. 识别建设工程风险因素、风险事件及后果

19. 下列内容中，质量风险和安全风险都可能造成的损失是（　　）。

A. 永久性缺陷对建设工程使用造成的损失

B. 受伤人员的医疗和补偿费用

C. 复位纠偏和加固补强的费用

D. 第三者责任损失

20. 建设工程风险评价的主要作用在于确定（　　）。

A. 风险损失值的大小　　B. 风险发生的概率

C. 风险的相对严重性　　D. 风险的绝对严重性

二、多项选择题（每小题的备选答案中，有2个或2个以上选项符合题意，但至少有1个错项。）

1. 在风险事件发生前，风险管理的目标包括（　　）。

A. 使实际损失最小　　B. 减少忧虑及相应的忧虑价值

C. 满足外部的附加义务　　D. 承担社会责任

E. 保证建设工程实施的正常进行

2. 下列关于风险损失控制系统的表述中、正确的有（　　）。

A. 预防计划的主要作用是降低损失发生的概率

B. 风险分隔措施属于组织措施

C. 风险分散措施属于管理措施

D. 最大限度地减少资产和环境损害属于应急计划

E. 技术措施必须付出费用和时间两方面的代价

3. 从风险管理目标与风险管理主体总体目标一致性的角度，建设工程风险管理的目标通常更具体地表述为（　　）。

A. 实际质量满足预期的质量要求　　B. 实际投资不超过计划投资

C. 实际工期不超过计划工期　　D. 建设过程安全

E. 信息反馈及时

4. 风险调查法是识别建设工程风险不可缺少的方法，下列关于风险调查法的表述中，正确的有（　　）。

A. 通过风险调查可以发现此前尚未识别出的重要工程风险

B. 通过风险调查可以对其他方法已识别出的风险进行鉴别和确认

C. 随工程的进展，风险调查的内容相应增加，但调查的重点相同

D. 随工程的进展，风险调查的内容相应减少，调查的重点可能不同

E. 从某种意义上讲，风险调查法的主要作用在于建立初始风险清单

5. 下列关于风险回避对策的表述中，正确的有（　　）。

A. 相当成熟的技术不存在风险，所以不需要采用风险回避对策

B. 在风险对策的决策中应首先考虑选择风险回避

C. 就投机风险而言，回避风险的同时也失去了从风险中获益的可能性

D. 风险回避尽管是一种消极的风险对策，但有时是最佳的风险对策

E. 建设工程风险定义的范围越广或分解得越粗，回避风险的可能性就越小

6. 灾难计划是针对严重风险事件制定的，其内容应满足（　　）的要求。

A. 援救及处理伤亡人员

B. 调整建设工程施工计划

C. 保证受影响区域的安全尽快恢复正常

D. 使因严重风险事件而中断的工程实施过程尽快全面恢复

E. 控制事故的进一步发展，最大限度地减少资产和环境损害

7. 进度风险导致的损失包括（　　）。

A. 第三者责任的损失　　B. 财产损失

C. 货币的时间价值　　D. 为赶上计划进度所需的额外费用

E. 延期投入使用的收入损失

8. 下列风险对策中，属于非保险转移的有（　　）。

A. 业主与承包商签订固定总价合同　　B. 在外资项目上采用多种货币结算

C. 设立风险专用基金　　D. 总承包商将专业工程内容分包

E. 业主要求承包商提供履约保证

9. 在损失控制计划系统中，应急计划是在损失基本确定后的处理计划，其应包括的内容有（　　）。

A. 采用多种货币组合的方式付款

B. 调整整个建设工程的施工进度计划

C. 调整材料、设备采购计划

D. 控制事故的进一步发展，最大限度地减少资产和环境损害

E. 准备保险索赔依据，确定保险索赔的额度，起草保险索赔报告

10. 风险自留和保险都是从财务角度应对风险，因此，计划性风险自留应从（　　）等方面与工程保险比较后才能得出结论。

A. 费用　　B. 风险发生概率　　C. 期望损失

D. 机会成本　　E. 税收

三、思考题

1. 简述风险、风险因素、风险事件、损失、损失机会的概念。

2. 风险的分类及产生原因？

3. 何谓风险管理？风险管理的内容包括哪些？

4. 监理工程师的责任风险有哪些？

5. 风险识别有哪些特点？应遵循什么原则？

6. 风险识别主要有哪些方法？

7. 风险评价的主要作用是什么？

8. 简述风险损失衡量的要点。

9. 如何运用概率分布法进行风险概率的衡量？

10. 什么是风险控制？风险对策有哪几种？简述各种风险对策的要点。

附录1

某公司综合办公楼工程监理规划实例

某双飞汽车电器配件制造有限公司综合办公楼工程

工程监理规划

编制人：

审核人：

编制时间：　　　　年　　月

某工程建设监理有限责任公司

1 工程项目概况

工程名称：某双飞汽车电气配件制造有限公司综合办公楼工程。

工程地点：某市柳石路某双飞汽车电气配件制造有限公司院内。

1.1 项目概况

本工程建筑面积为2886.38m^2，建筑占地面积1140m^{2}的多层综合办公楼，本工程为地上三层（局部四层），建筑高度为17.1m，建筑结构形式为框架结构，合理使用年限为50年，抗震设防裂度为六度；建筑耐火等级为二级。本工程属丙类建筑，框架抗震等级为四级。施工工期为270天（日历天）。

1.2 设计说明

1.2.1 基础工程

本工程采用柱下独立柱基础。根据工程地质报告采用天然地基础，基础置于坚硬-硬塑状黏土第3层，地基持力层承载力标准值为$f_{ak}=210kPa$。基础采用C20混凝土现浇，条形墙基为C15毛石混凝土，钢筋采用HPB235和HRB335型钢筋。±0.000以下采用M5.0水泥砂浆砌MU10机制红砖。

1.2.2 主体工程

墙体：±0.000以上墙体采用M5.0混合砂浆砌MU机制红砖。

混凝土结构：梁、柱、梯混凝土均为C30；板、构造柱混凝土均为C20；钢筋采用HPB235和HRB335级钢筋。

1.2.3 楼地面工程地面：素土夯实、100厚C15混凝土、20厚C20混凝土随打随抹光。楼面：防滑地砖。

1.2.4 装修工程

外墙：采用涂料外墙、面砖外墙、塑铝扣板和玻璃幕墙外墙。内墙：采用混合砂浆抹面，面刮腻子两道。卫生间水泥砂浆抹面，面贴釉面瓷砖。踢脚平墙面，材料与楼地面相同。

1.2.5 门窗工程

门：采用高级实木门，高级清漆饰面。窗：铝合金窗。

1.2.6 屋面工程

屋面采用SBS改性沥青防水卷材。

1.2.7 水、电工程

水源从公司大院给水管网上引入一根$DN50$的给水管。给水采用下行上给的方式直接供水。排水管为PVC-U塑料排水管，排水管采用胶水粘接。室外有公司大院消管网，室内不设置消火栓，只设置手提式灭火器。

2 工程监理工作范围

工程服务范围：负责本项目的施工阶段及保修期阶段的监理工作，包括本工程的土建、水、电、消防、智能控制等范围，以及监理合同中约定的内容。

工程监理服务的范围：施工过程中的全方位监理，重点是全过程的质量控制、进度控制、投资控制、合同管理、信息管理和组织协调，以及缺陷责任期的监理。

具体内容主要如下。

(1) 熟悉施工图纸，并将发现问题向建设单位汇报，并要特别注意到本项目为房地产项目的这个特点，认真参加设计交底和图纸会审。

(2) 审核承包单位提交的施工组织设计及施工方案，提出审核意见，要特别注意承包单位内部的质量、安全等管理体系是否运作正常，要监督其严格按投标文件、合同文件及相应施工组织设计中的要求执行。

(3) 审查并确认施工承包单位选择的分包单位。

(4) 监督承包单位严格按照施工图及有关文件，并遵守国家及当地政府发布的政策、法令、法规、规范、规程、标准及管理程序施工，控制工程质量。

(5) 监督承包单位按照施工合同和承包单位编制的工程进度计划施工，控制工程进度。

(6) 审查主要建筑材料、构配件及主要设备的订货，审核其质量、性能是否满足设计要求及有关规范、现行政策、法令的规定。

(7) 审核及会签工程变更文件。

(8) 组织对工程质量问题的处理。

(9) 调解建设单位与承包单位之间的争议。

(10) 定期主持召开监理工作会议。检查工程进展情况，协调各方之间的关系，处理需要解决的问题。

(11) 每月编制监理月报，向建设单位及有关部门汇报工程进展和监理工作情况。

(12) 认定工程质量与进度，签署工程付款凭证。

(13) 审查工程造价及竣工结算。

(14) 监督施工现场安全防护、消防、文明施工及卫生情况，并提出改进意见。

(15) 组织工程阶段性验收及竣工验收，提出工程质量评估报告。

(16) 参加工程竣工验收。

(17) 进行项目监理工作总结，向建设单位提交项目监理工作月报或监理工作总结。

(18) 督促竣工档案的编制和移交。

3 工程监理工作内容

(1) 施工准备阶段的监理：参与设计交底及图纸会审；审核施工组织设计（施工方案）；查验施工测量放线成果；第一次监理工地会议；施工监理交底；检查开工条件。

(2) 施工阶段的监理：工程进度控制；工程质量控制；工程造价控制；施工合同及其他事项管理，协调甲乙方及相关方之间的关系；监理资料的管理。

(3) 根据《建设工程安全生产管理条例》的规定，工程监理单位应承担的安全责任：①审查施工组织设计中的安全技术措施或者专项施工方案是否符合工程建设强制性标准。②在施工监理过程中，发现安全事故隐患的，应当要求施工单位整改；情况严重的，应当要求施工单位暂停施工，并及时报告建设单位，施工单位拒不整改或者不停止施工的，应当及时向有关部门报告。③工程监理单位和监理工程师应当按照法律、法规和工程建设强制性标准实施监理，并对建设工程安全生产承担监理责任。

（4）采用旁站、巡视、平行检查手段监督施工单位严格按照工程技术标准、施工规范及操作规程施工。

4 工程监理工作目标

4.1 工程监理总目标

确保工程质量等级达到合格，保证安全施工、无重大人员伤亡事故，以确保文明工地，争创市优工程，工程进度以合同中规定的建设工期 270 天为控制目标，工程投资实际支出额控制在业主预定的投资目标值之内。

4.2 投资（造价）目标

以承包单位的投标中标价或以建设单位与承包单位签订的合同价及文字约定为投资控制的依据，并以此作为投资控制的目标。

4.3 进度目标

满足施工合同约定的工期目标要求。

4.4 质量目标

工程质量必须符合设计图纸和施工质量验收规范，并达到建设单位和承包单位签订的施工合同约定的工程质量标准。

4.5 安全目标

确保安全施工，无伤亡事故发生。

5 工程监理工作依据

（1）建设工程的相关法律、法规及项目审批文件。

（2）施工质量验收规范、规程、施工技术标准及相关标准。

（3）本工程设计图纸、设计变更以及有关设计文件。

（4）本工程地质勘察资料。

（5）建设单位与承包单位签订的建设工程施工合同。

（6）建设单位与监理单位签订的建设工程监理合同。

（7）必须执行的行业管理或地方性规定。

6 项目监理机构的组织组织形式

为了保质保量监理好工程项目，本公司特配备技术骨干，组建强有力的监理部班子，监理的组织机构形式详见图附图 1.1 所示。

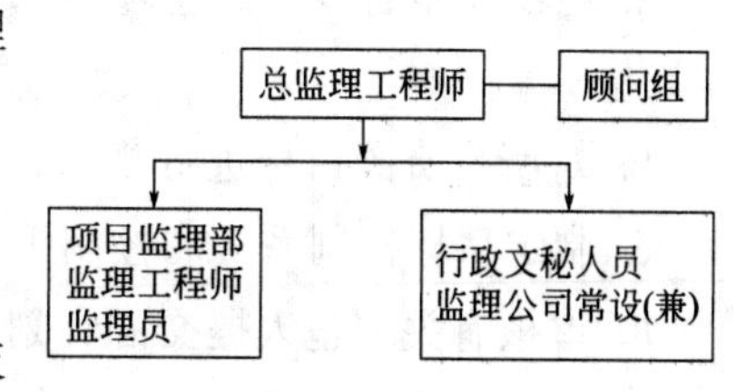

附图 1.1　监理机构设置图

7 项目监理机构的人员配备计划

序号	职务	姓名	职称	专业
1	总监理工程师		高级工程师	工民建

续表

序号	职务	姓名	职称	专业
2	土建专业监理工程师		工程师	工民建
3	土建专业监理工程师		工程师	工民建
4	安装专业监理工程师		工程师	水电安装
5	监理员		助理工程师	工民建
6	监理员		助理工程师	工民建

8 项目监理机构人员岗位职责

8.1 总监理工程师岗位职责

a. 代表公司，与业主、承包人及政府监督机构、有关单位协调沟通有关问题。

b. 确定工程项目组织和监理系统，制定监理工作方针和基本工作流程。

c. 确定监理各部门负责人员，并决定他们的任务和职能分工。

d. 确定工程项目组织和监理组织系统，制定监理工作方针和基本工作流程。

e. 主待制定工程项目建设监理规划并全面组织实施。

f. 审核并确认分包单位。

g. 主持建立监理信息系统，全面负责信息沟通工作。

h. 在规定时间内及时对工程实施的有关事宜做出决策，如计划审批、工程变更、事故处理、合同争议、工程索赔、实施方案等。

i. 审核并签署开工令、停工令、复工令、付款证明、竣工资料、监理文件报告等。

j. 定期及不定期巡视工地现场，及时发现和提出问题并进行理。

k. 按规定时间向业主提交工程监理报告和例行报告。

l. 定期和不定期向本公司报告监理工作情况。

m. 分阶段组织监理人员进行工作总结。

8.2 专业监理工程师岗位职责

a. 组织制定各专业或子项目和监理实施计划或监理细则，经总监理工程师批准后组织实施。

b. 对所负责的目标进行规划，建立实施目标控制的系统。

c. 制定目标控制系统的控制工作流程，确定方法和手段，制定控制措施。

d. 审核有关承包人提交的计划、方案、申请、证明、单据变更材料、报告等。

e. 检查有关的工程情况，掌握工程现状，及时发现和预测工程问题，并采取措施妥善处理。

f. 组织指导、检查和监督本部监理员的工作。

g. 及时检查、了解和发现承包人，的组织、技术、经济和合同方面的问题。并向总监报告。

h. 做好监理日志、监理月报工作。

8.3 监理员的岗位职责

a. 负责检查、检测并确认材料、设备、成品、半成品的质量。

b. 检查承包人的人力、材料设备施工机场投资和运行情况。

c. 负责计量并签署原始凭证。

d. 实行旁站，对施工中发生的问题随时予以纠正 .

e. 检查工序的质量，进行验收并签字。

f. 做好原始工作记录和监理日志。

9 工程监理工作程序

9.1 施工监理工作总程序

见附图 1.2 所示。

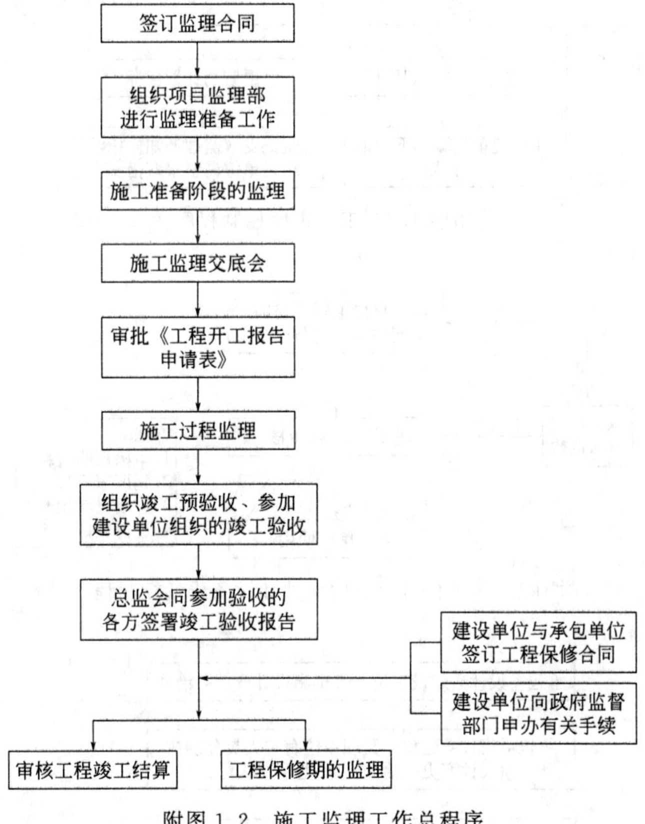

附图 1.2 施工监理工作总程序

9.2 工程进度控制程序

见附图 1.3 所示。

9.3 工程材料、构配件和设备质量控制程序

见附图 1.4 所示。

9.4 设计变更、洽谈管理程序

见附图 1.5 所示。

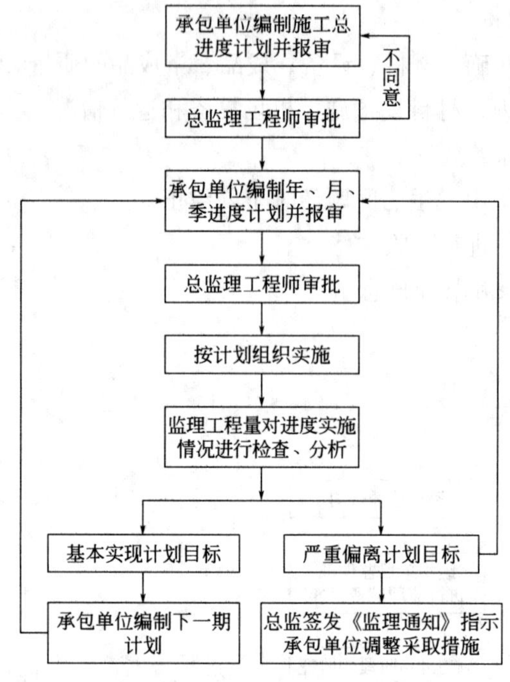

附图 1.3　工程进度控制程序

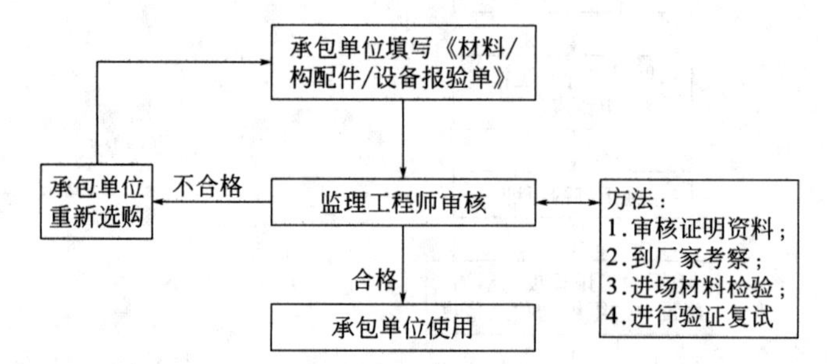

附图 1.4　工程材料、构配件和设备质量控制程序

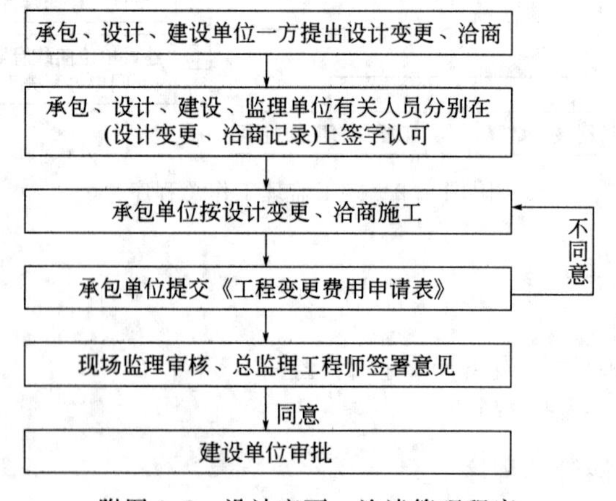

附图 1.5　设计变更、洽谈管理程序

9.5 分部分项中间验收控制程序

见附图 1.6 所示。

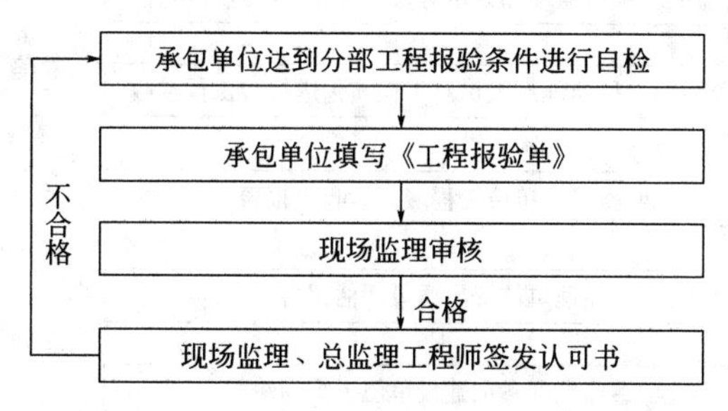

附图 1.6　分部分项中间验收控制程序

9.6 工程造价控制程序

见附图 1.7 所示。

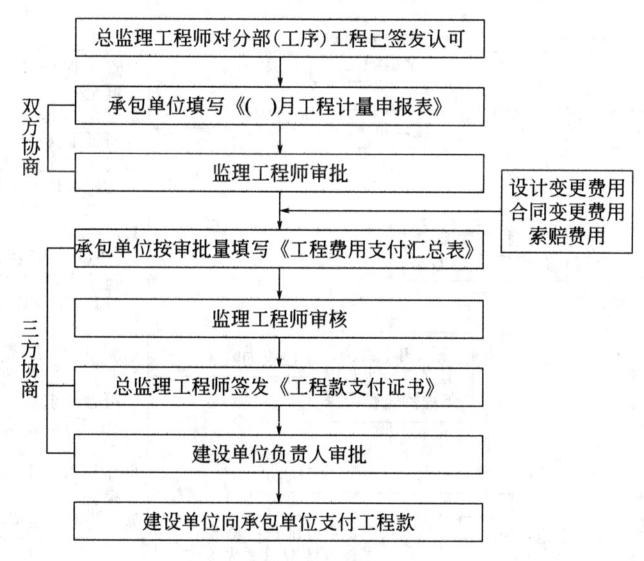

附图 1.7　工程造价控制程序

9.7 单位工程竣工验收程序

见附图 1.8 所示。

9.8 施工安全控制程序

见附图 1.9 所示。

以上监理程序严格按《建设工程监理规范》要求及业主委托。

10 工程监理工作方法及措施

10.1 施工准备阶段的监理工作方法

10.1.1 熟悉合同文件

总监理工程师首先组织全体监理人员在监理工作实施之前，对组成该项目的合同文件进行全面了解和熟悉，以便监督承包人严格按要求履行合同。

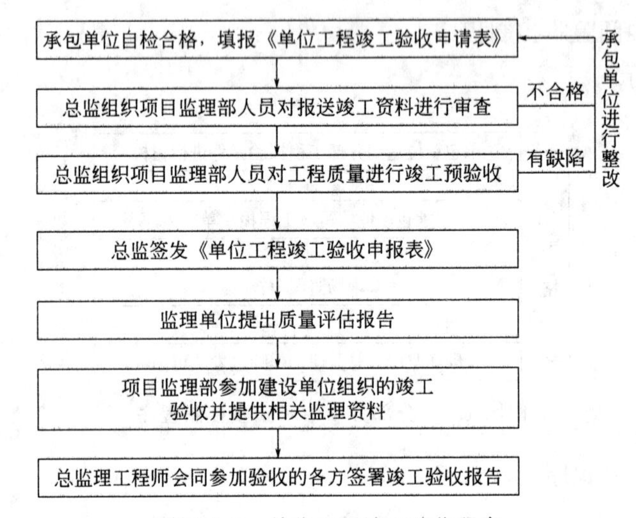

附图 1.8　单位工程竣工验收程序

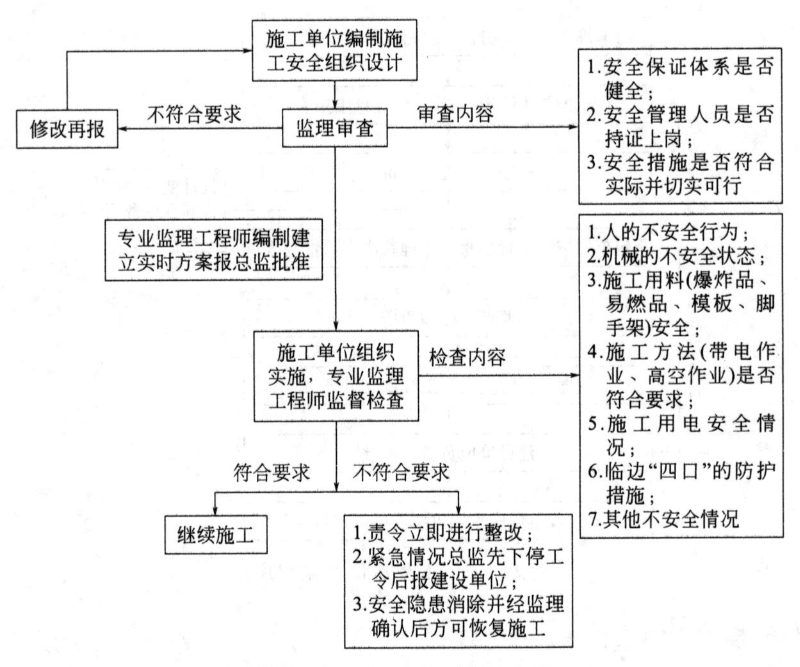

附图 1.9　施工安全控制程序

10.1.2 审核设计文件和图纸

总监理工程师全同监理人员对业主交付的设计图纸进行检查、核对，在工程实施之前，将发现的一些设计上的遗漏和错误，及时签报建设单位，并会同设计方共同研究处理。总监理工程师会同监理人员，根据该工程的具体情况和不同特点，制定工程施工监理实施细则。同时拟定监理使用的监理表格以省建委规定印制的表格为准，施工单位使用的表格以质量监督站印制的市政公用工程表格为准。

10.1.3 现场准备

业主应在三通一平基本到位后，通知承包人接管所施工的现场。接管时总监理工程师到场，并签字证明移交的时间和位置，以文件的形式，双方签字确认，监理机构保留一份接管文件。

10.1.4 审批承包人的施工组织设计

承包人应在约定的时间内，向总监提交一式三份，其格式和细节符合监理工程师要求的本工程的施工组织设计供审批。施工组织设计必须包括以下内容。

(1) 针对本工程特点制定的施工方案；

(2) 施工组织体系；

(3) 施工质量保证体系，安全体系；

(4) 施工进度网络计划；

(5) 施工过程中的材料进场计划；

(6) 承包人进入施工现场的人员和机械动态计划；

(7) 承包人的测量仪器、标准试验的准备等。

总监理工程师会同监理班子审核施工组织设计，重点审查：

(1) 施工方案是否可行，特别是针对本工程特点确定的施工顺序是否合理。

(2) 承包人质量保证系统的运行程序是否妥善，自检人员的数量和资质是否满足需要。

(3) 审核承包人的进度计划，特别是网络图上关键线路的工序安排是否切实可行。

(4) 针对本工程特点，制定的安全措施是否全面可行。

(5) 检验承包人的测量工作，测量专业监理工程师会同设计单位向承包人书面及实地提供本工程所需的平面及高程控制点的位置及数据，并书面将控制点交由承包人保管维护。承包人所测设的局中控制测量资料，应报送测量工程师和总监理工程师审核认可。

(6) 检查承包人的进场材料，总监理工程师和专业监理工程师在施工材料未运入施工现场前，首先要求承包人提供材料产地、厂家以及出厂合格证书，钢材、水泥等重要材料及一些混凝土构件还应提供完整的试验报告。必要时监理工程师可要求承包人一道在材料进场前进行取样，送交经认可的试验单位，按规范要求做试验。

(7) 施工机械　全面检查承包人进入现场的施工机械设备，对进场机械的数量、型号、规格、生产能力、完好率等进行认真检查和记录。要求进场的机械应与投标书附表所填一致，如不符合标书规定要求，应查明原因，否则不准开工。对用于关键工程的机械的生产能力效率、性能及运输情况，特别要细致地进行检验。

10.1.5 检查开工条件

主要检查下列开工条件是否具备，并在具备开工条件后下达开工令。

① 承包人已接受开工时所需的现场，并已履行现场接管手续。

② 所需的保函、保险已办理或正在办理，以及未办理的补救措施已确定。

③ 本工程进度计划已提交且经批准。

④ 承包人开工时所必需的施工机械、材料和工程技术人员、行政管理人员已按合同规定到达施工现场。

10.1.6 签发开工通知书

本工程的开工通知书由总监理工程师按业主发出的中标通知书附件中写明的期限内签发，经承包人签收回执，监理工程师监督检查承包人按期开工。

10.2 施工过程中的监理工作方法

10.2.1 工程质量监理

监理人员在质量控制方面的主要任务是：深入施工现场，通过科学的监理方法和质量保证措施、严格约束承包人按照图纸和技术规范中写明的试验项目、材料性能、施工要求和允许精度等有关规定进行施工，消除隐患，制止事故发生。严把质量关。按照合同条款的有关规定对工程质量进行监督与管理，与承包人共同努力，创优质工程。

质量控制主要抓好影响工程质量的人、材料、机具设备、施工方法和施工环境等因素的控制工作，对监理项目的不同阶段进行事前控制、事中控制、事后控制，以事前控制为主。认真审核施工组织设计中的施工质量保证体系、施工管理体系、施工技术方案和安全措施，并督促施工方落实执行原材料、构配件及设备的报验制度，通过技术交底和样板间制度，明确施工方法、施工工艺流程，使现场施工管理和施工人员都掌握每项施工方法和质量要求，以保证施工质量。

10.2.1.1 工程放线验线

工程开工前，由监理组织现场放线、验线，保证放线符合规划及设计要求。

10.2.1.2 工程开工报告的审批

（1）单位工程开工前应做好如下工作：放线、验线、质量监督、技术交底及施工图会审、施工组织设计审批等，并且施工管理人员已按计划到位。开工前，由施工单位提交开工报告，经总监理工程师代表审核报总监签发。

（2）混凝土分项工程开工前，应充分做好施工准备工作，由施工单位提交混凝土施工申报表。单位工程负责人应检查建筑材料、劳动力及设备配置等准备工作，做好后才批准。

10.2.1.3 原材料、构配件及设备检验

（1）工程需要的主要原材料、构配件及设备必须由单位工程监理负责人进行质量认证后才能用于工程上。

（2）主要装饰材料、构配件及设备在订货前，应由施工单位提交样品（或看样）和有关厂家的资质证明及单价资料向监理申报，由监理负责人会同设计、建设单位研究同意后方可订货，必要时还应到厂家实地考察。

（3）主要材料进场时，由施工单位呈报材料报验单并附质量证明文件。质量证明文件包括：

出厂证明、技术合格证或质量保证书（如非原件应由施工单位注明原件存放处并加盖公章才有效）。

钢材、水泥、防水材料、砌块、砂、石试验报告（进口钢材还须有海关商检证明和化学成分试验报告）。

采用新材料、新产品有技术鉴定文件、生产厂的产品质量标准、使用说明和工艺要求。

(4) 经审核验收的材料、构配件须达到如下要求。

a. 质量保证资料齐全、有效。有关技术指标符合设计及规范要求。

b. 现场实物标志与资料相符。

不合格材料，资料不全、资料技术指标不明确或未达到标准要求，实物与资料不符或包装标志不清不能确认的材料，不予验收并应限期运出现场。

(5) 主要设备进场应有技术说明书，进口设备还应有海关商检证明及中文技术说明书。监理人员应检查设备是否符合设计文件和标书规定的厂家、型号、规格和标准，并按相应说明书的规定进行检查，必要时由法定检测部门进行检测。

10.2.1.4 见证取样

对施工中将要采用的新技术、新材料、新产品，通过样板试验由监理、设计、施工三方确认其工艺及质量标准，以便指导今后的施工，确保质量。

10.2.1.5 检查施工单位质保体系的落实情况。

(1) 单位工程监理负责人应督促施工单位建立健全质量保证体系，完善施工技术管理制度，包括质量管理组织层次职责和现场管理，如岗位的设定、岗位责任、人员素质等。管理制度如施工质量技术交底、班组质量自检、材料检验、质量评定与核定程序等。

(2) 管理岗位人员要按计划到位到岗，施工单位不得随意更换或调走。管理人员不胜任岗位工作，监理负责人应要求施工单位撤换。

(3) 严格要求施工单位按质量管理程序进行质量自检、分级核验、申报，未按自检程序及核验进行的工程一律不予验收。

10.2.1.6 工程施工中的质量监督检查

在施工过程中，采取旁站监督或巡视，应用目测、仪器量测办法，检查施工中使用的材料、设备、构配件质量。每项工序完成要进行申报，做好分项工程（或工序）及隐蔽工程的检查验收，上一道工序质量不合格就不准进入一下道工序施工。要消除质量通病，保证各工序的施工质量，以工序质量来保证分项质量以及分部工程和整体工程的质量。在每道工序或分项工程验收前要同时检查施工资料，并对其进行整理，使资料齐全、准确、其实。对下列情况监理有责任行使质量否决权：对于施工中出现的异常情况，监理指出后，施工方不采取措施或措施不力者；上道工序未经监理核验便进入下道工序施工者；擅自使用未经认可的建筑材料者；擅自变更设计图纸要求进行施工者；出现质量安全事故者；或未经审查同意的分包单位进场施工者。对于上述情况，监理人员可用签发停工令等强有力手段，以保证工程的施工质量达到设计要求，符合有关规范和标准。施工中的质量控制程序如下。

(1) 单位工程监理负责人、监理员每天应到施工现场巡视检查，对混凝土浇筑、防水工程关键的施工部位作旁站监督。

(2) 检查的内容有：使用施工材料的质量、施工工艺是否按规范、规程及批准的施工方案执行，工人操作技术水平及成品的质量等。对不符合规范、规程的操作工艺要及时纠正，发现使用不符合标准的材料要及时制止并通知施工单位进行整改。对检查发现的质量缺陷应做好记录并及时向施工单位发出质量问题通知书，由施工单位进行处理。

（3）分项工程（工序）及隐蔽工程检查验收

a. 分项工程（工序）完工后，施工单位要进行自检，自检合格后向单位工程监理负责人提交工程报验单，并附质量保证资料及自检资料。隐蔽工程检查签证在分项工程检查验收的基础上，按有关要求做好签证。分项工程中的工序如基层、找平层等是否需要分阶段验收，由单位工程监理负责人根据分项工程性质确定，并按报验程序执行。

b. 验收合格标准：资料齐全、准确、有效（如砂浆、混凝土强度资料不能及时提供，应确定提交时间），现场全面检查（不是抽验）无明显质量缺陷。质量核查合格由监理负责人签认。如资料不全或现场检查有明显质量缺陷，监理人员应给施工单位指明整改项目，由施工单位按要求补充资料或按质量缺陷处理。

c. 隐蔽工程未经监理人员检查签证合格，不得将隐蔽工程覆盖。

（4）抓好工序管理，实行工序报验制度。每道工序开工都要申请和审批，每道工序完成后，须经监理检验确认合格后才能进行下道工序的施工。

（5）落实合同要求的试验，并对实际工程的重要部位或薄弱环节安排增加试验。

（6）实行装饰工程样板间制度。由于工程装饰标准高，配套齐全。因此，施工质量要求高，而且要求施工单位在工程施工过程中一次成优。

为使该工程装饰工程阶段的施工能取得最佳的效果，实行了装饰工程样板间制度。

在各单项工程主体结构完成，装饰工程施工铺开前，组织设计、业主、施工单位等一起对各单项工程的装饰设计施工图进行更详细的会审，进一步明确设计装饰标准和质量要求，对施工单位提出的各饰面材料的铺贴工艺、基线定位、收口位置、门窗的小五金配置，洁具的型号、色泽及其配件，灯具及其他电气装置的型号和安装位置等进行确认。对土建、水电及其他各专业工种之间的工序搭接及施工工艺流程进一步明确和制度化。

根据样板间会审纪要进行样板间的施工，现场监理员对样板间的施工进行全过程的监理。样板间完成后，组织设计单位、业主、施工单位、市质量监督站等部门，对样板间进行检验。经检验，对未满足设计要求的，效果不好的提出修改意见并加以明确。同时，进一步明确施工质量标准形成纪要，且今后的装饰工程验收以样板间为标准。将样板间验收纪要作为装饰工程施工和工程竣工验收的依据之一。

（7）要求施工单位在该综合办公楼工程施工过程中，采取消除施工质量通病措施，并将有关的措施方案提交监理审批。

（8）对于监理过程中发现的质量问题，要求施工单位立即纠正，并要求施工单位对发生过质量问题的施工部位或施工工艺加强管理，以避免同一问题多次发生。若施工单位对已发现的质量问题的处理不重视或处理不彻底时，则向施工单位发出质量问题通知书。对于较严重的工程质量事故，下达停工令，并对工程质量事故进行处理。

（9）停工与复工

在施工过程中如出现下列情况之一者，单位工程监理负责人可发出暂停施工的指令，暂停施工通知由总监理工程师签发，报总工室备案。在紧急情况下，单位工程监理负责人可先行签发停工指令再报总监理工程师认可。

a. 施工中质量出现异常情况，经监理人员提出后施工单位未采取改进措施或措施不力，未能使质量情况好转。

b. 上道工序未经监理核验而进入下道工序施工。

c. 擅自使用未经认可的建筑材料。

d. 擅自变更设计图纸要求进行施工。

e. 出现质量安全事故。

f. 未经审查同意的分包单位进场施工。

g. 工程复工由施工单位在整改后提交复工申请，由单位工程监理负责人审核后报总监理工程师核签，并报总工室备案。

(10) 对于施工单位工作不力的人员，监理有权要求撤换。

(11) 竣工验收及工程保修。

a. 按合同要求进行竣工检查和验收。

b. 检查未完工作和工程质量缺陷。

c. 审阅施工单位关于未完工作的计划和保证措施。

d. 监督设备调试，及时解决质量问题。

e. 审核竣工报告和竣工图及其他技术档案资料。

f. 在保修期内，监督施工单位做好工程缺陷维修工作和质量跟踪管理工作。

10.2.2 工程进度监理

10.2.2.1 监理工程师对进度计划的审批

(1) 监理工程师在接到承包人提交的工程施工进度计划后，将对进度计划进行认真的审核，检查承包人所制定的进度计划是否合理，是否适应工程项目的施工进度计划来控制施工进度。

(2) 审查承包人提交的工程总进度计划是否符合工程项目的合同工期。

(3) 审查计划中各阶段或各工序间的施工顺序安排是否符合工艺要求，对资源的需求计划是否趋于均衡。

(4) 审查进度计划中关键线路是否合理，特别要审核关键路线上关键工序的人力、调配、材料及施工工艺的安排情况，是否能保障关键线路的顺利施工。

10.2.2.2 工程进度的控制

分项工程开工后，建立分项工程的月、周进度控制图表，以便对分项工程施工的月、周进度进行动态控制。监理工程师将根据承包人的月进度报表、每周工作安排，并结合工地实际视察情况，随时掌握承包人执行计划的情况，如发现工程进度有可能不能按计划进行，监理工程师应书面指示，要求承包人采取相应的措施加快工程进度，并将实际情况报总监理工程师。总监理工程师应经常性地检查督促承包人落实补救措施，及时地将工程进度的动态图表报送建设单位和有关部门，以便领导掌握情况。

10.2.2.3 工程进度计划的调整

若发现工程未能按计划进行，总监理工程师有权指令承包人制订施工计划，以便确保工程按期完成。承包人在收到总监理工程师发出的调整指令的合理时间内递交经调整制订的施工进度计划，以及保证按期完成的具体措施，报总监理工程师书面批准：若总监理工程师不满意承包人的修正计划，应拒绝采纳，更不能同意承包人按延期的计划施工。若承包人不能执行调整的施工进度计划和措施，总监理工程师将及时以书面形式通知承包人必须采取有效的措施，确保按合同工期完成工程。直至发布停工令，提出误期索赔，或切割合同工程量，指令分包。

10.2.3 计量与支付及工程投资监理

10.2.3.1 工程费用监理的范围

监理工程师处于工程计量与支付环节的关键位置，除了加强对合同中所规定的工程量清单工程费用的计量与支付管理外，还将对已批复的施工方案及合同中所规定的其他工程量进行计量（如附加工程、工程变更、调价、索赔拖期违约罚金和意外风险等费用）加强监督与管理，尽量减少工程施工中各种附加费用的支付。

10.2.3.2 工程费用监理

(1) 熟悉有关监理工程师在计量与支付方面的职责与权限条款。如工程量清单、技术规范、标书及附件等。

(2) 根据合同条款，制定工程量与支付程序，并努力做到工程监理科学化、规范化。

(3) 在施工过程中，监理工程师对所有已完合格工程细目进行计量和记录，以便检查承包人每月提交的月报数据。监理工程师还应对涉及付款的工程事项在施工中发生的一切问题进行详细记录，以防产生支付纠纷。

(4) 计量工作由总监理工程师负责：

(5) 可采用承包人报价监理工程师确认。

(6) 监理工程师独立核算。

(7) 监理工程师与承包人共同计量三种形式。

无论何种形式均需承包人、总监理工程师、业主三方签字。

(8) 监理工程师必须掌握工程的所有支付项目，如预付款、工程变更估价、计日工、暂定金额的支付、保留金的支付以及缺陷责任期终止后的最后支付等。

(9) 工程费用控制　监理工程师将根据合同文件有关规定和现场实际发生工程量准确地进行计量。

10.2.3.3 工程计量

(1) 工程计量程序。分项工程或某一道工序签发《中间交工证书》后，方可对其实施计量。

a. 承包人提供计量原始报表。

b. 监理人员与承包人共同进行现场测定计量，为保证计量的准确性，监理人员将对所计量工程进行复核修正，共同签字确认，若承包人对修正不同意，可按合同规定时间向监理提交书面申请，经双方协商后再签字确认。

c. 承包人填写《中间计量单》后报总监理工程师，若有质疑，可到实地复查。

d. 根据《中间交工证书》总监理工程师与承包人签认的计量表、计日工、价格变更等填写中期支付证书，报建设单位审批。

（2）工程计量方法。工程计量一般采用实地测量计算方法，此种方法是采用符合规定的测量仪器，对已完合格工程按合同有关进行实地测量并计量。当监理工程师要对工程的任何部位进行量测计量时，将事先通知承包人，承包人必须立即派人协助监理工程师进行计量。量测工作按合有关规定进行，量测计算后双方签字确认。

如承包人收到监理工程师发出的计量通知后，不参加或未派人参加实地量测计算工作。监理工程师自已量测或经监理工程师批准的量测结果，即为正确的计量，将作为支付的依据，承包人无权提出异议。

10.2.3.4 工程费用的支付

工程费用支付必须按合同规定的支付时间、支付范围、支付方法、支付程序等进行款项的支付。

（1）由承包人提产各类支付报表和有关的结账单。提出支付申请。

（2）根据合同规定，总监理工程师有权对支付报表和结账单中的错误和不实之处进行修改。

（3）建设单位根据总监签报的支付证书，按合同规定办理。

（4）建设单位供材料款应在以后的进度款支付证书中按合同规定逐项扣回。

（5）工程缺陷责任期内，如发现任何工程缺陷或工程质量不合格，总监理工程师应查明原因和责任，以确定责任费用的支付。

（6）保留金按合同规定在承包人应得款项中扣留，一旦承包人未履行合同中的责任，建设单位可用此金额雇佣其他承包人来完成工程。

10.2.4 合同管理

10.2.4.1 工程变更

（1）工程变更的要求可以有建设单位、监理单位、承包人或设计单位提出，但必须经总监理工程师签认才能生效。

根据合同条款，如监理单位认为确有必要变更工程或部分工程的形式，质量或数量应向承包人发出变更换指令。如果这种变更是由于承包人的过失或违约所致，除承包人应对此负责，其所引起的附加费用由承包人承担。

（2）承包人只能也必须服从监理工程师的工程变更指令或指示，否则承包人不得进行任何变更。工程变更的指令必须是书面的，如果因某种特殊原因，监理工程师口头下达变更指令，承包人应规定的时间内要求监理工程师书面确认：在决定批准工程变更时，要确认此工程变更属于本合同范围，此项变更必须对工程质量有保证，必须符合规范。

（3）对涉及设计漏项、变更技术方案和技术标准，以及因地质条件各种原因引起的基础结构设计的变更等，不论其经费增减情况，均应及时经总监理工程师批准后才能下达。

(4) 变更的估价由总监理工程师按合同条款的有关规定进行处理，并书面通知承包人。

10.2.4.2 审查分包合同

承包人如需将非主体工程分包，应根据合同规定向总监理工程师提出申请，交将分包人的技术力量、管理水平、施工机械的具体情况及类似工程业绩与分包内容、分包合同报总监理工程师审批。在合同的实施过程中，监理工程师不与分包人发生直接关系，建设单位也不直接向分包人付款。承包人应指派合格的现场管理人员的质检人员配合监理工程师对分包人的工程进行现场监督。分包人的所有检验报告和申请均需经承包人的质检员检验签字后再报总监理工程师。监理工程师只向承包人发出监理指令，并只接受承包人的申请、请示。承包人必须对分包人的行为和违约、疏忽等承担全部责任。

10.2.5 工程信息与资料档案管理

10.2.5.1 工程信息管理

监理工程师随意注意对信息进行收集、整理、分析处理、保存。信息的收集可采用信息目录表、会议制度等。信息处理的手段主要是采用计算机，可利用其来编制各种报告，进行规划、决策跟踪检查。

10.2.5.2 监理档案

(1) 行政档案

a. 监理与建设单位之间来往的函件。

b. 监理与承包人或指定分包人之间往来的函件、书面签复批复、会议记录。

c. 监理与设计方及其他有关方往来的函件。

d. 监理机构内部往来的函件、请示报告、报告的批复。

e. 监理月报。

(2) 计量支付档案

a. 承包人提出的索赔申请以及批示情况。

b. 承包人提出的计日工和单价。

c. 额外或紧急工程的费用计算。

d. 设计变更批准的费用计算。

e. 各类支付证书。

f. 工程进度周、月报。

(3) 技术档案

a. 开工及停工指令。

b. 额外工程图纸。

c. 变更设计图纸。

d. 现场指令。

e. 检查记录。

f. 验收记录。

g. 试验记录。

h. 施工图纸。

i. 竣工图纸。

10.2.6 组织协调和工地会议

工程项目实施存在着业主、承包人、监理工程师三方，为实现工程总目标任务是大家共同的目标，但工程项目实施过程中三方从各自项目管理角度着眼必然会出现矛盾，因此费用控制、进度控制、质量控制、安全控制等方面会有大量的协调工作，业主、监理单位与承包人彼此目标是一致的，监理工程师在严格把关的前提下，尽可能当好业主的参谋，积极主动配合，协调各方关系。

10.2.6.1 第一次工地会议

第一次工地会议是承包人、监理工程师进入工地后的第一次会议，是建设单位、承包人、监理工程师建立良好合作关系的一次机会，必须在总监理工程师下达开工令之前举行。第一次工地会议是以相互了解、检查工程有关各方准备情况、明确监理程序为主要目的。

10.2.6.2 经常性工地会议（每周例会）

(1) 经常性工地会议的目的是：对在施工中发现的工程质量，对工程进度问题以及其他有关的一些重要事项进行讨论，作出决议。

经常性工地会议由驻地总监理工程师主持，会议参加者包括：监理组成员、承包人以及承包人的高级职员等，必要时可邀请分包人参加，业主方的代表等。

(2) 经常性工地会议内容

a. 审查工程进度情况，特别要审查关键线路上的工程进度情况，制定出下阶段进度计划。

b. 评价近期工程质量状况，进行问题分析，落实改进措施。

c. 检查承包人工地的职工是否按合同规定到达，若有缺额，承包人打算如何处理。

d. 检查承包人的设备及材料到场情况，如发现施工设备不能满足工程质量和进度要求，承包人应提出解决问题的措施。

e. 研究工程技术有关问题。如承包人是否因技术性问题而影响工程质量及采取补救措施等。

f. 讨论工程计量问题。

g. 对有关索赔问题，作详细记录。

h. 其他有关事项。

经常性工地会议定于每周五下午2：30，若需要增加会议，根据工地情况定。

10.3 缺陷责任期的监理

10.3.1 竣工日期

竣工日期按总监理工程师批准的开工日期起算，标书及合同规定中的工期（日历天计算）。

10.3.2 交接证书

竣工之前，如果整个工程或任何一部分已实际上竣工，并合格地通过合同规定的任何检验后，承包人应向总监理工程师提交一份要求签发交接证书的申请。

总监理工程师在收到承包人申请后，向承包人发出指令，列明在签发交接证书之前尚需完成的工程，同时指出对工程实际竣工有影响的任何工程缺陷，应在签发交接证书之前予以修补完成。承包人在完成上述工作之后，并使监理工程师满意，才能得到交接证书。

10.3.3 缺陷责任期的监理

(1) 缺陷责任期的时间，为自签发的交接证书上写明的工程实际竣工之日起，到缺陷责任期满终止之日止。如果工程的任何部分有单独的竣工日期，则各部分的缺陷责任期将分别自交接证书写明的实际竣工之日算起，这时，整个工程的缺陷责任期将是最迟的那个缺陷责任期的终止。除合同规定外，缺陷责任期为一年。

(2) 缺陷责任期终止后14天内，应按照监理工程师指示承包人要做的工作和检查的结果，对工程尚存的缺陷、变形、不合格之处进行修补、修复或重做；且建设单位有权雇其他承包人对以上各项进行修补、修复或重做工作。由此产生的费用将在合同保留金内或从其他款项中扣除。

(3) 在缺陷责任期内，如果工程中发生缺陷、变形、不合格等，是由于承包人使用的材料、设备或施工工艺不符合合同的要求，或因承包人一方的疏忽或未遵守合同中对承包人一方明确或暗示规定的任何义务造成的，经总监理工程师调查证明后，由此而发生的一切修复费用由承包人承担。如缺陷的原因不属于上述范畴，则根据合同条款，由总监理工程师与承包人进行工程费用的估价。

(4) 在缺陷责任期内，总监理工程将定期组织人员对承包人移交的工程进行检查。

(5) 缺陷责任终止证书　承包人在缺陷责任期终止以前，对列明的各项未完成工程和指令的缺陷修复工程全部完成后，经总监理工程师组织检查认可，报建设单位最终审定，由总监理工程师签发《缺陷责任终止证书》。证书在缺陷责任终止后28天内发出，并写出承包人对本工程及其缺陷修复的义务已经完成。

10.4 监理工作措施

10.4.1 监理目标控制措施

10.4.1.1 投资控制

组织措施：建立健全监理组织，完善职责分工及有关制度，落实投资控制的责任。

技术措施：审核施工组织设计和施工方案，合理开支施工措施费，以及按合理工期组织施工，避免不必要的赶工费。

经济措施：及时进行计划费用与实际开支费用的比较分析。

合同措施：按合同条款支付工程款，防止过早、过量的现金支付，全面履约，减少对方提出索赔的条件和机会，正确地处理索赔等。

10.4.1.2 质量控制

组织措施：建立健全监理组织，完善职责分工及有关质量监督制度，落实质量控制的责任。

技术措施：严格事前、事中和事后的质量控制措施。

经济措施及合同措施：严格质量检验和验收，不符合合同规定质量要求的拒付工程款。

10.4.1.3 进度控制

组织措施：落实进度控制的责任，建立进度控制协调制度。

技术措施：建立施工作业计划体系；增加同时作业的施工面；采用高效能的施工机械设备；采用施工新工艺、新技术，缩短工艺过程间和工序间的技术间歇时间。

经济措施：对因承包方的原因拖延工期者进行必要的经济处罚和批评。

合同措施：按合同要求及时督促协调有关各方落实计划进度，确保项目形象进度按审定的总进度和阶段进度计划执行。

10.4.1.4 安全控制

组织措施：检查安全生产保证体系，建立健全生产责任制。

经济措施：对现场施工安全的管理应制定严格的奖罚措施，并确保安全经费不被挤占挪用。

管理措施：做好安全资料、安全防护、安全交底、安全检查、文明施工的各项管理，制定出既切合实际又行之有效的措施和管理办法。

10.4.2 确保施工安全控制措施

安全是建筑施工中的永恒主题，监理始终控制现场安全生产，但承包商始终把安全生产放在最高位置上，对整个工程的施工过程而言，其排序为：安全——质量——文明施工——进度——经济效益。只有在确保工程施工安全的前提下，才有质量、文明、施工、进度及效益。

施工现场要整洁文明使工地做到五化：亮化、硬化、绿化、美化、净化。材料井然有序的按平面布置堆放，全面抓好施工现场文明施工管理工作。

监理监督施工单位建立安全生产责任制，以项目经理部为第一责任者安全生产保证体系，设专职安全员，进行安全管理，始终把“安全生产、预防为主”的安全生产方针放在首位，认真贯彻落实安全生产方针、政策和法规，标准、制度、完善安全管理措施。

所进安全防护材料必须有关部门检验合格后方能使用，施工现场“三宝、四口”临边保护，要正确使用和防护到位，分项工程要有针对性安全保护措施。

如：土方工程、模板工程、钢筋工程、混凝土工程、砌筑工程、装饰工程、脚手架工程、装卸工程、施工用电、机械设备制定安全保护措施，确保工程安全，加大现场监理管理力度，在施工现场设立足够的标志，宣传标语、指示牌、警告牌，使工地达到安全生产、文明施工。

10.4.3 工程建筑节能控制措施（略）

11 工程监理工作管理制度

(1) 工程建设监理的主要办法是控制，而控制的基础是信息，所以在施工中，要做好信息收集、整理和保存工作。要求承包单位及时整理施工技术资料，办理签认手续。做好信息的交流，分析、处理，以达到为建设项目增值的目的。

(2) 工程建设监理应根据《建设工程监理规范》的要求，制定相应的资料管理制度，建立健全报表制度，加强资料管理，应要做好如下工作。

a. 编制工程项目监理规划，报送建设单位及有关部门。

b. 每月底编制监理月报，于次月5日前报送建设单位和有关部门。

c. 总监理工程师应指定专人每日填写监理日志，记录工地主要情况。各专业监理对自己的主要工作也应做好记录。

d. 所有监理资料要及时收集齐全，并整理归档，建立监理档案。监理档案的主要内容有：监理合同、监理规划、监理指令、监理日志、会议纪要、审核签认文件、工程款支付证明、工程验收记录、质量事故调查处理报告等。

(3) 监理会议制度。

a. 建立健全会议制度。工地会议是围绕施工现场问题而召开的会议，一般有第一次工地会议、定期的工地例会、专题性工地会议三种类型。

b. 第一次工地会议由建设、施工、分包、监理单位代表参加，建设单位主持召开。

c. 每次的工地例会及专题工地会议，主要解决工程进度中的进度、质量及投资问题，以保证工程按计划正常进行。

d. 处理好同建设、施工、设计、监督管理单位的关系，发生问题时，既要坚持原则，又要从大局出发，积极主动协商解决。

(4) 技术交底制度。监理工程师要督促、协助组织设计单位向施工单位进行施工设计图纸的全面技术交底（设计意图、施工要求、质量标准、技术措施)，并将讨论决定的事项做出书面纪要交设计、施工单位执行。

(5) 设计文件、图纸审查制度。监理工程师在收到施工设计文件、图纸，在工程开工前，会同施工及设计单位复查设计图纸，广泛听取意见，尽可能避免图纸中的差错和遗漏。

(6) 开工报告审批制度。当单位工程的主要施工准备工作已完成并符合开工条件时，专业监理工程师应审查承包单位报送的工程开工报审表及相关资料，符合要求后由总监理工程师签发，并报建设单位。

(7) 材料、构件检验及复验制度。监理人员应审查进场材料、设备和构件的原始凭证、检测报告等质量证明文件及质量情况，根据现场实际情况认为有必要时对进场材料、设备、构配件进行平行检验，合格时予以签认。不合格的材料、设备、构配件不允许进入现场更不能使用。

(8) 变更设计制度。设计单位对原设计存在的缺陷提出工程变更，应编制设计变更文件，建设或承包单位提出的变更，应提交总监，由总监组织相关人员审查，而后由建设单位转交原设计单位编制设计变更文件。

(9) 隐蔽工程检查制度。隐蔽以前，施工单位应根据相应的工程施工质量验收规范进行自检，准备好验收记录及相关资料。并在隐蔽前48小时以书面形式通知监理工程师，监理工程师应排出计划，按时参加隐蔽工程检查，重点部位或重要项目应会同建设、设计、施工等单位共同检查签认。

(10) 工程质量监理制度。监理工程师对施工单位的施工质量有监督管理责任。监理工程师在检查工作中发现的工程质量缺陷，应如实做好记录，根据存在问题的大小和严重程度进行区别对待，对有些问题可当场进行安排整改，对有些问题应视其必要性下发监理通知，要求限期整改。对较严重的质量问题或已形成重大质量隐患的问题，应由监理工程师填写“不合格工程项目通知”，下发施工单位，并及时通报建设单位，共同拿出下一步的处理意见，施工单位应按要求及时做出整改，整改完毕后通知监理工程师复验签认。如所发现工程质量问题已构成质量事故时，应按规定程序办理。

a. 如检查结果不合格，或检查证明所填内容与实际不符，监理工程师有权不予签认，并将意见记入监理日志内，经整改并复验合格后，方可继续下道工序施工。

b. 特殊设计或者与原设计图变更较大的隐蔽工程，在通知施工单位的同时，还应通知相关单位的有关人员参加，与监理工程师共同检查签认。

c. 隐蔽工程检查合格后，如停工时间较长，在复工前应重新组织检查签证。

(11) 工程质量检验制度。监理工程师对施工单位的施工质量有监督管理的权力与责任。

a. 监理工程师在检查工程中发现一般的质量问题，应随时通知施工单位及时改正。

如施工单位不及时改正，情节严重的，报请建设单位同意由总监理工程师，下达工程暂停令，指令部分工程、单项工程或全部工程暂停施工。待施工单位改正后，报监理部进行复验，合格后发出《复工指令》。

b. 分部分项工程、单项工程或分段全部工程完工后，经自检合格，可填写各种工程报验单，经监理工程师现场查验合格后，予以签认。

c. 监理部及时填写“工程质量监理月报”一式三份，一份报建设方，一份报监理公司，监理部自存一份。

d. 监理工程师需要施工单位执行的事项，可先口头通知，再下发“监理通知”。催促施工单位执行。

(12) 工程质量事故处理制度

a. 凡在建设过程中，由于设计或施工原因，造成工程质量不符合规范或设计要求，存在问题比较严重需做返工处理的即为工程质量事故。

b. 工程质量事故发生后，施工单位必须迅速逐级上报。对重大的质量事故和工伤事故，监理部应立即上报建设单位及相关部门。签发工程暂停令，采取措施保护好现场防止事态扩大。

c. 凡对工程质量事故隐瞒不报，拖延处理，处理不当，或处理结果未经监理同意的，对事故部分及受事故影响的部分应视为不合格，不予验工计价，待合格后，再补办验工计价。

施工单位应及时上报“质量问题报告单”，并应抄报建设单位和监理部各一份。对于质量事故的处理，根据事故的大小和严重程度，应严格按事故处理程序办理。

(13) 施工进度监督及报告制度

a. 监督施工单位严格按照合同规定的计划进度组织实施，监理部每月以月报的形式向建设单位报告各项工程实际进度及计划的对比和形象进度情况。

b. 审查施工单位报送的施工组织设计，施工总进度计划及施工阶段性计划。

c. 当实际进度与计划进度相符时，应要求及时编制下一期进度计划，当实际进度滞后时，应要求施工单位分析滞后的原因，采取纠偏措施，确保施工进度正常有序地进行。

(14) 投资监督制度

a. 专业监理工程师，对质量验收合格的工程量进行现场计量，按施工合同的约定审核工程量清单和工程款支付申请表，并报总监审定。

b. 总监签署工程款支付证书，并报建设单位。

c. 对重大设计变更或因采用新材料、新技术而增减较大投资的工程，监理部应及时掌握并报建设单位，以便控制投资。

(15) 监理部应逐月编写《监理月报》，并于年末提出本部的年度报告和总结，报建设单位。年度报告或“监理月报”内容应尽可能翔实地说明施工进度、施工质量、资金使用以及重大安全、质量事故及有价值的经验等。

(16) 工程竣工验收制度。竣工验收依据的有关法律、法规、工程建设强制性标准、设计文件及施工合同，对承包单位报送的竣工资料进行审查，并对竣工质量进行预验收。对存在的问题应及时要求承包单位整改。整改完毕由总监签署工程竣工报验单，并在此基础上提出工程质量评估报告。

(17) 监理月报及监理日记制度

a. 项目监理部每月10日前向业主及主管部门报送监理月报。

b. 监理工程师每日记监理日志、记录质量、进度、施工单位人员情况，问题及处理情况。

c. 监理工作日记要认真记载，做到真实准确，完整，作为归档技术资料。

d. 项目监理部应该记载影响施工的有关活动，逐日填写晴雨表及停水、停电、自然灾害等记录。

e. 总监理工程师或总监理工程师代表，不定期抽查工程施工中的有关技术资料，严格禁止擅自涂改伪造和后补。

(18) 安全防护制度

a. 监理工程师应学习有关安全施工知识，熟悉本专业的安全要求，并监督检查施工单位严格遵守安全技术规程。

b. 监理工程师应树立严格的自我防护意识，进入施工现场时必须配戴安全帽和有关个人防护用品，并自觉遵守施工现场有关安全防护规定。

c. 监理工程师有权随时检查各专业施工防护情况及施工人员个人安全防护的执行

情况。

d. 监理工程师审查有关施工方案时应认真注意施工安全防护措施的落实情况，如发现重大不安全因素，要明确提出监理意见，要求施工单切实纠正，并写入监理日志。

(19) 其他监理工作制度。为使监理工作更加科学有序，项目监理部可根据工程的具体情况和特点，以及项目监理的需要，制定相应的其他监理工作制度。

12 工程监理设施

(1) 建设单位提供委托监理合同约定的满足监理工作需要的办公、生活设施。项目监理机构妥善保管和使用建设单位提供的设施，并在完成监理工作后移交建设单位。

(2) 项目监理机构根据工程项目特点、规模、技术复杂程度，工程项目所在地的环境条件，按委托监理合同的约定，为满足监理工作需要，配备如下常规检测设备和工具。

监理检测设备和工具见附表1.1。

附表1.1 监理检测设备和工具

序号	设备名称	数量	备注
1	经纬仪	1台	
2	水准仪	1台	
3	钢尺(50m)	1把	
4	检测仪	1套	
5	电阻测试仪	1台	
6	电位测试仪	1个	
7	钢卷尺(5m、3m)	3～5把	
8	计算机	1台	
9	打印机	1台	

在监理工作实施过程中，如实际情况或条件发生重大变化而需要调整监理规划时，应由总监理工程师组织专业监理工程师研究修改，按原报审程序经过批准后报建设单位。

附录 2

“训练与思考题”部分参考答案

第 1 章　工程监理基本知识

一、单项选择题

1. (D)。2. (A)。3. (D)。4. (B)。5. (D)。

6. (D)。7. (C)。8. (D)。9. (C)。10. (A)。

11. (A)。

二、多项选择题

1. (ABE)。2. (BDE)。3. (ABCD)。4. (BCE)。5. (ABCD)。

6. (ABDE)。7. (BCDE)。8. (BCDE)。9. (ABDE)。10. (ACE)。

三、思考题（略）

第 2 章　监理工程师和工程监理企业

一、单项选择题

1. (A)。2. (D)。3. (C)。4. (A)。5. (D)。

6. (C)。7. (A)。8. (B)。9. (C)。10. (A)。

11. (A)。12. (C)。13. (C)。14. (C)。15. (C)。

16. (C)。17. (D)。18. (C)。19. (B)。20. (B)。

21. (B)。22. (C)。

二、多项选择题

1. (ACDE)。2. (AB)。3. (ACDE)。4. (ABE)。5. (ACD)。

6. (BD)。7. (ABD)。8. (ABD)。9. (ABC)。10. (BDE)。

11. (BC)。12. (ABCD)。13. (BCDE)。

三、思考题（略）

第3章 工程监理组织与协调

一、单项选择题

1. (D)。2. (A)。3. (B)。4. (A)。5. (C)。

6. (B)。7. (A)。8. (D)。9. (A)。10. (C)。

11. (D)。12. (B)。13. (B)。14. (D)。15. (D)。

二、多项选择题

1. (ACD)。2. (ACD)。3. (ABCD)。4. (ADE)。5. (BC)。

6. (CE)。7. (BCD)。8. (CD)。9. (BCDE)。10. (ACDE)。

三、思考题 (略)

第4章 工程监理规划性文件

一、单项选择题

1. (B)。2. (C)。3. (B)。4. (D)。5. (A)。

6. (C)。7. (B)。8. (C)。9. (B)。10. (B)。

11. (B)。12. (B)。13. (A)。14. (D)。15. (C)。

二、多项选择题

1. (ADE)。2. (ABC)。3. (ACD)。4. (ACE)。5. (BCE)。

6. (ADE)。7. (AC)。8. (BCDE)。9. (ABDE)。10. (AC)。

三、思考题 (略)

第5章 工程监理目标控制

一、单项选择题

1. (C)。2. (D)。3. (D)。4. (B)。5. (B)。

6. (A)。7. (C)。8. (A)。9. (C)。10. (B)。

11. (B)。12. (A)。13. (B)。14. (A)。15. (C)。

16. (C)。17. (D)。18. (A)。19. (C)。20. (C)。

二、多项选择题

1. (BCE)。2. (BCD)。3. (BDE)。4. (CDE)。5. (ABDE)。

6. (BD)。7. (ABDE)。8. (ABDE)。9. (ABDE)。10. (BCD)。

三、思考题 (略)

第6章 工程监理的合同管理

一、单项选择题

1. (A)。2. (B)。3. (A)。4. (A)。5. (D)。

6. (D)。7. (A)。8. (C)。9. (C)。10. (B)。

二、多项选择题

1.（ABCDE）。2.（BCDE）。3.（BCD）。4.（ABC）。5.（ABE）。

6.（AD）。7.（ABCD）。8.（ABE）。9.（ACD）。10.（ABC）。

11.（AD）。

三、思考题

1～5题（略）。

6. 答：监理处理费用索赔的主要依据是：

（1）相关法律法规；

（2）勘察设计文件、施工合同文件；

（3）工程建设标准；

（4）索赔事件的证据。

7. 答：处理费用索赔的主要程序是：

（1）施工单位在施工合同约定的期限内向监理提交费用索赔意向通知书，监理应予受理；

（2）收集与索赔有关的资料；

（3）施工单位在施工合同约定的期限内提交费用索赔报审表；

（4）监理审查费用索赔报审表，需要补充提供资料时，及时发出通知；

（5）与建设单位和施工单位协商，取得共识，在施工合同约定的期限内签发费用索赔报审表，并报建设单位；

（6）当费用索赔事件与工程延期相关联时，监理应提出综合处理意见。

8. 答：施工单位提出或监理批准费用索赔事件应同时满足三个条件：

（1）施工单位提出费用索赔意向通知和报审表均应在施工合同约定的期限内；

（2）索赔事件是因非施工单位原因造成，且符合施工合同约定；

（3）索赔事件造成施工单位直接经济损失。

9. 答：监理人按照法律法规和发包人授权对工程的所有部位及其施工工艺、材料和工程设备进行检查和检验。承包人应为监理人的检查和检验提供方便，包括监理人到施工现场，或制造、加工地点，或合同约定的其他地方进行查看与查阅施工原始资料记录。监理人为此进行的检查和检验，不免除或减轻承包人按照合同约定应当承担的责任。

监理人的检查和检验不应影响施工正常进行。监理人的检查和检验影响施工正常进行的，且经检查检验不合格的，影响正常施工的费用由承包人承担、工期不予顺延；经检查检验合格的，由此增加的费用和（或）延误的工期由发包人承担。

第7章 工程监理信息与文档资料管理

一、单项选择题

1.（B）。2.（C）。3.（B）。4.（D）。5.（A）。

6.（C）。7.（A）。8.（C）。9.（B）。10.（A）。

11. (C)。12. (A)。13. (D)。14. (B)。15. (C)。

二、多项选择题

1. (BD)。2. (BCDE)。3. (BCD)。4. (DE)。5. (ACD)。

6. (ABDE)。7. (BCE)。8. (AB)。9. (ACD)。10. (ABD)。

三、思考题(略)

第 8 章　工程监理的风险管理

一、单项选择题

1. (D)。2. (A)。3. (D)。4. (D)。5. (D)。

6. (D)。7. (B)。8. (B)。9. (C)。10. (C)。

11. (A)。12. (C)。13. (C)。14. (A)。15. (C)。

16. (D)。17. (A)。18. (B)。19. (D)。20. (B)。

二、多项选择题

1. (BC)。2. (ACE)。3. (ABCD)。4. (ABD)。5. (CDE)。

6. (ACE)。7. (CDE)。8. (ADE)。9. (BCE)。10. (ACDE)。

三、思考题(略)

参 考 文 献

[1] GB/T 50319—2013 建设工程监理规范 [S].

[2] GB/T 50328—2001 建设工程文件归档整理规范 [S].

[3] 中国建设监理协会组织编写. 建设工程监理概论 [M]. 北京：中国建筑工业出版社，2017.

[4] 中国建设监理协会组织编写. 建设工程监理相关法规文件汇编 [M]. 北京：中国建筑工业出版社，2017.

[5] 中国建设监理协会组织编写. 建设工程监理案例分析 [M]. 北京：中国建筑工业出版社，2017.

[6] 刘黎虹，刘广杰. 建设工程监理概论 [M]. 武汉：武汉理工大学出版社，2014.

[7] 冯秀军，付颖. 建设工程监理 [M]. 南京：东南大学出版社，2014.

[8] 山西省建设监理协会. 建设监理实务新解 500 问 [M]. 北京：中国建筑工业出版社，2014.

[9] 广东省建设监理协会. 建设工程监理实务 [M]. 北京：中国建筑工业出版社，2014.

[10] 周国恩，肖湘. 工程建设监理概论 [M]. 北京：中国建材工业出版社，2012.